"十四五"职业教育国家规划教材

高等职业教育机械类专业系列教材

工程材料与热加工基础

第 2 版

主　编　高美兰　白树全
副主编　马胜梅　李双青
参　编　郝美丽　宋博宇　韩文华
主　审　潘慕刚（企业）

机械工业出版社

本书是为了适应高等职业教育机械大类专业技术基础课程的教学改革而编写的。本书基于工学结合的教学理念，在内容组织上，每章都以"案例引入"为切入点，以国之重器、大国工匠、材料名家为主题的爱国故事为拓展知识，注重素质教育。

本书全面系统地介绍了工程材料与热加工基础的基本知识。内容分为两篇，共10章及附录。工程材料篇包括金属材料的力学性能、金属的晶体结构与结晶、钢的热处理、钢铁材料、非铁金属和非金属材料。热加工基础篇包括铸造、锻压、焊接、机械零件材料及毛坯的选择。附录中编入了压痕直径与布氏硬度对照表、钢铁材料硬度及强度换算表、常用钢的临界点、国内外常用钢号对照表和实验指导书。

本书可作为高职高专院校、成人教育学院、技师学院等大专层次的机械类和近机类专业教材，也可作为中等职业学校、职工培训和有关工程技术人员的参考用书。

为方便教学，本书配有教学资源包，可以通过扫描二维码获得相应的微课、视频、动画等。凡选用本书作为教材的教师均可登录机械工业出版社教育服务网（www. cmpedu. com），注册后免费下载配套教学资源。咨询电话：010-88379735。

图书在版编目（CIP）数据

工程材料与热加工基础/高美兰，白树全主编.—2版.—北京：机械工业出版社，2020.8（2024.9重印）

高等职业教育机械类专业系列教材

ISBN 978-7-111-66395-9

Ⅰ.①工… Ⅱ.①高…②白… Ⅲ.①工程材料—高等职业教育—教材②热加工—高等职业教育—教材 Ⅳ.①TB3②TG306

中国版本图书馆CIP数据核字（2020）第159378号

机械工业出版社（北京市百万庄大街22号 邮政编码100037）

策划编辑：王海峰 于奇慧 责任编辑：于奇慧

责任校对：郑 婕 封面设计：马精明

责任印制：单爱军

保定市中画美凯印刷有限公司印刷

2024年9月第2版第10次印刷

184mm×260mm·16.5印张·402千字

标准书号：ISBN 978-7-111-66395-9

定价：49.50元

电话服务　　　　　　　　网络服务

客服电话：010-88361066　　机 工 官 网：www.cmpbook.com

　　　　　010-88379833　　机 工 官 博：weibo.com/cmp1952

　　　　　010-68326294　　金 书 网：www.golden-book.com

封底无防伪标均为盗版　机工教育服务网：www.cmpedu.com

关于"十四五"职业教育
国家规划教材的出版说明

为贯彻落实《中共中央关于认真学习宣传贯彻党的二十大精神的决定》《习近平新时代中国特色社会主义思想进课程教材指南》《职业院校教材管理办法》等文件精神，机械工业出版社与教材编写团队一道，认真执行思政内容进教材、进课堂、进头脑要求，尊重教育规律，遵循学科特点，对教材内容进行了更新，着力落实以下要求：

1. 提升教材铸魂育人功能，培育、践行社会主义核心价值观，教育引导学生树立共产主义远大理想和中国特色社会主义共同理想，坚定"四个自信"，厚植爱国主义情怀，把爱国情、强国志、报国行自觉融入建设社会主义现代化强国、实现中华民族伟大复兴的奋斗之中。同时，弘扬中华优秀传统文化，深入开展宪法法治教育。

2. 注重科学思维方法训练和科学伦理教育，培养学生探索未知、追求真理、勇攀科学高峰的责任感和使命感；强化学生工程伦理教育，培养学生精益求精的大国工匠精神，激发学生科技报国的家国情怀和使命担当。加快构建中国特色哲学社会科学学科体系、学术体系、话语体系。帮助学生了解相关专业和行业领域的国家战略、法律法规和相关政策，引导学生深入社会实践、关注现实问题，培育学生经世济民、诚信服务、德法兼修的职业素养。

3. 教育引导学生深刻理解并自觉实践各行业的职业精神、职业规范，增强职业责任感，培养遵纪守法、爱岗敬业、无私奉献、诚实守信、公道办事、开拓创新的职业品格和行为习惯。

在此基础上，及时更新教材知识内容，体现产业发展的新技术、新工艺、新规范、新标准。加强教材数字化建设，丰富配套资源，形成可听、可视、可练、可互动的融媒体教材。

教材建设需要各方的共同努力，也欢迎相关教材使用院校的师生及时反馈意见和建议，我们将认真组织力量进行研究，在后续重印及再版时吸纳改进，不断推动高质量教材出版。

机械工业出版社

前　言

　　为了贯彻落实党的二十大报告中"深入实施科教兴国战略、人才强国战略"部署及推进产教融合、科教融汇的要求，本书根据《高职高专教育专业人才培养目标及规格》的基本要求，由工作在本学科教学第一线、有丰富教学及实践经验的教师和企业工程技术人员共同编写，是体现工学结合、校企合作的全新的互联网+新形态立体化教材。在编写过程中，编者认真总结多年从事工程材料与热加工基础课程的教学和实践经验，以高等职业教育人才培养目标为指导思想，对基础理论内容力求以必需、够用为度，做到深入浅出、通俗易懂，注重与生产实际紧密联系。本书内容层次清晰，实用性强，充分体现了高等职业教育的基本特点。

　　本书全面系统地介绍了工程材料与热加工基础的基本知识。内容分为两篇，共10章及附录。工程材料篇包括金属材料的力学性能、金属的晶体结构与结晶、钢的热处理、钢铁材料、非铁金属和非金属材料。热加工基础篇包括铸造、锻压、焊接、机械零件材料及毛坯的选择。附录中编入了压痕直径与布氏硬度对照表、钢铁材料硬度及强度换算表、常用钢的临界点、国内外常用钢号对照表和实验指导书，供读者在教学和实践中使用。

　　本书修订后的特色更加鲜明，主要体现在以下几个方面。

　　1）体例新：在内容组织上，每章都以贴近生活或工程应用的"案例引入"为切入点引出相关内容，并根据章节内容，在拓展知识中讲述以国之重器、大国工匠、材料名家为主题的爱国故事，培养学生的工匠精神和职业素养，全面贯彻党的教育方针，落实立德树人根本任务。

　　2）资源新：增加了动画、视频、微课等数字化教学资源，采用了大量的实物图片，使教学内容更加直观、具体，能够提高学生的学习兴趣和学习效率。同时更新了第1版的电子教案、授课PPT、课后习题及参考答案，方便教师授课和学生课后学习。

　　3）形态新：为体现工学结合、校企合作的办学理念，推进教育数字化，针对教学中的重点、难点问题，通过植入二维码，引入接近生产实际的数字化动态资源，打造出了互联网+新形态立体化教材，便于教师采用线上线下信息化教学方法。

　　4）结构新：为了方便学生学习，每章都明确了知识目标和能力目标，并且在章末有本章小结及形式多样的技能训练题，供学生巩固所学知识、培养分析问题和解决问题的能力。书后附录配备了4个实用表格和5项实验指导书，以加强对学生实践技能和应用能力的培养。

　　5）标准新：金属材料的力学性能、金属材料的牌号、名词术语、计量单位等都采用现行的国家标准。考虑到企业在工程实践中的应用习惯和新旧标准的过渡，在相关内容中附有新旧标准对照。

　　本书由包头职业技术学院高美兰、白树全担任主编并负责统稿，马胜梅、李双青担任副主编，郝美丽、宋博宇、韩文华参加了编写工作。其中第4章、第10章由高美兰编写，第

2章、第5章由白树全编写，第1章、第3章由马胜梅编写，第7章及数字化资源由李双青编写和制作，第6章及附录由郝美丽编写，第9章由宋博宇编写，第8章由韩文华编写。包头职业技术学院李超提供了部分微课，苏州昆山奥马热工科技有限公司潘慕刚提供了部分信息化资源、企业案例和图片。本书由苏州昆山奥马热工科技有限公司潘慕刚主审。对在本书的编撰和修订过程中做了大量工作的老师和企业专家，在此深表感谢。

在本书的编写和修订过程中，编者对使用者和企业相关岗位的工程技术人员做了广泛调研，吸纳了生产实践中的应用知识，体现了高职教育工学结合的办学理念；同时参阅了有关资料、文献和网络资源，在此向企业工程技术人员和所参阅文献资料的作者表示最衷心的感谢！

由于编者水平有限，书中难免有疏漏和不妥之处，欢迎读者批评指正。

编　者

目　录

第1篇 工程材料

第1章
金属材料的力学性能

【案例引入】1912年4月，世界航海史上曾被骄傲地称为"永不沉没的巨轮"泰坦尼克号（图1-1）初航时，在北大西洋撞上冰山，仅仅10s的碰撞，35cm厚的双层船体钢板在水位线处像拉链拉开一样被撕裂，海水排山倒海般涌向船内，约2h40min后，这辉煌的首航竟遭到了葬身海底的厄运。人们不禁要问，到底是什么原因导致了这场悲剧的发生呢？排除其他人为因素，船身的设计、材料的选择和性能无疑起着至关重要的作用。

图1-1 泰坦尼克号轮船

金属材料的性能包括工艺性能和使用性能。工艺性能是指金属材料在加工过程中所表现出来的性能，包括铸造性能、锻压性能、焊接性能、热处理性能和切削加工性能等。工艺性能决定了金属材料适应某种加工的能力。使用性能是指金属材料在使用条件下所表现出来的性能，包括力学性能、物理性能和化学性能。使用性能决定了金属材料的使用范围、安全可靠性和使用寿命。其中，力学性能是指金属材料在外力作用下表现出来的性能。它是选用金属材料的重要依据。金属材料的力学性能主要包括强度、塑性、硬度、韧性和疲劳强度。

1.1 强度与塑性

强度是指金属材料在外力作用下，抵抗塑性变形和断裂的能力。塑性是指金属材料在外力作用下产生塑性变形而不发生断裂的能力。**强度和塑性指标都可以通过拉伸试验测定。**

1.1.1 拉伸试验

拉伸试验是指用静拉伸力对试样进行轴向拉伸，直到拉断。通过测量拉伸力和相应的伸长量，计算被测金属的强度和塑性。

拉伸试验前，先将被测金属制成一定形状和尺寸的标准拉伸试样（GB/T 228.1—2010），图 1-2 所示为常用的圆形横截面的拉伸试样。试验时将拉伸试样装夹在拉伸试验机（图 1-3）的两个夹头上，沿轴向缓慢施加载荷进行拉伸，试样逐渐伸长、变细，直到最后

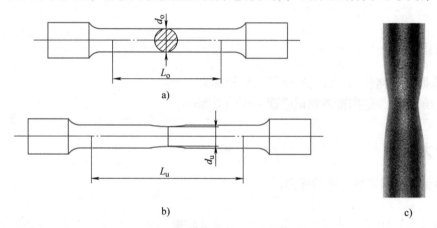

a)

b)

c)

图 1-2 标准拉伸试样

a）拉伸前 b）拉伸后 c）拉伸试样的缩颈现象

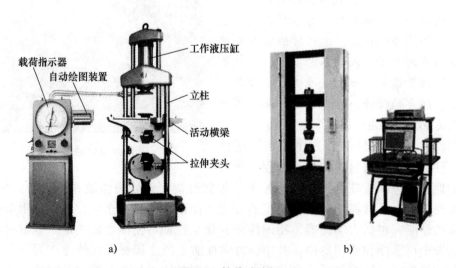

a)

b)

图 1-3 拉伸试验机

a）WE 系列液压式 b）WDW 系列电子式

被拉断。在拉伸试验过程中，拉伸试验机上的自动记录装置可绘出能反映拉伸载荷 F 与试样轴向伸长量 ΔL 对应关系的力-伸长曲线，即 F-ΔL 曲线。图 1-4 所示为低碳钢的 F-ΔL 曲线。

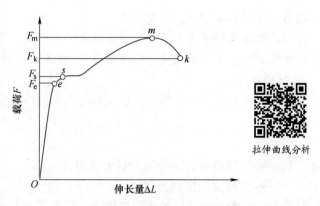

图 1-4　低碳钢的 F-ΔL 曲线

由图 1-4 所示曲线可以看出，拉伸过程中试样表现出以下几个变形阶段：

（1）弹性变形阶段（Oe 段）当载荷不超过 F_e 时，加载试样变形，卸除载荷，试样能恢复原状。F_e 是试样产生弹性变形的最大力。

（2）屈服阶段（s 点附近的平台或锯齿）　当载荷超过 F_e 后，试样除了发生弹性变形，还有微量塑性变形。当载荷增加到 F_s 时，曲线出现平台或锯齿，表明在载荷不增加或略有减小的情况下，试样却继续伸长，这种现象称为屈服。曲线出现平台时，对应的 s 点称为屈服点，F_s 为屈服载荷。

（3）强化阶段（sm 段）　屈服阶段之后，继续增加载荷，试样继续伸长。随着试样塑性变形的增大，材料的变形抗力也逐渐增加，这种现象称为形变强化（或称为加工硬化）。F_m 为试样拉断之前承受的最大力。

（4）缩颈阶段（mk 段）　当载荷增加到最大值 F_m 后，试样的直径发生局部收缩，称为缩颈。此时变形所需载荷也逐渐降低，伸长部位主要集中于缩颈处，如图 1-2b、c 所示。当载荷达到 F_k 时，试样被拉断。

提示：做拉伸试验时，低碳钢等塑性材料在断裂前有明显的塑性变形，有屈服现象，其断口呈"杯锥"状。而铸铁等脆性材料在断裂前不仅没有屈服现象，而且也没有缩颈现象，其断口是平整的。

1.1.2　强度指标

通过拉伸试验测得的强度指标有屈服强度和抗拉强度。

1. 屈服强度

当金属材料呈现屈服现象时，在试验期间达到塑性变形发生而力不增加的应力点即为屈服强度。应区分上屈服强度和下屈服强度。

试样发生屈服而力首次下降前的最大应力，为上屈服强度（R_{eH}）。在屈服期间，不计初始瞬时效应时的最小应力，即为下屈服强度（R_{eL}）。

对于高碳钢、铸铁等在拉伸过程中没有明显屈服现象的脆性材料，通常规定以塑性变形量为 0.2% 时的应力值，即规定塑性延伸率为 0.2% 时的应力，作为条件或名义屈服强度，如图 1-5 所

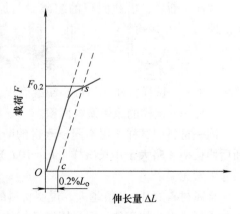

图 1-5　铸铁的 F-ΔL 曲线

示，以 $R_{r0.2}$（旧标准用 $\sigma_{0.2}$）表示。

提示：机械零件经常由于过量的塑性变形而失效，因此，零件在使用过程中不允许发生明显的塑性变形，大多数机械零件常根据 R_{eL} 或 $R_{r0.2}$ 作为选材和设计时的依据。

2. 抗拉强度

金属材料在断裂前所能承受的最大应力称为抗拉强度，用符号 R_m 表示，即

$$R_m = \frac{F_m}{S_o}$$

式中　F_m——试样断裂前所承受的最大载荷；

　　　S_o——试样原始横截面积。

抗拉强度是设计和选材的主要依据之一，是工程技术上的主要强度指标。一般情况下，在静载荷作用下，只要工作应力不超过材料的抗拉强度，零件就不会发生断裂。

材料的强度对机械零件的设计具有非常重要的意义。强度越高，相同横截面积的材料在工作时所能承受的载荷（力）就越大；当载荷一定时，选用高强度的材料，就可以减小构件的横截面尺寸，从而减小其自重。

在工程上，屈强比 R_{eL}/R_m 是一个有意义的指标。其比值越大，越能发挥材料的性能潜力。但是为了使用安全，该比值不宜过大，适当的比值一般在 0.65~0.75 之间。另外，比强度 R_m/ρ 也常被提及，它表征了材料的抗拉强度 R_m 与密度 ρ 之间的关系。

1.1.3　塑性指标

金属的塑性指标主要为断后伸长率和断面收缩率。

1. 断后伸长率

试样拉断后，标距长度的伸长量与原始标距的百分比称为断后伸长率，用符号 A 表示。即

$$A = \frac{L_u - L_o}{L_o} \times 100\%$$

式中　L_u——试样拉断后标距的长度；

　　　L_o——试样的原始标距。

2. 断面收缩率

试样拉断后，横截面积的缩减量与原始横截面积之比称为断面收缩率，用符号 Z 表示。即

$$Z = \frac{S_o - S_u}{S_o} \times 100\%$$

式中　S_u——试样拉断处的最小横截面积；

　　　S_o——试样的原始横截面积。

同一材料的试样长短不同，测得的断后伸长率略有不同，用短试样（$L_o = 5d_o$）测得的断后伸长率 A 略大于用长试样（$L_o = 10d_o$）测得的断后伸长率 $A_{11.3}$。而断面收缩率与试样的尺寸因素无关。

金属材料的 A、Z 值越大，说明材料的塑性越好。塑性好的金属材料，易于通过压力加工制成形状复杂的零件，而且用塑性好的金属材料制成的零件，偶尔发生过载时，由于塑性

变形而能避免发生突然断裂。所以，大多数工程材料除要求高强度外，还要求具有一定的塑性。

1.1.4 GB/T 228.1—2010 与 GB/T 228—1987 对比

目前金属材料室温拉伸试验方法采用新标准 GB/T 228.1—2010，本书即采用此标准。但一些书籍或资料中的金属材料力学性能数据是按 GB/T 228—1987 测定和标注的，为方便读者学习和阅读，将金属材料强度与塑性在新、旧标准中的名称和符号进行对照，见表1-1。

表1-1 金属材料强度与塑性在新、旧标准中的名词和符号对照

GB/T 228.1—2010		GB/T 228—1987	
名　称	符　号	名　称	符　号
屈服强度		屈服点	σ_s
上屈服强度	R_{eH}	上屈服点	σ_{sU}
下屈服强度	R_{eL}	下屈服点	σ_{sL}
规定残余延伸强度	R_r，如 $R_{r0.2}$	规定残余伸长应力	σ_r，如 $\sigma_{r0.2}$
抗拉强度	R_m	抗拉强度	σ_b
断后伸长率	A 和 $A_{11.3}$	断后伸长率	δ_5 和 δ_{10}
断面收缩率	Z	断面收缩率	ψ

注：在 GB/T 228.1—2010 中，没有对屈服强度规定符号，本书采用 R_e 作为屈服强度符号。

1.2 硬度

硬度是指金属材料抵抗局部变形或者抵抗其他物质刻画或压入其表面的能力，是重要的力学性能指标之一。通常材料的硬度越高，耐磨性越好，因此，常将硬度值作为衡量材料耐磨性的重要指标。在机械制造行业中所用的刀具、量具、模具等都要求有足够高的硬度，否则就无法正常工作。

由于测定硬度的试验设备比较简单，操作方便，且属于非破坏性试验，因此在实际生产中对一般机械零件，大多通过测试其硬度来检测力学性能。零件图中对金属材料力学性能的要求往往只标注硬度值。

测定硬度的方法很多，主要有压入法、划痕法、回跳法。生产中常用的是压入法，即在一定外加载荷作用下，将比工件更硬的压头缓慢压入被测工件表面，使金属局部产生塑性变形，从而形成压痕，然后根据压痕面积大小或压痕深度来确定硬度值。

根据压头和外加载荷的不同，常用的硬度指标有布氏硬度、洛氏硬度和维氏硬度。

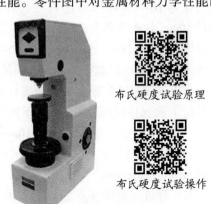

布氏硬度试验原理

布氏硬度试验操作

1.2.1 布氏硬度

布氏硬度是在布氏硬度计（图1-6）上测得的，

图1-6 布氏硬度计

用符号 HBW 表示，其试验原理如图 1-7 所示。将直径为 D 的碳化钨合金球作为压头，以规定的试验载荷 F 压入被测金属表面，保持规定时间后卸除载荷，此时在被测金属表面上会留下直径为 d 的球形压痕。计算压痕单位面积上所受的平均压力（即所加载荷与压痕面积的比值），即为该金属的布氏硬度值。

$$HBW = \frac{F}{S} = 0.102\,\frac{2F}{\pi D\,(D - \sqrt{D^2 - d^2})}$$

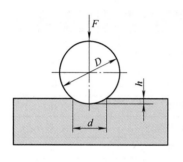 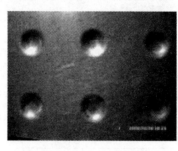 

a)   b)

图 1-7　布氏硬度试验原理及压痕

a）试验原理及压痕　b）读数显微镜

从上式可以看出，当载荷 F 和压头直径 D 一定时，布氏硬度值仅与压痕直径 d 的大小有关。d 越小，说明压痕面积越小，布氏硬度值越大，也就是硬度值越高。在实际应用中，布氏硬度值不用计算，只需使用图 1-7b 所示的读数显微镜测出压痕平均直径 d 的大小，在压痕直径与布氏硬度对照表中即可查出相应的布氏硬度值（见附录 A）。布氏硬度值的单位为 kgf/mm^2 或者 N/mm^2，但习惯上布氏硬度不标注单位。

目前，金属布氏硬度试验方法执行 GB/T 231.1—2018 标准，用符号 HBW 表示，布氏硬度试验范围上限为 650HBW。标注时，习惯上把硬度值写在符号 HBW 之前，后面按以下顺序注明试验条件：球体直径、测试时所加载荷（常用千克力 kgf⊖为单位）、载荷保持的时间（保持 10~15s 时不标注）。例如，某种材料的布氏硬度是 180HBW10/1000/30，表示用直径 10mm 的碳化钨合金球作压头，在 1000kgf（9807N）的载荷作用下，保持 30s 时测得的布氏硬度值 180。布氏硬度是 530HBW5/750，表示用直径 5mm 的碳化钨合金球，在 750kgf（7355N）的载荷作用下，保持 10~15s 时测得的布氏硬度值为 530。

布氏硬度试验应根据被测金属材料的种类和试样厚度，选用不同大小的球体直径 D、施加载荷 F 和保持时间，表 1-2 为不同材料推荐的试验力与压头球直径平方的比率。按 GB/T 231.1—2018 规定，球体直径有 10mm、5mm、2.5mm 和 1mm 共 4 种，试验载荷（单位为 kgf）与球体直径平方的比值（$0.102 \times F/D^2$）有 $30N/mm^2$、$15N/mm^2$、$10N/mm^2$、$5N/mm^2$、$2.5N/mm^2$ 和 $1N/mm^2$ 共 6 种。

布氏硬度试验的优点是数据准确、稳定、重复性强；缺点是压痕较大，易损伤零件表

⊖　kgf 为非法定计量单位，本书暂保留，1kgf = 9.80665N。

面，不能测量太薄、太硬的材料。布氏硬度试验常用来测量退火钢、正火钢、调质钢、铸铁及非铁金属的硬度。

表 1-2　不同材料推荐的试验力与压头球直径平方的比率（摘自 GB/T 231.1—2018）

材　　料	布氏硬度 HBW	试验力-球直径平方的比率 $0.102 \times F/D^2$ /（N/mm²）	材　　料	布氏硬度 HBW	试验力-球直径平方的比率 $0.102 \times F/D^2$ /（N/mm²）
钢、镍基合金、钛合金		30	轻金属及其合金	<35	2.5
铸铁	<140	10		35~80	5
	≥140	30			10
铜和铜合金	<35	5			15
	35~200	10		>80	10
	>200	30			15
铅、锡		1	烧结金属		依据 GB/T 9097

注：对于铸铁，压头的名义直径为 2.5mm、5mm 或 10mm。

1.2.2　洛氏硬度

洛氏硬度是在洛氏硬度计（图 1-8）上测得的，用符号 HR 表示。其试验原理如图 1-9 所示。

用顶角为 120°的金刚石圆锥或直径为 1.5875mm 的淬火钢球作为压头，先施加初始载荷 F_0（目的是消除因为零件表面不光滑等因素造成的误差），压入金属表面的深度为 h_1（压头到 1—1 位），然后施加主载荷 F_1，在总载荷 F（$F = F_0 + F_1$）的作用下，压入金属表面的深度为 h_2（压头到 2—2 位），待表头指针稳定后，卸除主载荷，由于金属弹性变形的恢复而使压头回升至 h_3（压头到 3—3 位），压头实际压入金属的深度为 $h = h_3 - h_1$，并以压痕深度 h 值的大小衡量被测金属的硬度。显然，h 值越大，被测金属硬度越低；反之则越高。为了适应人们习惯上数值越大，硬度越高的概念，规定用常数 K 减去 $h/0.002$（表示每 0.002mm 的压痕深度为一个硬度单位）作为硬度值，即

图 1-8　洛氏硬度计

洛氏硬度试验操作

$$HR = K - \frac{h}{0.002}$$

式中　K——常数，当用金刚石压头时，K 为 100；用淬火钢球压头时，K 为 130；

　　　h——卸除主载荷后测得的压痕深度（mm）。

实际应用时，可以直接从洛氏硬度计刻度盘上读出洛氏硬度值。

为了能够用一台硬度计测量从软到硬不同金属材料的硬度，洛氏硬度采用了不同的压头和载荷组成不同的硬度标尺，并用字母在 HR 后面加以注明。常用的洛氏硬度标尺有 HRA、HRBW、HRC 三种，其中 HRC 应用最为广泛。

标注洛氏硬度时，将所测定的洛氏硬度值写在相应标尺的硬度符号之前，例如 75HRA、

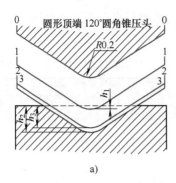
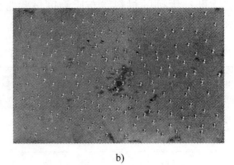

a)   b)

图 1-9   洛氏硬度试验原理及压痕

a) 试验原理   b) 压痕

90HRBW、60HRC 等。常用洛氏硬度试验规范及应用举例见表 1-3。

表 1-3   常用洛氏硬度试验规范及应用举例

硬度符号	压头类型	初载荷/N	主载荷/N	测量范围	应用举例
HRA	金刚石圆锥	98.07	588.4	20~95	硬质合金，表面淬火层、渗碳层等
HRBW	淬火钢球	98.07	980.7	10~100	非铁金属，退火、正火钢件等
HRC	金刚石圆锥	98.07	1471	20~70	淬火、调质钢件

洛氏硬度试验操作简便，可以直接从刻度盘上读出硬度值。由于压痕较小，基本不损坏零件表面，可直接测量成品和较薄零件的硬度。但由于压痕较小，试验数据不太稳定，所以需要在不同部位测量 3 个点，取其算术平均值。

洛氏硬度试验主要适用于测定铜、铝等非铁金属及其合金，硬质合金，表面淬火、渗碳件，以及退火、正火和淬火钢件的硬度。

1.2.3 维氏硬度

由于布氏硬度试验不适合测定硬度较高的金属，而洛氏硬度试验虽可用来测定各种金属的硬度，但由于采用了不同的压头和载荷，不同标尺间的硬度值彼此没有联系，因此不能直接换算。为了使硬度不同的金属有一个连续一致的硬度标准，制定了维氏硬度试验法。

维氏硬度的试验是在维氏硬度计（图 1-10）上测得的，用符号 HV 表示。其原理和布氏硬度基本相似，也是根据压痕单位面积上的载荷大小来计算硬度值。区别在于其压头采用相对面夹角为 136° 的正四棱锥金刚石，在规定载荷 F 作用下压入被测金属表面，保持一定时间后卸除载荷，然后再测量压痕投影的两对角线的平均长度 d，如图 1-11 所示，计算公式为

$$HV = 0.1891 \frac{F}{d^2}$$

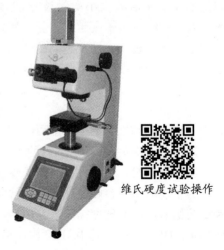

维氏硬度试验操作

图 1-10   维氏硬度计

式中　　F——作用在压头上的载荷（N）；

　　　　d——压痕两条对角线长度的算术平均值（mm）。

试验时，用测微计测出压痕两条对角线的长度，算出其平均值后，经查表就可得出维氏硬度值。

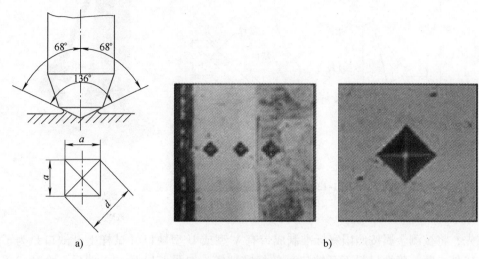

图 1-11　维氏硬度试验原理及压痕

a）试验原理　b）压痕

维氏硬度标注方法与布氏硬度相似，硬度数值写在符号前面，试验条件写在后面。对于钢及铸铁，试验载荷保持时间为 10～15s 时，可以不标出。例如 640HV30/20，表示用 30kgf（294.2N）试验载荷，保持 20s 测定的维氏硬度值为 640。

维氏硬度试验时所加的载荷小（常用的试验载荷有 5kgf、10kgf、20kgf、30kgf、50kgf、100kgf），压入深度较浅，可测量较薄的材料，也可测量表面淬硬层及化学热处理的表面层硬度（如渗碳层、渗氮层）。由于维氏硬度值具有连续性，故可测定很软到很硬的各种金属材料的硬度，且准确性高。维氏硬度试验的缺点是操作过程及压痕测量较费时间，生产效率不如洛氏硬度试验高，故不适合用于成批生产中的常规检验。

1.3　冲击韧性

强度、塑性、硬度等力学性能指标都是在静载荷（大小从零逐渐增加到最大值的载荷称为静载荷）作用下测得的。但实际上许多机械零件是在冲击载荷（大小从零突然增加到最大值的载荷称为冲击载荷）作用下工作的，如锻锤的锤杆、压力机的冲头、火车挂钩、车削零件时的突然吃刀等。冲击载荷对材料的破坏作用比静载荷大得多，因此对于承受冲击载荷作用的材料，不仅要求具有高的强度和一定的塑性，还必须具备足够的韧性。

金属材料抵抗冲击载荷作用而不被破坏的能力称为韧性。韧性的大小通常用冲击吸收能量来衡量，吸收能量的单位是焦耳。工程上通常采用夏比冲击试验来测定金属材料的冲击吸收能量，如图 1-12 所示。

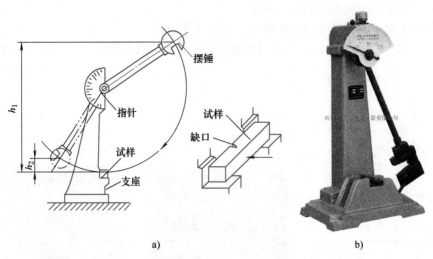

图 1-12　夏比冲击试验原理及冲击试验机
a）试验原理　b）冲击试验机

首先，将被测金属按照国家标准制成带有 V 型或 U 型缺口（试样上开缺口是为了将试样从缺口处击断，脆性材料不开缺口）的标准试样，如图 1-13 所示。然后，将试样放在摆锤式冲击试验机的支座上，使缺口背向摆锤。将质量为 m 的摆锤升起到一定高度 h_1，使之自由落下，将试样击断。在惯性的作用下，击断试样后的摆锤会继续升至一定高度 h_2。根据能量守恒原理，击断试样所消耗的能量为 $K = mg(h_1 - h_2)$，K 即为冲击吸收能量，其值可以从试验机的刻度盘上直接读出，单位是焦耳。对于 V 型缺口试样和 U 型缺口试样，冲击吸收能量分别表示为 KV 和 KU。

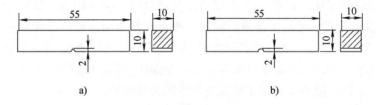

图 1-13　冲击试样
a）V 型缺口　b）U 型缺口

冲击吸收能量 K 越大，表明材料的韧性越好，受到冲击时不易断裂。冲击吸收能量不仅与试样形状、表面粗糙度、内部组织有关，还与试验时的环境温度有关。

有些金属材料在室温时并不显示脆性，而在较低温度下则可能发生脆断。温度对冲击吸收能量的影响如图 1-14 所示。由图 1-14 可见，冲击吸收能量的值随着试验温度的下降而减小。材料在低于某温度时，K 值急剧下降，使试样的断口由韧性断口过渡为脆性断口。因

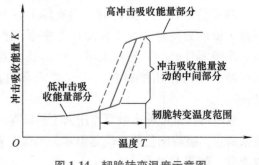

图 1-14　韧脆转变温度示意图

此，这个温度范围称为韧脆转变温度范围。金属的韧脆转变温度越低，说明金属的低温抗冲击性能越好。韧脆转变温度是衡量金属冷脆倾向的指标。例如碳钢的韧脆转变温度约为−20℃，因此在较寒冷（低于−20℃）地区使用的碳钢构件，如车辆、桥梁、运输管道等在冬天容易发生脆断现象。因而在选择金属材料时，应考虑其工作条件的最低温度必须高于它的韧脆转变温度。

在实际工作中，金属经过一次冲击就断裂的情况极少，许多零件在工作时都经受着小能量的多次冲击。在多次冲击下导致金属产生裂纹、裂纹扩张和瞬时断裂，其破坏是每次冲击损伤积累发展的结果。因此需要采用小能量多次冲击作为衡量这些零件承受冲击抗力的指标。

韧性越低，表明金属发生脆性断裂的倾向越大。当冲击能量低、冲击次数较多时，材料的多次冲击抗力取决于材料的强度；当冲击能量较高、冲击次数较少时，材料的冲击抗力主要取决于塑性和韧性。

1.4　疲劳强度

工程上许多机械零件如轴、齿轮、连杆、弹簧等，在工作过程中受到大小和方向都随时间周期性变化的交变载荷作用，即使应力远远低于材料的屈服强度，经过一定循环次数后，也可能发生突然断裂，这种现象称为疲劳断裂。疲劳断裂与在静载荷作用下的断裂不同，不管是脆性材料还是塑性材料，疲劳断裂都是突然发生的，事先均无明显的塑性变形，所以疲劳断裂具有很大的危险性。例如：汽车的板弹簧或前轴因疲劳而突然断裂，就会造成车毁人亡的重大交通事故。据统计，损坏的机械零件中大约有80%以上是由于金属的疲劳造成的。因此，对于在交变载荷作用下工作的零部件，选用材料时必须考虑材料抵抗疲劳破坏的能力。

材料的疲劳强度可以通过疲劳试验机测定，如图 1-15 所示。将光滑的标准试样的一端固定并使试样旋转，在另一端施加载荷。在试样旋转过程中，试样工作部分的应力将承受周期性的变化，从拉应力到压应力，循环往复，直至试样断裂。图 1-16 所示为疲劳曲线示意图，曲线表明，材料承受的交变应力越大，其断裂前能承受的循环次数越少；反之，则循环次数越大。当材料承受的交变应力低于某一值时，经过无数次循环，试样都不会发生疲劳断裂。工程上规定，材料经过无限次交变载荷作用而不发生断裂的最大应力，称为疲劳强度，用符号 S 表示，单位为 MPa。

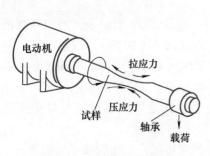

图 1-15　疲劳试验示意图

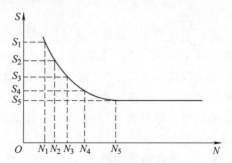

图 1-16　疲劳曲线示意图

实际上，金属材料不可能做无限次交变载荷试验。工程上规定，钢铁材料经受 10^7 次、非铁金属材料经受 10^8 次交变载荷作用而不发生断裂的最大应力，即为该材料的疲劳强度。

影响金属疲劳强度的因素很多，如零件外形、表面质量、受力状态与周围介质等。因此，在进行零件设计时尽量避免尖角、缺口和截面突变等容易引起应力集中的结构，降低零件的表面粗糙度或者采用表面淬火、喷丸等处理方法，均可有效地提高零件的疲劳强度。

【案例分析】1991年，深水机械人从4000米海底捞起一块留有泰坦尼克号标志的钢板，取了一块试样做拉伸试验，发现强度竟然比现代钢材还要高，据悉建造这艘豪华巨轮用的是当时最优质的钢材，那么它为什么会沉呢？

为了进一步弄清泰坦尼克号沉没的原因，科学家们对打捞上的金属碎片做了冲击试验，发现钢材的韧性很低。后经分析，当时造船工程师只考虑到增加钢板的强度和硬度，而忽略了其韧性，导致巨轮的船体钢板与冰山碰撞后出现裂纹而进水沉船。

拓展知识

泰坦尼克号的沉没与材料性能的关系

1912年，世界航海史上曾被骄傲地称为"永不沉没的巨轮"泰坦尼克号初航时，遭遇了一场旷世海难。轮船在航行时，同一座漂浮的冰山发生了仅仅10s的碰撞，这一死亡之吻使得35cm厚的双层船体钢板在水位线处像拉链拉开一样被撕裂（图1-17），海水排山倒海般涌向船内，约2h40min后，这辉煌的首航竟遭到了葬身海底的厄运。人们不禁要问，到底是什么原因导致了这场悲剧的发生呢？排除其他人为因素，船身的设计、材料的选择和性能无疑起着至关重要的作用。

图1-17　沉没的泰坦尼克号巨轮

泰坦尼克号为何如此迅速地沉没是一个未解之谜，也成了20世纪令人难以释怀的悲惨海难。自1985年开始，探险家们曾数次探潜到12612ft（1ft＝0.3048m）深的海底，寻找出遗物来研究这一沉船。在1995年2月，R. Gannon在美国《科学大众》（Popular Science）杂志中发表文章，他解开了这个困扰世人80多年的未解之谜——早年的泰坦尼克号采用了含硫高的钢板，韧性很差，特别是在低温时呈现脆性，这就是导致泰坦尼克号迅速沉没的原因。

为什么高含硫量的钢板就会呈现出脆性呢？由于当时造船厂的生产技术比较落后，在钢板制造过程中，生铁会因使用的燃料（含硫）而混入较多的硫，在固态下，硫在生铁中的溶解度极小，以 FeS 的形式存在于钢中，而 FeS 的塑性较差，所以导致钢板的脆性较大，更严重的是，FeS 与 Fe 可形成低熔点（985℃）的共晶体，分布在奥氏体的晶界上。当钢加热到约 1200℃进行热压力加工时，晶界上的共晶体已熔化，晶粒间的结合被破坏，使钢材在加工过程中沿晶界开裂，这种现象称为热脆性。为了消除硫的有害作用，必须增加钢中锰的含量。因为造船工程师只考虑到要增加钢的强度，而没考虑增加其韧性，所以在制造船体的时候已经留下了很大的隐患。

　　为进一步弄清泰坦尼克号沉没的原因，科学家们对打捞上来的残骸金属碎片与如今的造船钢材做了对比冲击试验，发现在用于"泰坦尼克号"的钢材断裂时吸收的冲击吸收能量很低，断口平齐，而现代造船钢材在同样的温度和撞击条件下，钢板只是变成 V 形而不发生断裂。所以船体材料的致命缺陷导致了泰坦尼克号海难的发生。

本 章 小 结

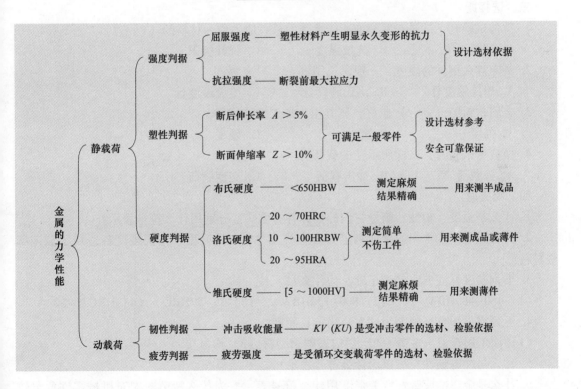

技 能 训 练 题

一、名词解释

1. 金属的力学性能　2. 强度　3. 塑性　4. 硬度　5. 韧性　6. 疲劳强度

二、填空题

1. 金属材料的力学性能主要包括＿＿＿＿＿、＿＿＿＿＿、＿＿＿＿＿、＿＿＿＿＿、＿＿＿＿＿等。

2. 拉伸低碳钢时，试样的变形可分为＿＿＿＿、＿＿＿＿、＿＿＿＿和＿＿＿＿ 4 个阶段。

3. 通过拉伸试验测得的强度指标主要有_____强度和_____强度，分别用符号_____和_____表示。

4. 金属材料的塑性也可通过拉伸试验测定，主要的指标有_____和_____，分别用符号_____和_____表示。

5. 洛氏硬度采用了不同的压头和载荷组成不同的硬度标尺，常用的洛氏硬度标尺有_____、_____和_____ 3 种，其中_____应用最为广泛。

6. 530HBW5/750，表示用直径_____的硬质合金球，在_____ kgf（_____ N）的载荷作用下，保持_____ s 时测得的硬度值为_____。

7. 工程技术上常用_____来测定金属承受冲击载荷的能力。

8. 材料经过无限次_____载荷作用而不发生断裂的最大应力，称为疲劳强度，用符号_____表示。

三、选择题

1. 拉伸试验时，试样在断裂前所能承受的最大应力称为材料的（　　）。
    A. 屈服强度　　　　　B. 抗拉强度　　　　　C. 弹性极限
2. 测定淬火钢件的硬度，一般常选用（　　）来测试。
    A. 布氏硬度计　　　　B. 洛氏硬度计　　　　C. 维氏硬度计
3. 金属材料的（　　）越好，则其压力加工性能越好。
    A. 强度　　　　　　　B. 塑性　　　　　　　C. 硬度
4. 做疲劳试验时，试样所承受的载荷为（　　）。
    A. 静载荷　　　　　　B. 冲击载荷　　　　　C. 交变载荷

四、简答题

1. 什么是强度、塑性？衡量它们的指标各有哪些？分别用什么符号表示？
2. 什么是硬度？常用的硬度测定方法有哪几种？布氏硬度、洛氏硬度各适用于测定哪些材料？
3. 下列硬度标注方法是否正确？为什么？
    （1）450~480HBW　　（2）800~850HBW　　（3）15~20HRC　　（4）HRC75~80
4. 下列零件用什么硬度测试方法测定其硬度？
    （1）钳工用锉刀、手锤　（2）供应态碳钢型材　（3）渗氮层
5. 什么是冲击韧性？可以用什么符号表示？
6. 什么是金属的疲劳？疲劳强度用什么符号表示？为什么疲劳断裂对机械零件危害较大？如何提高和改善机械零件的疲劳强度？
7. 有一标准低碳钢拉伸试样，直径为 10mm，标距长度为 100mm，在载荷为 21000N 时屈服，拉断试样前的最大载荷为 30000N，拉断后的标距长度为 133mm，断裂处最小直径为 6mm，试计算其屈服强度、抗拉强度、断后伸长率和断面收缩率。

第 **2** 章

金属的晶体结构与结晶

知识目标

1. 了解金属的晶体结构、相和组织的基本概念。
2. 理解纯金属和合金的结晶过程、影响晶粒大小的因素，以及细化晶粒的方法。
3. 掌握常见的金属晶格类型、铁碳合金相图的应用，以及铁碳合金的成分、组织和性能之间的关系。

能力目标

1. 能够根据碳的质量分数判断铁碳合金的力学性能。
2. 具有分析和应用铁碳合金相图的能力。

【案例引入】石墨和金刚石（图2-1）是化学元素碳家族里的哥儿俩，石墨又黑又软，是最软的矿石之一，可以用于制造铅笔芯和润滑剂；而金刚石（钻石）却晶莹透明、坚硬无比，价值连城。哥儿俩的相貌和脾气有天壤之别，是什么原因呢？

a)   b)

图 2-1 碳元素组成的物质
a）金刚石 b）石墨

这是由于石墨和金刚石内部的碳原子的排列方式不一样：石墨里的碳原子是一层层排列的，碳原子在同一层里手拉着手，紧密相连，层和层之间的结合却松松散散；而金刚石里的碳原子却像铁塔的钢筋一样，四面八方紧紧地连接在一起，要撼动它、让它改变形状十分困难，所以金刚石又硬又结实，能够荣获"硬度之王"的称号。

金属材料的性能与金属的化学成分和组织结构有着密切的联系，了解金属材料的内部组织结构与结晶过程，认识影响金属材料结构及性能的各种因素，对于合理选用材料、充分发挥材料的潜力是十分必要的。

2.1　纯金属与合金的晶体结构

2.1.1　纯金属的晶体结构

自然界的固态物质，根据原子内部的排列特征可分为晶体和非晶体两大类。晶体的原子是按一定几何形状有规律排列的，如金刚石、石墨及一切固态的金属都是晶体。而非晶体的原子是无规则地堆积在一起的，如玻璃、石蜡、松香等。晶体具有固定的熔点和各向异性的特征，而非晶体没有固定的熔点，且各向同性。

1. 晶体结构的基本知识

（1）晶格　在金属晶体中，原子是按一定的几何规律周期性排列的，如图 2-2a 所示。为了便于分析，把金属晶体中的原子看作近似固定不动的刚性小球，用一些假想的线条将各球中心连接起来，形成一个空间格子，简称为晶格，如图 2-2b 所示。

（2）晶胞　根据晶体中原子排列具有周期性的特点，通常从晶格中选取一个能充分反映晶体特征的最小几何单元来分析原子的排列规律，这个最小几何单元称为晶胞，如图 2-2c 所示。

（3）晶格常数　晶胞的大小用晶胞各棱边长度 a、b、c 和棱边夹角 α、β、γ 表示。其中 a、b、c 称为晶格常数，单位为纳米（$1\text{nm} = 10^{-9}\text{m}$）。当棱边 $a = b = c$，棱边夹角 $\alpha = \beta = \gamma = 90°$ 时，这种晶胞称为简单立方晶胞。

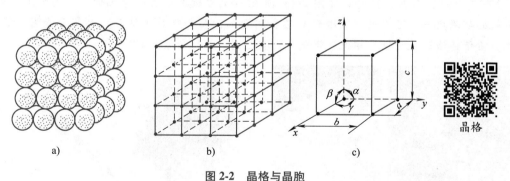

晶格

图 2-2　晶格与晶胞

a）晶体中原子排列　b）晶格　c）晶胞

2. 常见的金属晶格类型

不同金属具有不同的性能，主要是由于它们具有不同的晶格类型。金属晶格类型的种类很多，但最常见的晶格类型有以下 3 种。

（1）体心立方晶格　如图 2-3 所示，体心立方晶格的晶胞是一个立方体，在立方体的中心和 8 个顶角上各有一个原子。晶胞顶角上的原子为相邻的 8 个晶胞所共有，因此每个晶胞中的原子数为 $1/8 \times 8 + 1 = 2$ 个。具有体心立方晶格的金属 $\alpha\text{-Fe}$、Cr、Mo、W、V、Nb 等约 30 种，这些金属材料都具有较高的强度和较好的塑性。

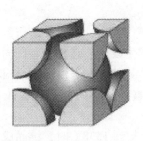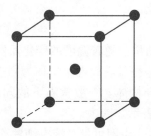

图 2-3　体心立方晶格

（2）面心立方晶格　如图 2-4 所示，面心立方晶格的晶胞也是一个立方体，在立方体的 6 个面的中心和 8 个顶角上各有一个原子。晶胞顶角上的原子为相邻的 8 个晶胞所共有，而每个面中心的原子为两个晶胞所共有，因此每个晶胞中的原子数为 $1/8×8+1/2×6=4$ 个。具有面心立方晶格的金属有 γ-Fe、Al、Cu、Ni、Au、Ag、Pb 等约 20 种，这些金属材料都具有较好的塑性。

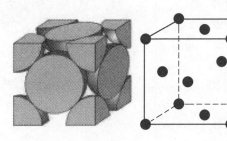

图 2-4　面心立方晶格

（3）密排六方晶格　如图 2-5 所示，密排六方晶格的晶胞是一个六方柱体，在六方柱体的 12 个顶角和上、下底面中心各有 1 个原子，在晶胞的中间还有 3 个原子。晶胞顶角上的原子为相邻的 6 个晶胞所共有，上、下底面中心的原子为两个晶胞所共有，因此每个密排六方晶胞中的原子数为 $1/6×12+1/2×2+3=6$ 个。具有密排六方晶格的金属有 α-Ti、Mg、Be、Cd、Zn 等，这类金属材料通常较脆。

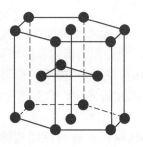

图 2-5　密排六方晶格

晶格类型不同，原子在晶格中排列的紧密程度也不相同，通常用致密度（晶胞中原子所占体积与晶胞体积的比值）来比较。在常见晶格类型中，体心立方晶格的致密度为 68%，而面心立方晶格和密排六方晶格的致密度均为 74%。同一种金属在晶格类型发生变化时，其体积和性能也将发生相应的变化。

3. 金属的同素异构转变

有些金属在固态下，其晶体结构会随着温度的变化而发生改变。这种金属在固态下随温度的改变，由一种晶格转变为另一种晶格的现象，称为同素异构转变。由同素异构转变所得到的不同晶格的晶体，称为同素异构体。一般常温下的同素异构体用 α 表示，较高温度下的同素异构体依次用 β、γ、δ 等表示。

图 2-6 所示为纯铁的冷却曲线，由图可见，液态纯铁冷却到 1538℃时，结晶成具有体心立方晶格的 δ-Fe，在 1394℃和 912℃发生同素异构转变，分别转变成具有面心立方晶格的 γ-Fe 和具有体心立方晶格的 α-Fe。这些转变可用下式表示

$$L \xleftarrow{1538℃} \delta\text{-Fe} \xleftarrow{1394℃} \gamma\text{-Fe} \xleftarrow{912℃} \alpha\text{-Fe}$$

金属的同素异构转变与液态金属的结晶过程相似，也遵循晶核形成和晶核长大的结晶规律，故称为二次结晶或重结晶。由于不同晶格类型的原子排列紧密程度不同，晶格变化将导致金属的体积发生变化，因此，同素异构转变时会产生较大的内应力。例如：γ-Fe 转变为 α-Fe 时，铁的体积会膨胀约 1%，它可以引起钢淬火时产生内应力，严重时会导致工件变形和开裂。

纯铁的同素异构转变是钢铁材料能通过热处理方法改变其内部组织结构，从而改变其性能的依据。

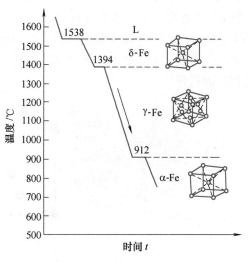

图 2-6 纯铁的冷却曲线

2.1.2 合金的晶体结构

纯金属虽然具有良好的导电性、导热性，但由于纯金属的强度、硬度较低，无法满足生产中对金属材料的一些高性能的要求，且纯金属冶炼困难，价格较高，所以实际生产中大量使用的绝大多数是合金，很少是纯金属。

1. 合金的相关概念

（1）合金 由两种或两种以上金属元素或金属元素与非金属元素组成的具有金属特性的物质，称为合金。例如：工业上广泛应用的碳钢和铸铁就是铁和碳组成的合金。

（2）组元 组成合金的最基本的、独立的物质，称为组元。组元一般是组成合金的元素，也可以是稳定的化合物。根据组元的多少，合金可分为二元合金、三元合金和多元合金。例如：黄铜是由铜和锌组成的二元合金。

（3）相 合金中化学成分、晶体结构和物理性能相同的均匀组成部分，称为相。液态物质称为液相，固态物质称为固相。在固态下，合金由一个固相组成时，称为单相合金；由两个以上固相组成时，称为多相合金。

（4）组织 泛指用金相观察方法看到的由形态、尺寸和分布方式不同的一种或多种相构成的总体，只有一种相构成的组织称为单相组织；由几种相构成的组织称为多相组织。相是组织的基本单元，组织是相的综合体。

2. 合金组织的相结构

合金的性能取决于组织，而组织的性能又首先取决于其组成相的性能。因此，为了了解合金的组织与性能，有必要首先了解构成合金组织的相结构及其性能。

根据合金中各组元之间相互作用的不同，固态合金中的相可分为固溶体和金属化合物两类。

（1）固溶体　将糖溶于水中，可以得到糖在水中的"液溶体"，其中水是溶剂，糖是溶质。如果糖水结成冰，便得到糖在固态水中的"固溶体"。合金也有类似的现象，固态合金中的一种组元的晶格内溶解了另一组元的原子而形成的均匀相，称为固溶体。各组元中，与固溶体晶格类型相同的组元称为溶剂，其他组元称为溶质。按溶质原子在溶剂中所占位置的不同，固溶体分为以下两类：

1）置换固溶体。溶质原子占据溶剂晶格部分结点而形成的固溶体，称为置换固溶体，如图 2-7a 所示。按照溶质原子在溶剂中的溶解度不同，置换固溶体又可分为有限固溶体和无限固溶体。形成无限固溶体的条件是溶质与溶剂原子的半径接近，且具有相同的晶格类型。如铜镍合金可以形成无限固溶体，而铜锌合金只能形成有限固溶体。

2）间隙固溶体。溶质原子分布在溶剂晶格间隙而形成的固溶体，称为间隙固溶体，如图 2-7b 所示。由于溶剂晶格的间隙有限，所以只有原子半径较小的溶质（碳、氮、硼等非金属元素）才能溶入原子半径较大的溶剂晶格的间隙。间隙固溶体能溶解的溶质的数量是有限的。

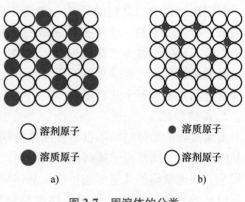

○ 溶剂原子　　　　　　● 溶质原子
● 溶质原子　　　　　　○ 溶剂原子
a)　　　　　　　　　　b)

图 2-7　固溶体的分类
a）置换固溶体　b）间隙固溶体

无论是置换固溶体还是间隙固溶体，都因溶质原子的溶入而使溶剂晶格发生变形，从而使合金对塑性变形的抗力增加。这种通过溶入溶质原子形成固溶体，使金属材料的强度、硬度增加的现象，称为固溶强化。固溶强化是提高金属材料力学性能的重要途径之一。

实践证明，适当控制固溶体中的溶质含量，可以在显著提高金属材料的强度、硬度的同时，仍能保持其良好的塑性和韧性。

（2）金属化合物　金属化合物是指合金组元间相互作用而形成的具有金属特性的一种新相，可以用分子式（如 Fe_3C、$CuZn$）表示。其晶格类型不同于任一组元，性能也与组元不同，一般熔点高、硬而脆。

由于金属化合物硬而脆，所以单相金属化合物的合金很少被使用。当金属化合物呈细小的颗粒弥散分布在固溶体基体上时，能显著提高合金的强度、硬度和耐磨性，这种现象称为弥散强化。金属化合物通常是碳钢、合金钢、硬质合金和非铁金属的重要组成相及强化相。

固溶体、金属化合物均是组成合金的基本相。由两相或两相以上组成的多相组织，称为机械混合物。在机械混合物中，各组成相仍保持其原有的晶格类型和性能，而机械混合物的性能介于各组成相性能之间，并与各组成相的性能以及相的数量、形状、大小和分布状况等密切相关。

2.1.3　金属实际的晶体结构

以上所讨论的金属晶体结构是把晶体内部原子排列的位向看成是完全一致时理想的单晶体结构。实际上金属材料不都是这样的理想结构，而是一个多晶体结构，并存在很多缺陷。

1. 多晶体结构

工业上使用的金属材料除专门制作外，即使体积很小，其内部仍包含许多不同晶格位向及形状的小晶体，每个小晶体的内部晶格位向基本一致，如图 2-8 所示。每个小晶体的外形多为不规则的颗粒状，通常把它们称为晶粒。晶粒与晶粒之间的界面称为晶界。

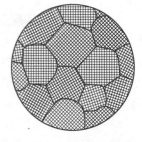

图 2-8　多晶体结构示意图

在钢铁材料中，晶粒的尺寸一般为 $10^{-3} \sim 10^{-1}\,mm$，故必须在显微镜下才能观察到。通常把在显微镜下所观察到的金属晶粒的大小、形态和分布称为"显微组织"。非铁金属的晶粒一般都比钢铁材料的晶粒大些，有时甚至不用显微镜就能直接观察到，如镀锌钢板表面的锌晶粒，其尺寸通常达到几毫米至十几毫米。

2. 晶体缺陷

金属实际的晶体结构不仅是多晶体结构，而且其内部还存在着各种晶体缺陷。金属实际的晶体结构中，局部原子排列的不规则性，统称晶体缺陷。这些缺陷对金属的性能会产生很大影响。根据缺陷的几何形态特征，晶体缺陷分为点缺陷、线缺陷和面缺陷。

（1）点缺陷　点缺陷是指晶体中呈点状的缺陷。最常见的点缺陷是空位和间隙原子，如图 2-9 所示。当晶格中的某些原子由于某种原因（热振动的偶然偏差）脱离其晶格结点，其结点未被其他原子所占有时，这种空着的位置就称为空位；同时又有个别原子出现在晶格间隙处，这种不占有正常晶格位置的原子称为间隙原子。

在空位和间隙原子附近，由于原子间作用力的平衡被破坏，使其周围的其他原子发生靠拢或撑开的现象，称为晶格畸变。晶格畸变将使晶体性能发生改变，如强度、硬度和电阻的增加等。

（2）线缺陷　线缺陷是指晶体中呈线状分布的缺陷。常见的线缺陷是各种类型的位错。位错实际上就是在晶体中有一列或若干列原子发生了某种有规律错排的现象。其中比较简单的一种位错形式是刃型位错，如图 2-10 所示。刃型位错是在规则排列的晶体中间多出了一层多余的原子面，这个多余的原子面像刀刃一样切入晶体，使晶体中上、下两部分的原子产

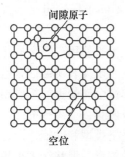

图 2-9　空位和间隙原子示意图

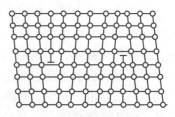

图 2-10　刃型位错示意图

生了错排现象，因而称为刃型位错。在刃型位错线附近，由于原子错排而产生了晶格畸变，从而影响金属的性能。

（3）面缺陷　面缺陷是指晶体中呈面状分布的缺陷。常见的面缺陷是晶界和亚晶界。晶界是两相邻晶粒间相互接触的边界。由于各晶粒的位向不同，相邻晶粒间存在 30°~40° 的位向差，故晶界是不同位向晶粒之间原子无规则排列的过渡层，如图 2-11a 所示。晶界处原子的不规则排列，使晶格处于畸变状态，当金属进行塑性变形时晶界起到一定的阻碍作用，表现为强度、硬度升高。晶粒越细，晶界越多，常温下金属的强度、硬度和塑性越好。

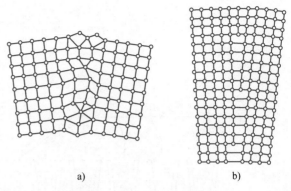

图 2-11　晶界与亚晶界示意图
a）晶界　b）亚晶界

在实际金属的每个晶粒内部，其晶格位向并不像理想晶体那样完全一致，而是存在许多尺寸很小、位向也相差很小的小晶块，这些小晶块称为亚晶粒，两个相邻亚晶粒间的边界称为亚晶界，如图 2-11b 所示。亚晶界实际上是由一系列刃型位错组成的小角度晶界，其原子排列不规则，因此也会产生晶格畸变。

由上述点、线、面缺陷可知，各种晶体缺陷处晶格均处于畸变状态，引起晶格内部产生内应力，导致材料的塑性变形抗力增大，从而使金属材料在常温下的强度、硬度提高。例如：生产中常用的压力加工工艺，就是通过金属材料的塑性变形使晶体产生缺陷，从而达到强化金属的目的。利用产生塑性变形使金属得到强化的方法，称为形变强化。

2.2　纯金属与合金的结晶

金属由液体状态转变为晶体状态的过程称为结晶。金属的组织结构与结晶过程密切相关，因此，研究纯金属与合金的结晶规律，有利于探索和改善金属材料的性能。

2.2.1　纯金属的结晶

1. 纯金属的冷却曲线

纯金属的结晶过程可以用冷却曲线来描述。冷却曲线是通过热分析法测定的，即首先将纯金属加热到熔化状态，然后将其以极其缓慢的速度冷却，在冷却过程中，每隔一定时间测定一次温度，直到冷却至室温；然后将测量数据标注在温度-时间坐标上，便可得到纯金属的冷却曲线，如图 2-12a 所示。

由冷却曲线可见，随着时间的延长，液态金属的温度不断下降。当温度降低到 a 点时，液态金属开始结晶。由于金属结晶时释放出结晶潜热，补偿了冷却时散失的热量，因而在结晶过程中液态金属的温度并不随着时间的延长而下降，直至 b 点即结晶终止时才继续下降，在冷却曲线上表现为一水平线段，它所对应的温度就是纯金属的理论结晶温度 T_0。但在实际生产中，金属的冷却不可能极其缓慢，致使实际结晶温度 T_1 低于理论结晶温度 T_0。实际

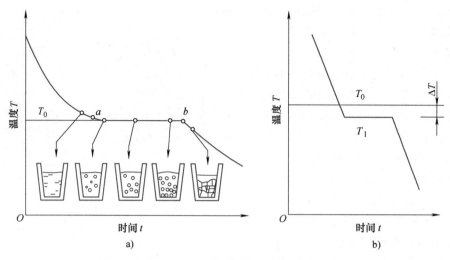

图 2-12　纯金属的冷却曲线与过冷度

a）纯金属冷却曲线　b）过冷度 ΔT

结晶温度低于理论结晶温度的现象，称为过冷现象。理论结晶温度与实际结晶温度之差（T_0-T_1），称为过冷度，用 ΔT 表示，如图 2-12b 所示。

过冷度不是一个恒定值，它与液态金属的冷却速度有关。冷却速度越快，金属的实际结晶温度越低，过冷度越大。过冷是结晶的必要条件。

2. 纯金属的结晶过程

纯金属的结晶过程是在冷却曲线上的水平线段内发生的，是晶核的不断形成和长大的过程。

当液态金属冷却时，随着温度的下降，原子的运动能力减弱，其活动范围变小。当温度降到 T_1 时，某些局部原子将按照金属固有的晶格，有规则地排列成小晶体，这些小晶体称为晶核。晶核的形成过程称为形核。晶核形成以后，会吸附周围液体中的原子而长大。与此同时，又有一批新的晶核形成并长大。如此继续，直到全部液态金属转变成固态为止，结晶过程结束。最后形成由许多外形不规则、位向不同的小晶体组成的多晶体，如图 2-13 所示。

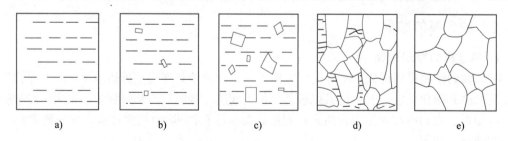

图 2-13　纯金属结晶过程示意图

a）熔液　b）形核　c）形核与晶核长大　d）晶核长大　e）结晶结束

3. 金属晶粒的大小与控制

晶粒的大小是影响金属材料性能的重要因素之一。一般来说，晶粒越细，金属材料的强度、硬度越高，塑性、韧性越好，这种现象称为细晶强化。随着晶粒的细化，晶界越多、越曲折，晶粒与晶粒之间咬合的机会就越多，越不利于裂纹的发展和传播。因此，生产中大多希望通过使金属材料的晶粒细化来提高金属的力学性能。

凡是能促进形核、抑制晶核长大的因素，都能使结晶后的晶粒数目增多，晶粒细化。生产中细化晶粒的途径有以下几种：

（1）增大过冷度　形核率 N 和长大速率 G 都随过冷度的增大而增大，但在很大范围内形核率比晶核长大速率增长得更快，如图 2-14 所示。所以过冷度越大，单位体积内晶粒数目越多，晶粒越细化。但过冷度过大或温度过低时，原子的扩散能力降低，形核的速率反而减小。通过增大过冷度来细化晶粒的方法只适用于中小型和薄壁铸件。

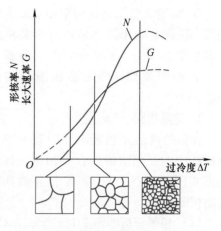

图 2-14　形核率和长大速率
与过冷度的关系

（2）变质处理　大型铸件由于散热较慢，要获得较大的过冷度很困难，而且过高的冷却速度往往会导致铸件开裂而报废。因此，生产中常采用变质处理来细化晶粒。即在浇注前，向液态金属中加入某些物质（称为变质剂），由它形成的微粒可起到晶核的作用，从而使晶核数目增多，结晶后晶粒数目增加，达到细化晶粒的目的。例如：向铝或铝合金中加入微量的钛或钠盐；向铸铁中加入硅铁、硅钙合金等。变质处理操作容易，效果较好，在生产中得到了广泛的应用。

（3）附加振动　在液态金属的结晶过程中，采用机械振动、超声波振动或电磁振动等方法，不仅可以使已经生长的小晶体破碎，而且破碎的小晶体可以起到晶核的作用，增加了形核率，从而使晶粒细化。

2.2.2　合金的结晶

合金的结晶与纯金属一样，也遵循形核和长大规律，但由于合金成分中包含两个或两个以上的组元，所以合金的结晶过程比纯金属复杂得多，要借助于合金相图才能表示清楚。

合金相图是表示在十分缓慢的加热或冷却条件（平衡条件）下，合金的状态与温度和成分之间关系的图形，也称为状态图或平衡图。在生产实践中，相图可作为正确制订铸造、锻压、焊接及热处理工艺的重要依据。

1. 二元合金相图的建立

合金的结晶过程不仅与温度有关，还与成分有关，因此二元合金相图需用温度和成分两个坐标表示，通常纵坐标表示温度，横坐标表示合金的成分。相图是用试验方法测得的，下面以 Cu-Ni 合金为例，说明用热分析法测定二元合金相图的过程。

1）配制不同成分的 Cu-Ni 合金。

2）用热分析法测出所配制各合金的冷却曲线，图 2-15a 所示。

3）找出各冷却曲线中的相变点（结晶开始的温度和结晶终了的温度）。

4）将各合金的相变点分别标注在温度-成分坐标图中。

5）连接相同意义的相变点，即得到图 2-15b 所示的 Cu-Ni 合金相图。

Cu-Ni 合金相图是最简单的二元合金相图，任何复杂相图都是由若干简单的基本相图组成的。下面介绍两种最基本的二元相图类型，即匀晶相图和共晶相图。

2. 匀晶相图

合金的两组元在液态和固态下均可以任意比例互相溶解的合金相图，称为匀晶相图。Cu-Ni、Fe-Cr 等合金都具有这类相图。

（1）相图分析　图 2-16a 所示为 Cu-Ni 合金相图，图中 A 点是纯铜的熔点

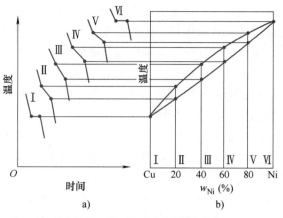

图 2-15　Cu-Ni 合金相图的建立

（1083℃），B 点是纯镍的熔点（1452℃）。上面一条为液相线，代表各种成分的 Cu-Ni 合金在冷却过程中开始结晶（或加热过程中熔化终了）的温度；下面一条为固相线，代表各种成分的 Cu-Ni 合金在冷却过程中结晶终了（或加热过程中开始熔化）的温度。液相线以上的区域为液相区，用 L 表示；固相线以下的区域是固相区，用 α 表示；液相线与固相线之间是液、固两相共存区，用 L+α 表示。

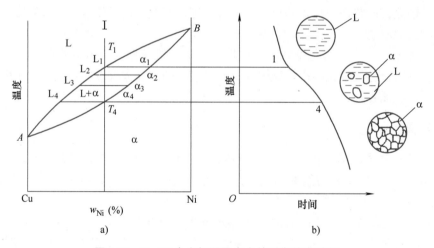

图 2-16　Cu-Ni 合金相图及合金的平衡结晶过程

（2）合金的平衡结晶过程　现以图 2-16a 中合金 I 为例，分析 Cu-Ni 合金的平衡结晶过程。当液态合金缓慢冷却到 T_1 温度时，开始从液相中结晶出 α 固溶体，随着温度的下降，α 相的量不断增加，剩余液相量不断减少。当合金冷却到 T_4 温度时，结晶结束，得到与原合金成分相同的 α 固溶体。温度继续下降，合金组织不再变化。合金 I 结晶时的冷却曲线及组织转变如图 2-16b 所示。

在结晶过程中，不仅液相和固相的量不断变化，而且液相和固相的成分通过原子的扩散也在不断变化。液相成分沿着液相线由 L_1 变化至 L_4，固相成分沿固相线由 $α_1$ 变化至 $α_4$。由此可见，液、固相线不仅是相区分界线，也是结晶时两相成分变化线。

3. 共晶相图

合金的两组元在液态能完全互溶，在固态下相互有限溶解或不溶，并发生共晶转变的相图，称为共晶相图。如 Pb-Sn、Pb-Sb、Al-Si 等合金相图都属于这类相图。下面以图 2-17 所示 Pb-Sn 合金相图为例进行分析。

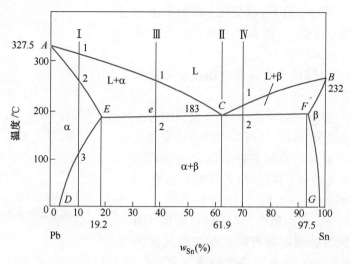

图 2-17　Pb-Sn 合金相图

（1）相图分析　图 2-17 中，A 点是纯铅的熔点（327.5℃），B 点是纯锡的熔点（232℃），C 点是共晶点（183℃，w_{Sn} = 61.9%），E 点（183℃，w_{Sn} = 19.2%）和 F 点（183℃，w_{Sn} = 97.5%）分别是锡在铅中和铅在锡中的最大溶解度。ACB 是液相线，AECFB 是固相线，ED 和 FG 分别表示锡在铅中和铅在锡中的溶解度曲线，也称固溶线，可以看出，随温度降低，固溶体的溶解度下降。相图中有 3 个单相区，即液相区 L、α 相区和 β 相区；3 个两相区 L+α、L+β 和 α+β。

凡成分位于 EF 之间的合金，当温度降至 ECF 线时，其剩余液相的成分均会变为 C 点成分的液相 L_C，此时液相将同时结晶出 E 点成分的 α 固溶体和 F 点成分的 β 固溶体，其反应式为

$$L_C \xrightarrow{183℃} (\alpha_E + \beta_F)$$

这种在一定温度下，由一定成分的液相同时结晶出两种成分不同的固相的转变，称为共晶转变。共晶转变是在恒温下进行的，发生共晶转变的温度称为共晶温度；发生共晶转变的成分是一定的，该成分（C 点成分）称为共晶成分，C 点称为共晶点；由共晶转变得到的两相混合物称为共晶体，ECF 称为共晶转变线。

（2）典型 Pb-Sn 合金的平衡结晶过程

1）合金 I（E~D 点之间的合金）。当合金 I 由液相缓慢冷却到 1 点时，从液相开始结晶出 Sn 溶于 Pb 的 α 固溶体。随着温度的降低，α 固溶体不断增多，液相不断减少，液相的成分沿着 AC 线变化，而 α 固溶体的成分沿着 AE 线变化。当冷却至 2 点时，液相合金全部结晶为 α 固溶体，这一结晶过程与匀晶相图合金相同。温度在 2~3 点之间时，α 固溶体不发生变化。当温度降至 3 点时，Sn 在 Pb 中的溶解度达到饱和，温度下降到 3 点以下时，多

余的 Sn 以 β 固溶体的形式从 α 固溶体中析出。为了
区别于从液相中结晶出的 β 固溶体，把从 α 固溶体中
析出的 β 固溶体称为二次 β 相（或次生 β 相），用
β_{II} 表示。在 β_{II} 析出的过程中，α 固溶体的成分沿 ED
线变化，β_{II} 固溶体的成分沿 FG 线变化。故合金 I 冷
却到室温时的组织为 $\alpha + \beta_{II}$。图 2-18 所示为合金 I 的
冷却曲线及组织转变示意图。

成分在 F~G 点之间的合金，其冷却过程与合金
I 相似，室温组织为 $\alpha_{II} + \beta$。

2）合金 II（C 点成分的合金）。C 点成分的合金
称为共晶合金，该合金缓慢冷却到 C 点时，将发生共
晶转变，即由 C 点成分的液相在共晶温度（183℃）
同时结晶出 E 点成分的 α_E 固溶体和 F 点成分的 β_F 固
溶体组成的两相组织（$\alpha_E + \beta_F$）。

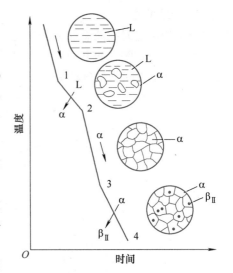

图 2-18　合金 I 的冷却曲
线及组织转变示意图

在 C 点温度以下，液相消失，共晶转变结束。随
温度继续下降，固溶体的溶解度随温度的降低而减
少，所以共晶组织中的 α 和 β 固溶体的成分分别沿着 ED 线和 FG 线变化，析出 β_{II} 和 α_{II}
相。由于从共晶体中析出的 β_{II} 和 α_{II} 相与共晶体中的 α 和 β 相混在一起，难以辨别，且 β_{II}
和 α_{II} 数量较少，所以一般不予考虑。合金 II（共晶合金）的室温组织为（$\alpha + \beta$）。图 2-19
所示为合金 II 的冷却曲线及结晶过程示意图，图 2-20 所示为共晶合金的显微组织。

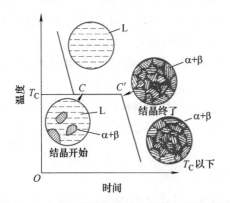

图 2-19　合金 II 的冷却曲线及结晶过程示意图

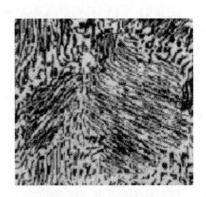

图 2-20　共晶合金的显微组织

3）合金 III（E~C 点之间的合金）。成分在 E~C 点之间的合金称为亚共晶合金。当合
金 III 由液相缓慢冷却到 1 点时，开始从液相结晶出 α 固溶体。随着温度的降低，α 固溶体的
量不断增多，成分沿着 AE 线变化；液相不断减少，成分沿着 AC 线变化。当冷却至 2 点时，
α 固溶体的成分为 E 点成分，而剩余液相的成分达到 C 点成分（共晶成分），剩余液相将发
生共晶转变，转变为共晶体，此时合金由初生相 α 固溶体和共晶体（$\alpha + \beta$）组成。共晶转
变结束后，随着温度的下降，由于固溶体的溶解度降低，从初生的 α 固溶体和共晶体中的 α
固溶体中不断析出 β_{II}，从共晶体中的 β 固溶体中不断析出 α_{II}，直至室温为止。在显微镜
下，除了在初生 α 固溶体中可以观察到 β_{II} 外，共晶体中析出的二次相很难辨认，所以亚共

晶合金Ⅲ的室温组织为 α+β$_{Ⅱ}$+(α+β)。亚共晶合金的冷却曲线和结晶过程以及亚共晶合金的显微组织分别如图 2-21 和图 2-22 所示。

成分在 $E\sim C$ 之间的所有亚共晶合金，其冷却过程都与合金Ⅲ相似，室温组织都是由 α+β$_{Ⅱ}$+(α+β) 组成，所不同的是成分越接近 C 点，组织中初生相 α 量越少，而共晶体（α+β）越多。

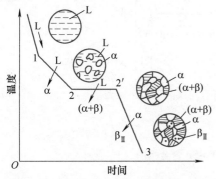

图 2-21　亚共晶合金的冷却曲线和结晶过程

图 2-22　亚共晶合金的显微组织

4）合金Ⅳ（$C\sim F$ 点之间的合金）。成分在 $C\sim F$ 点之间的合金称为过共晶合金，其冷却曲线和结晶过程示意图如图 2-23 所示。过共晶合金的结晶过程与亚共晶合金相似，不同的是初生相为 β 固溶体，次生相为 α$_{Ⅱ}$，所以其室温组织为 α$_{Ⅱ}$+β+(α+β)。过共晶合金的显微组织如图 2-24 所示。

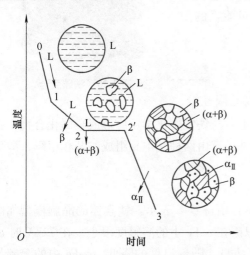

图 2-23　过共晶合金的冷却曲线和结晶过程

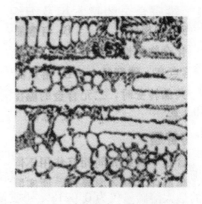

图 2-24　过共晶合金的显微组织

成分在 $C\sim F$ 点之间的所有过共晶合金，其冷却过程都与合金Ⅳ相似，室温组织都是由 α$_{Ⅱ}$+β+(α+β) 组成的，所不同的是成分越接近 C 点，组织中初生相 β 的量越少，而共晶体（α+β）的量越多。

根据上述几种典型合金的结晶过程可见，Pb-Sn 合金结晶后所得组织中仅出现 α、β 两相，图 2-17 就是以相组分填写的 Pb-Sn 合金相图。由于不同合金中 α 和 β 的数量、形状、大小不同，就出现了初生相 α、β，次生相 α$_{Ⅱ}$、β$_{Ⅱ}$ 及共晶体（α+β），将这些组织分别填写在相图中，就形成了以组织组分填写的 Pb-Sn 合金相图，如图 2-25 所示。

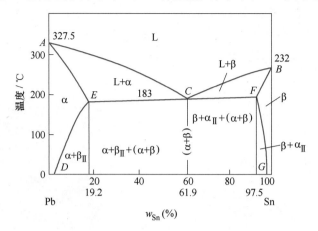

图 2-25 以组织组分填写的 Pb-Sn 合金相图

2.3 铁碳合金相图

钢铁材料的基本组元是铁和碳两种元素，故称为铁碳合金（图 2-26）。不同成分的铁碳合金，在不同的温度下具有不同的组织，因而表现出不同的性能。铁碳合金相图是研究平衡条件下，铁碳合金的成分、温度和组织之间关系的图形，是制订钢铁材料各种热加工工艺的重要依据。

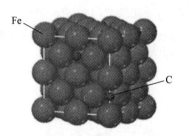

图 2-26 铁碳合金

2.3.1 铁碳合金的基本相及组织

在铁碳合金中，铁与碳两组元在液态下可以无限互溶，在固态下碳可以溶解在铁的晶格中形成固溶体，也可与铁发生化学反应形成金属化合物。铁碳合金的基本相有铁素体、奥氏体和渗碳体，另外还有由两种基本相组成的多相组织，即珠光体和莱氏体。

1. 铁素体

铁素体是碳溶于 α-Fe 中所形成的间隙固溶体，用符号 F 表示。铁素体的晶胞模型如图 2-27a 所示。由于体心立方晶格的间隙较小，所以碳在 α-Fe 中的溶解度很小，在 727℃ 时 α-Fe 中的最大溶碳量仅为 0.0218%（质量分数，后同）。随着温度的降低，α-Fe 中的溶碳量减少，在 600℃ 时约为 0.0057%，在室温时仅为 0.0008%。由于铁素体的溶碳量极少，因此铁素体在室温下的性能与纯铁相似，即具有良好的塑性、韧性，而强度、硬度较低。

铁素体在显微镜下呈明亮的多边形晶粒组织，如图 2-27b 所示。铁素体在 770℃ 以下具有磁性。

2. 奥氏体

奥氏体是碳溶于 γ-Fe 中所形成的间隙固溶体，用符号 A 表示。奥氏体的晶胞模型如图 2-28a 所示。由于面心立方晶格的间隙较大，所以碳在 γ-Fe 中的溶解度也较大，在 1148℃ 时

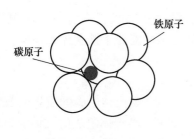

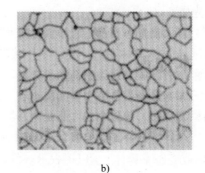

图 2-27　铁素体的晶胞模型和显微组织

a）晶胞模型　b）显微组织

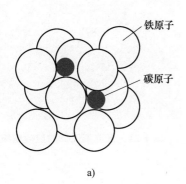

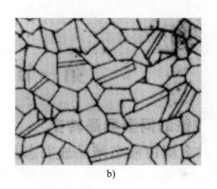

图 2-28　奥氏体的晶胞模型和显微组织

溶碳量最大，达到 2.11%。随着温度的降低，溶碳量逐渐减少，在 727℃ 时溶碳量为 0.77%。奥氏体的强度、硬度不高，但塑性、韧性较好，因此生产中，常将钢加热到奥氏体状态进行压力加工。

奥氏体是一个高温相，存在于 727℃ 以上。奥氏体的显微组织也呈明亮的多边形，但晶界较平直，并且晶粒内常出现孪晶（图 2-28b 中晶粒内的平行线），如图2-28b 所示。奥氏体无磁性。

3. 渗碳体

铁和碳所形成的金属化合物称为渗碳体，用化学式 Fe_3C 表示。渗碳体具有复杂的斜方晶格，如图 2-29 所示。其碳的质量分数为 6.69%，具有很高的硬度（相当于 800HBW），塑性和韧性几乎为零，脆性很大。在铁碳合金中，渗碳体常以片状、粒状或网状等形式与固溶体相共存，它是钢中的主要强化相，其数量、大小、分布和形态对钢的性能有很大影响。渗碳体在 230℃ 以下具有弱磁性，230℃ 以上失去磁性。

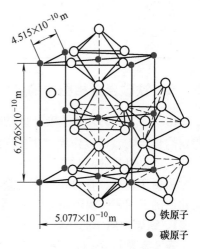

○ 铁原子
● 碳原子

图 2-29　渗碳体的晶体结构

4. 珠光体

珠光体是由铁素体和渗碳体相间排列而成的层片状的机械混合物，用 P 表示，如图 2-30 所示。珠光体中碳的质量分数为 0.77%，其力学性能介于铁素体和渗碳体之间，强度较高，硬度适中，有一定的塑性。

5. 莱氏体

莱氏体是奥氏体和渗碳体的机械混合物，用 Ld 表示。莱氏体中碳的质量分数为 4.3%，存在于 727℃以上。在 727℃以下，莱氏体则是由珠光体和渗碳体组成的机械混合物，称为低温莱氏体或变态莱氏体，用 Ld′ 表示。低温莱氏体的显微组织可以看成是在渗碳体的基体上分布着颗粒状的珠光体，如图 2-31 所示。莱氏体硬度很高，塑性很差。

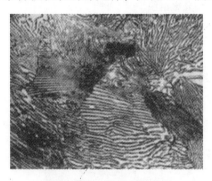

图 2-30　珠光体的显微组织

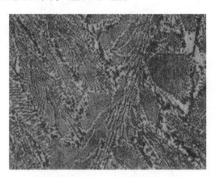

图 2-31　低温莱氏体的显微组织

铁碳合金的基本相及组织的力学性能见表 2-1。

表 2-1　铁碳合金的基本相及组织的力学性能

名　称	符　号	R_m/MPa	HBW	A(%)	KU 或 KV/J
铁素体	F	230	80	50	160
奥氏体	A	400	220	50	—
渗碳体	Fe_3C	30	800	≈0	≈0
珠光体	P	750	180	20~25	24~32
莱氏体	Ld′	—	700		

2.3.2　铁碳合金相图中的特性点和特性线

由于 w_C>6.69% 的铁碳合金脆性很大，加工困难，没有实用价值，而且 Fe_3C 又是一个稳定的化合物，可以作为一个独立的组元，因此铁碳合金相图实际上是碳的质量分数在 0~6.69% 之间的 Fe-Fe_3C 相图，如图 2-32 所示。

为便于研究，在分析铁碳合金相图时，将图 2-32 中左上角（包晶转变）部分予以简化，简化后的 Fe-Fe_3C 相图如图 2-33 所示。

1. 铁碳相图中的特性点

表 2-2 为 Fe-Fe_3C 相图中各主要特性点的温度、成分和含义。

2. 铁碳相图中的特性线

表 2-3 为 Fe-Fe_3C 相图中各主要特性线的名称和含义。

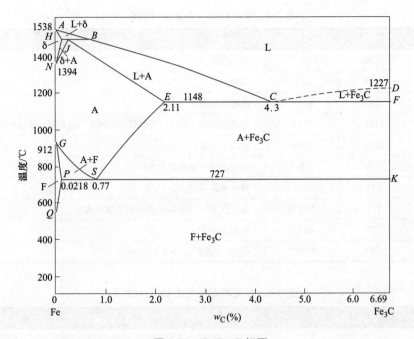

图 2-32　Fe-Fe₃C 相图

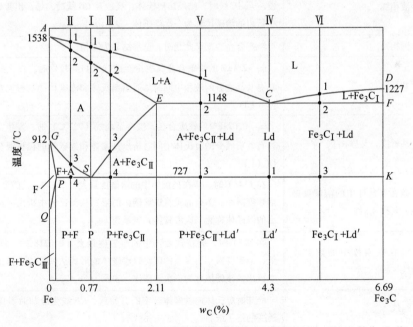

图 2-33　简化后的 Fe-Fe₃C 相图

3. 铁碳合金的分类

铁碳合金根据其在铁碳相图中的位置可分为以下几种。

（1）工业纯铁　$w_C \leqslant 0.0218\%$ 的铁碳合金。

（2）钢　$0.0218\% < w_C \leqslant 2.11\%$ 的铁碳合金。根据其室温组织不同又可分为：亚共析钢（$0.0218\% < w_C < 0.77\%$）；共析钢（$w_C = 0.77\%$）；过共析钢（$0.77\% < w_C \leqslant 2.11\%$）。

表 2-2 铁碳相图中各主要特性点

特性点	温度/℃	w_C(%)	含 义
A	1538	0	纯铁的熔点
C	1148	4.3	共晶点
D	1227	6.69	渗碳体的熔点
E	1148	2.11	碳在奥氏体（γ-Fe）中的最大溶解度，也是钢与铸铁的成分分界点
F	1148	6.69	共晶渗碳体的成分
G	912	0	纯铁的同素异构转变点
K	727	6.69	共析渗碳体的成分
P	727	0.0218	碳在铁素体（α-Fe）中的最大溶解度
S	727	0.77	共析点
Q	600	0.0057	600℃时碳在 α-Fe 中的溶解度

表 2-3 铁碳相图中各主要特性线

特性线	名 称	含 义
ACD	液相线	任何成分的铁碳合金在此线以上均为液相，用 L 表示。液态铁碳合金缓慢冷至 AC 线时，结晶出奥氏体，缓冷至 CD 线时，结晶出渗碳体。从液态中析出的渗碳体称为一次渗碳体，表示为 Fe_3C_I
$AECF$	固相线	液态合金冷却至此线时，全部结晶为固相
ECF	共晶线	w_C>2.11%的铁碳合金，缓冷至此线（1148℃）时，发生共晶转变，从具有共晶成分的液相中同时结晶出奥氏体和渗碳体的机械混合物，即莱氏体（Ld）
PSK	共析线，又称 A_1 线	w_C>0.0218%的铁碳合金，缓冷至此线（727℃）时，发生共析转变，从具有共析成分的奥氏体中同时析出铁素体和渗碳体的机械混合物，即珠光体（P）
ES	碳在奥氏体中的溶解度曲线，又称 A_{cm} 线	在 1148℃时，碳在奥氏体中的溶解度最大（2.11%），随着温度的下降，溶解度减小，多余的碳将以渗碳体的形式从奥氏体中析出。从奥氏体中析出的渗碳体称为二次渗碳体，表示为 Fe_3C_{II}
PQ	碳在铁素体中的溶解度曲线	在 727℃时，碳在铁素体中的溶解度最大（0.0218%），随着温度的降低，溶解度减小，多余的碳将以渗碳体的形式从铁素体中析出。从铁素体中析出的渗碳体称为三次渗碳体，表示为 Fe_3C_{III}
GS	A_3 线	冷却时奥氏体向铁素体转变的开始线；GP 线为冷却时奥氏体向铁素体转变的终了线

（3）白口铸铁　2.11%<w_C≤6.69%的铁碳合金称为白口铸铁。根据其室温组织不同又可分为：亚共晶白口铸铁（2.11%<w_C<4.3%）；共晶白口铸铁（w_C=4.3%）；过共晶白口铸铁（4.3%<w_C≤6.69%）。

2.3.3 典型铁碳合金的平衡结晶过程分析

（1）共析钢　图 2-33 中的合金 Ⅰ 为共析钢。当液态合金缓慢冷却到与液相线 AC 相交的 1 点时，开始从液相中结晶出奥氏体。随着温度的下降，奥氏体的量逐渐增多，其成分沿 *AE* 线变化，而剩余液相逐渐减少，成分沿 *AC* 线变化。冷却至 2 点时，液相全部结晶为与原合金成分相同的奥氏体。在 2~*S* 点温度范围内为单一的奥氏体。待冷却至 *S* 点时，奥氏体将发生共析转变，同时析出 *P* 点成分的铁素体和 *K* 点成分的渗碳体，转变成铁素体和渗碳体层片相间的机械混合物，即珠光体。在 *S* 点以下继续冷却时，铁素体成分沿 *PQ* 线变化，将析出三次渗碳体，三次渗碳体与共析渗碳体混在一起，不易分辨，且数量极少，可忽略不计。因此，共析钢在室温下的组织是珠光体，如图 2-30 所示。共析钢在冷却过程中的组织转变情况如图 2-34 所示。

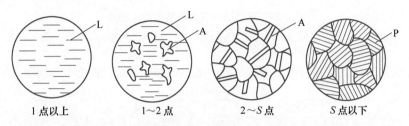

图 2-34　共析钢在冷却过程中的组织转变示意图

（2）亚共析钢　图 2-33 中的合金 II 为亚共析钢。亚共析钢在 3 点以上温度的冷却过程与共析钢在 *S* 点以上相似。当缓慢冷却到与 *GS* 线相交的 3 点时，开始从奥氏体中析出铁素体，随着温度的降低，铁素体的量逐渐增多，其成分沿 *GP* 线变化，而奥氏体的量逐渐减少，成分沿 *GS* 线向共析成分接近。当冷却到与 *PSK* 线相交的 4 点时，剩余奥氏体达到共析成分，将在共析温度下发生共析转变而形成珠光体。温度继续下降，从铁素体中析出极少量的三次渗碳体，可忽略不计。因此，亚共析钢在室温下的组织是铁素体+珠光体。亚共析钢在冷却过程中的组织转变情况如图 2-35 所示。

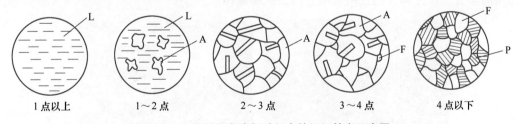

图 2-35　亚共析钢在冷却过程中的组织转变示意图

所有亚共析钢的室温组织都是铁素体+珠光体，但随着碳的质量分数的增加，组织中珠光体的量增多，铁素体的量减少。图 2-36 所示为不同成分亚共析钢的室温组织，图中白色部分为铁素体，黑色部分为珠光体。

（3）过共析钢　图 2-33 中的合金 III 为过共析钢。过共析钢在 3 点以上温度的冷却过程与共析钢在 *S* 点以上相似。当缓慢冷却到与 *ES* 线相交的 3 点时，奥氏体中的溶碳量达到饱和，随着温度的降低，多余的碳以二次渗碳体的形式析出，并以网状形式沿奥氏体晶界分布。随着温度的降低，二次渗碳体的量逐渐增多，而奥氏体的量逐渐减少，奥氏体成分沿 *ES* 线向共析成分接近。当冷却到与 *PSK* 线相交的 4 点时，剩余奥氏体达到共析成分，将在共析温度下发生共析转变而形成珠光体。温度继续下降，组织不再变化。因此，过共析钢在室温下的组织是珠

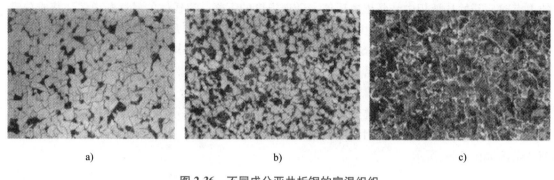

图 2-36 不同成分亚共析钢的室温组织

a) $w_C = 0.2\%$ b) $w_C = 0.4\%$ c) $w_C = 0.6\%$

光体+网状二次渗碳体。过共析钢在冷却过程中的组织转变情况如图 2-37 所示。

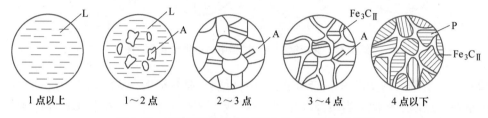

图 2-37 过共析钢在冷却过程中的组织转变示意图

所有过共析钢的室温组织都是珠光体+网状二次渗碳体，但随着碳的质量分数的增加，组织中二次渗碳体的量逐渐增多，珠光体的量逐渐减少，当 $w_C = 2.11\%$ 时，二次渗碳体的量达到最大，其体积分数为 22.6%。图 2-38 所示为过共析钢的室温组织，图 2-38a 中呈片状黑白相间的部分为珠光体，白色网状部分为二次渗碳体。

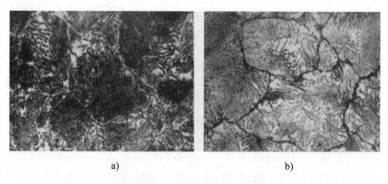

图 2-38 过共析钢的室温组织

a) 4%硝酸酒精腐蚀 b) 碱性苦味酸钠腐蚀

（4）共晶白口铸铁 图 2-33 中的合金Ⅳ为共晶白口铸铁。当共晶白口铸铁缓慢冷却到 C 点时，将发生共晶转变，即从液态合金中同时结晶出 E 点成分的奥氏体和 F 点成分的渗碳体的机械混合物，即莱氏体。在 C 点以下继续冷却时，莱氏体中的奥氏体将析出二次渗碳体，随着温度的下降，二次渗碳体的量不断增多，而奥氏体的量不断减少，其成分沿 ES 线向共析成分接近。当温度下降至与 PSK 线相交的 1 点时，奥氏体达到共析成分，将发生共析转变而形成珠光体，二次渗碳体保留到室温。因此，共晶白口铸铁在室温下的组织是珠光体和渗碳体（共晶渗碳体+二次渗碳体）组成的两相组织，即低温莱氏体，如图 2-31 所示。共晶白口铸铁在冷却过程中的组织转变情况如图 2-39 所示。

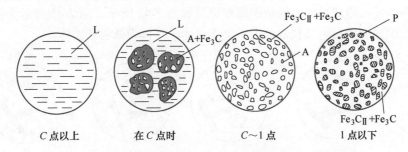

图 2-39　共晶白口铸铁在冷却过程中的组织转变示意图

（5）亚共晶白口铸铁　图 2-33 中的合金 V 为亚共晶白口铸铁。当亚共晶白口铸铁缓慢冷却到与 AC 线相交的 1 点时，开始从液相中结晶出奥氏体。随着温度的下降，奥氏体的量逐渐增多，其成分沿 AE 线变化，而剩余液相的量逐渐减少，其成分沿 AC 线向共晶成分接近。当冷却到与共晶线 ECF 相交的 2 点时，剩余液相达到共晶成分，将发生共晶转变而形成莱氏体，此时的组织为奥氏体+莱氏体。随着温度的继续下降，奥氏体的成分将沿着 ES 线向共析成分接近，并不断从先结晶出来的奥氏体和莱氏体中的奥氏体析出二次渗碳体。当温度下降至与 PSK 线相交的 3 点时，奥氏体达到共析成分，将发生共析转变而形成珠光体，二次渗碳体保留到室温。因此，亚共晶白口铸铁的室温组织是珠光体+二次渗碳体+低温莱氏体。亚共晶白口铸铁冷却过程中的组织转变情况如图 2-40 所示。其显微组织如图 2-41 所示，图中黑色块状或树枝状部分为珠光体，珠光体周围的白色网状部分为二次渗碳体，黑白相间的基体为低温莱氏体。

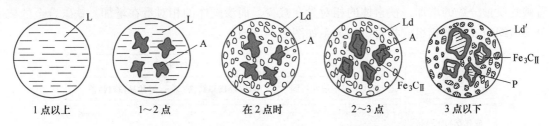

图 2-40　亚共晶白口铸铁冷却过程中的组织转变示意图

所有亚共晶白口铸铁的室温组织都是珠光体+二次渗碳体+低温莱氏体，但随着碳的质量分数的增加，低温莱氏体的量增多，珠光体的量减少。

（6）过共晶白口铸铁　图 2-33 中合金 Ⅵ 为过共晶白口铸铁。当过共晶白口铸铁缓慢冷却到与 CD 线相交的 1 点时，开始从液相中结晶出一次渗碳体。随着温度的下降，一次渗碳体的量逐渐增多，剩余液相的量逐渐减少，其成分沿 CD 线向共晶成分接近。当冷却到与共晶线 ECF 相交的 2 点时，剩余液相达到共晶成分，将发

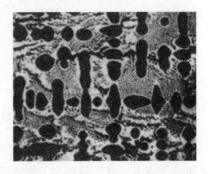

图 2-41　亚共晶白口铸铁的室温组织

生共晶转变而形成莱氏体，此时的组织由莱氏体和一次渗碳体组成。随着温度的继续下降，合金的组织变化与共晶、亚共晶白口铸铁基本相同，即冷却至 3 点时莱氏体转变成低温莱氏体，继续冷却时合金组织不再变化。过共晶白口铸铁的室温组织是低温莱氏体+一次渗碳体。过共晶白口铸铁冷却过程中的组织转变情况如图 2-42 所示。图 2-43 所示为过共晶白口铸铁的室温组织，图中白色条状部分为一次渗碳体，基体为低温莱氏体。

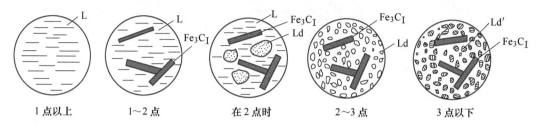

图 2-42　过共晶白口铸铁冷却过程中的组织转变示意图

所有过共晶白口铸铁的室温组织都是低温莱氏体+一次渗碳体，但随着碳的质量分数的增加，一次渗碳体的量增多，低温莱氏体的量减少。

2.3.4　铁碳合金成分与组织性能的关系

（1）铁碳合金的成分与组织间的关系　由上述分析可知，随着碳的质量分数的提高，铁碳合金室温下的平衡组织依次为：$F+Fe_3C_{III} \rightarrow F+P \rightarrow P \rightarrow P+Fe_3C_{II} \rightarrow P+Fe_3C_{II}+Ld' \rightarrow Ld' \rightarrow Ld'+Fe_3C_I$。任何成分的铁碳合金在室温均是由铁素体和渗碳体两相组成的，并且随着碳的质量分数的增加，铁素体的相对量在减少，而渗碳体的相对量在增加。铁碳合金的成分与组织组成物和相组成相对量的关系如图 2-44 所示。

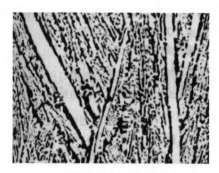

图 2-43　过共晶白口铸铁的室温组织

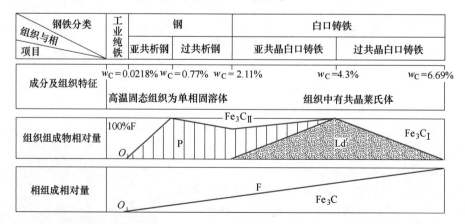

图 2-44　铁碳合金的成分与组织组成物和相组成物相对量的关系

（2）铁碳合金的成分与性能间的关系　在铁碳合金中，渗碳体是一种强化相，所以以渗碳体的量越多，分布越均匀，则铁碳合金的强度、硬度越高，塑性、韧性就越低；但当渗碳体分布在晶界或作为基体存在时，铁碳合金的塑性和韧性将大大下降，且强度也随之降低。图 2-45 所示为铁碳合金中碳的质量分数对钢力学性能的影响，从图中可以看出，当 $w_C<0.9\%$ 时，随着碳的质量分数的增加，钢的强度和硬度直线上升，而塑性和韧性却不断降低；而当 $w_C>0.9\%$ 时，由于二次渗碳体不断在晶界析出并形成完整的网状，不仅使钢的塑性、韧性进一步下降，而且强度也开始明显下降。因此，在机械制造中，为了保证钢既具有足够高的强度，同时又具有一定的塑性和韧性，钢中碳的质量分数一般都不超过 1.4%。

对于 $w_C>2.11\%$ 的白口铸铁，由于组织中含有大量的硬而脆的渗碳体，难以切削加工，因此在机械制造中很少直接应用。

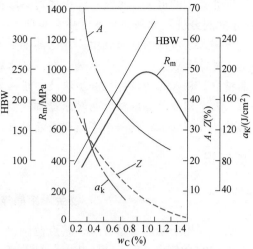

（注：a_k 在 GB/T 228.1—2010 中已被取消）

图 2-45　铁碳合金中碳的质量分数
对钢力学性能的影响

2.3.5　铁碳相图的应用

铁碳相图表明了钢铁材料的成分、组织与性能的变化规律，为生产中的选材及制订加工工艺提供了重要依据。

1. 在选材方面的应用

由铁碳相图可知，不同成分的铁碳合金，其室温组织不同，导致其力学性能也不同。因此，可根据零件的不同性能要求合理地选择材料。例如：要求塑性、韧性好的金属构件（建筑结构以及各种型钢），应选碳的质量分数较低的钢；要求强度、硬度、塑性和韧性都较高的机械零件（轴、齿轮），则应选用碳的质量分数为 0.25%~0.60% 的中碳钢；对于承受交变载荷的弹簧，要求具有较高的弹性和韧性，则需选用碳的质量分数为 0.60%~0.85% 的中高碳钢；对于要求有高硬度、高耐磨性的切削刀具和测量工具，则应选用碳的质量分数为 0.7%~1.3% 的高碳钢。

2. 在制订热加工工艺方面的应用

（1）在铸造方面　铸造生产中，可以根据铁碳相图确定钢铁材料的浇注温度，一般为液相线以上 50~100℃。由相图可知，共晶成分的合金结晶温度最低，结晶区间最小，流动性好，体积收缩小，易获得组织致密的铸件，所以通常选择共晶成分的合金作为铸造合金。

（2）在锻压方面　相图可以作为确定钢的锻造温度范围的依据。通常把钢加热到单相奥氏体区，钢的塑性好，变形抗力小，易于成型。一般始锻温度控制在固相线以下 100~200℃，而终锻温度控制在 *GS* 线以上，对于过共析钢，应在稍高于 *PSK* 线以上。

（3）在焊接方面　在焊接工艺上，焊缝及周围热影响区受到不同程度的加热和冷却，组织和性能会发生变化，相图可作为研究变化规律的理论依据。铁碳合金的焊接性与碳的质量分数有关，随着碳的质量分数的增加，钢的脆性增加，塑性下降，导致钢的冷裂倾向增加，焊接性变差。碳的质量分数越高，焊接性越差，故焊接用钢主要是低碳钢或低碳合金钢。

（4）在热处理方面　在热处理工艺中，相图是制订各种热处理工艺加热温度的重要依据。例如：钢的退火、正火、淬火加热温度都是依据铁碳相图来确定的。

【案例分析】 冰糖的生产方法有两种，一种是挂线结晶养大法，即将热的精炼饱和糖溶液缓缓倒入挂有细棉线的桶中，在结晶室中经过 7 天以上的缓慢冷却结晶，蔗糖结晶围绕棉线形成并养大成大粒、大块冰糖，即多晶冰糖。另一种方法是投放晶种养大法，即在摇床式结晶槽中，放入热的精炼饱和糖溶液，投入定量的晶种在摆动槽中，边摆动边缓慢降温，使晶粒长大，形成单晶冰糖。两种冰糖都是以热的精炼饱和糖溶液为原料结晶而成的，与纯金属的结晶过程相似，是一个不断形成晶核和晶核不断长大的过程。

拓展知识

铋金属结晶体，美到无法想象

铋主要用于制造易熔合金，熔点范围是 47～262℃，最常用的是铋同铅、锡、锑、铟等金属组成的合金，可用于消防装置、自动喷水器、锅炉的安全塞。一旦发生火灾，一些水管的活塞会"自动"熔化，喷出水来。在消防和电气工业中，用作自动灭火系统和电器的熔丝、焊锡。铋合金具有凝固时不收缩的特性，可用于铸造印刷铅字和高精度铸型。碱式碳酸铋和碱式硝酸铋用于治疗皮肤损伤和肠胃病。铋金属是无毒的，并且具有许多非常有趣的性质。那么铋金属的晶体会是什么样的呢？

将大块的铋金属放进容器中进行加热，随着温度的升高，铋金属慢慢熔化。随后将一块固态金属放入液体中，并且停止加热，液面很快会凝结一层薄膜。当拨开这层膜时，液面像是镜子一样泛着光亮，十分好看。

等待一段时间后，翻开表面凝结的固体，在近镜头的观察下，铋金属泛着蓝色和粉色光芒，简直比水晶还要美丽。

在碗中进行结晶实验时，大片的铋金属结晶体像是高低的山峰一样错落有致，泛着五彩的光芒，如图 2-46 所示。

图 2-46 铋金属结晶体

本章小结

1. 常见的金属晶格类型有体心立方晶格、面心立方晶格和密排六方晶格。固态合金中的相分为固溶体和金属化合物两大类。固溶强化和弥散强化是提高金属材料力学性能的重要途径。

2. 金属实际的晶体结构是多晶体，并存在晶体缺陷。晶体缺陷处晶格处于畸变状态，引起晶格内部产生内应力，导致金属塑性变形抗力增大，从而使金属材料在常温下的强度、硬度提高。

3. 晶粒大小是影响金属材料力学性能的重要因素之一。一般来说，晶粒越细，金属材料的强度、硬度越高，塑性、韧性越好，这种现象称为细晶强化。生产中大多希望通过使金属材料的晶粒细化来提高金属的力学性能。

4. 铁碳合金根据其在铁碳相图中的位置可分为工业纯铁、亚共析钢、共析钢、过共析钢、亚共晶白口铸铁、共晶白口铸铁和过共晶白口铸铁。不同的铁碳合金，其室温组织不同，力学性能不同，实际应用也不同。

5. 铁碳合金的成分与力学性能的关系是：当 $w_C<0.9\%$ 时，随着碳的质量分数的增加，钢的强度和硬度直线上升，而塑性和韧性却不断降低；而当 $w_C>0.9\%$ 时，随着碳的质量分数的增加，钢的硬度继续上升，而塑性、韧性进一步下降，强度也开始明显下降。

技 能 训 练 题

一、名词解释

1. 相　2. 组织　3. 固溶强化　4. 弥散强化　5. 过冷度　6. 铁素体　7. 奥氏体　8. 珠光体

二、填空题

1. 常见的金属晶格类型有_____晶格、_____晶格和_____晶格 3 种，α-Fe 属于_____晶格，γ-Fe 属于_____晶格，铬属于_____晶格，铜属于_____晶格，锌属于_____晶格。

2. 根据缺陷的几何形态特征，实际金属的晶体缺陷分为_____、_____和_____。

3. _____和_____之差称为过冷度。过冷度大小与液态金属的_____有关。_____越快，金属的实际结晶温度越_____，过冷度也就越大。

4. 金属的结晶过程是一个_____和_____的过程。

5. 金属晶粒越细小，其强度、硬度_____，塑性、韧性_____，这种现象称为细晶强化。

6. 铁素体是碳溶于_____中所形成的间隙固溶体，用符号_____表示。

7. 碳溶于 γ-Fe 中所形成的间隙固溶体称为_____，用符号_____表示。

8. 珠光体是由_____和_____相间排列而形成的层片状机械混合物，用符号

_____表示，其碳的质量分数为_____。

9. 莱氏体是由_____和_____组成的机械混合物。而低温莱氏体是由_____和_____组成的机械混合物，用符号_____表示，其碳的质量分数为_____。

10. 铁碳合金中，共析钢的 w_C = _____，其室温组织为_____；亚共析钢的 w_C = _____，其室温组织为_____和_____；过共析钢的 w_C = _____，其室温组织为_____和_____。

11. 铁碳合金的结晶过程中，从液态合金中析出的渗碳体称为_____；从奥氏体中析出的渗碳体称为_____；从铁素体中析出的渗碳体称为_____。

12. 铁碳合金的成分与力学性能的关系是：当 w_C < 0.9% 时，随着碳的质量分数的增加，钢的_____和_____增加，而_____和_____降低；而当 w_C > 0.9% 时，随着碳的质量分数的增加，钢的_____继续增加，而_____、_____、_____下降。

三、选择题

1. 位错是一种（　　）。
   A. 点缺陷　　　　　　B. 线缺陷　　　　　　C. 面缺陷

2. 在 20℃时，纯铁的晶体结构类型为（　　）。
   A. 体心立方晶格　　　B. 面心立方晶格　　　C. 密排六方晶格

3. 固溶体的晶体结构与（　　）相同。
   A. 溶剂　　　　　　　B. 溶质　　　　　　　C. 溶剂和溶质都不

4. 金属化合物的性能特点是（　　）。
   A. 熔点高，硬度低　　B. 熔点高，硬而脆　　C. 熔点低，硬度高

5. 实际生产中，金属冷却速度越快，其实际结晶温度（　　）。
   A. 越高　　　　　　　B. 越低　　　　　　　C. 越接近理论结晶温度

6. 铁素体为（　　）晶格，奥氏体为（　　）晶格，渗碳体为（　　）晶格。
   A. 体心立方　　　　　B. 面心立方　　　　　C. 复杂斜方

7. 铁碳相图上的 PSK 线是（　　），ES 线是（　　），GS 线是（　　）。
   A. A_1　　　　　　　B. A_3　　　　　　　C. A_{cm}

8. 下面所列组织中，脆性最大的是（　　），塑性最好的是（　　）。
   A. F　　　　　　　　B. P　　　　　　　　C. Fe_3C

四、判断题

1. 纯铁在 950℃时为体心立方晶格的 α-Fe。　　　　　　　　　　　　　　　（　　）

2. 实际金属的晶体结构不仅是一个多晶体，而且还存在有很多缺陷。　　　　（　　）

3. 固溶体的晶格类型与溶剂相同。　　　　　　　　　　　　　　　　　　　（　　）

4. 增大过冷度可以细化晶粒。　　　　　　　　　　　　　　　　　　　　　（　　）

5. 室温下铁素体的最大溶碳量是 0.0218%。　　　　　　　　　　　　　　　（　　）

6. 一次渗碳体、二次渗碳体、三次渗碳体、共析渗碳体、共晶渗碳体是五种不同的相。
   　　　　　　　　　　　　　　　　　　　　　　　　　　　　　　　　　（　　）

7. 珠光体、莱氏体与铁素体和奥氏体一样，也有自己的晶格类型，也是一个相。
   　　　　　　　　　　　　　　　　　　　　　　　　　　　　　　　　　（　　）

8. 室温下 w_C = 0.9% 的碳钢的强度比 w_C = 1.2% 的碳钢的强度高。　　　　（　　）

9. 在 1100℃时，$w_C = 0.4\%$ 的钢能进行锻造，而 $w_C = 4.0\%$ 的铸铁不能锻造。　（　　）

五、简答题

1. 常见的金属晶格类型有哪几种？试画出铜、铬和锌的晶胞示意图。

2. 晶粒大小对金属的力学性能有什么影响？如何细化晶粒？

3. 画出简化的铁碳相图，并完成下列内容：

（1）用组织组成物填写相图；

（2）标出 P、S、E、C 四点的温度和含碳量；

（3）根据铁碳相图，完成下列表格：

碳的质量分数 w_C(%)	温度/℃	组织	温度/℃	组织	温度/℃	组织
0.20	750		950		20	
0.77	650		750		20	
1.20	700		750		20	

4. 既然 45 钢（$w_C = 0.45\%$）与 60 钢（$w_C = 0.60\%$）的室温组织都是 F+P，为何 60 钢的强度、硬度较 45 钢高？

5. 铁碳合金根据其在相图中的位置可分为哪几种？说明它们的含碳范围和室温组织。

6. 搪瓷盆、沙发弹簧和钻头分别选用什么钢为宜（写明低、中、高碳钢即可，不用写钢号）？

7. 为什么钢铆钉要用低碳钢制作，而锉刀一般用高碳钢制作？

8. 为什么绑扎物件一般用镀锌的低碳钢丝（$w_C = 0.2\%$），而起重机吊重物时却用钢丝绳（$w_C = 0.65\%$）？

9. 同样形状和大小的 3 块铁碳合金，其成分分别为 $w_C = 0.2\%$、$w_C = 0.65\%$、$w_C = 4.0\%$，用什么方法可迅速将它们区分开来？

第 **3** 章

钢的热处理

 知识目标

1. 了解钢在加热和冷却时的组织转变过程。
2. 掌握普通热处理和表面热处理的工艺特点及应用范围。

 能力目标

具有根据工件的性能要求选择合适的热处理工艺的能力。

【案例引入】 据史书记载，三国时期蒲元为诸葛亮锻制出 3000 把"斩金断玉，削铁如泥"的神刀。当钢刀制成后，为了检验钢刀的锋利程度，他在大竹筒中装满铁珠，然后让人举刀猛劈，结果"应手虚落"，如同斩草一样，竹筒豁然断成两截，而筒内的铁珠也一分为二。那么蒲元在冶炼金属、制造刀具上使用了什么方法呢？

其实"神刀"是蒲元在对钢材进行了热处理的基础上打造的，那么钢材在热处理后性能为什么会发生改变？又是如何提高钢的强度和硬度的呢？

钢的热处理是通过加热、保温和冷却等工序改变钢的内部组织结构，从而获得预期性能的工艺。其目的是改善和提高材料的性能，充分发挥材料的性能潜力，延长其使用寿命。因此，热处理在机械制造业有着重要的地位和作用，在汽车、拖拉机的制造中，80%的零件都要进行热处理，而刀具、量具、模具和滚动轴承等，100%都需要进行热处理。

根据加热和冷却方式的不同，热处理一般分为普通热处理和表面热处理。普通热处理又称为整体热处理，主要包括退火、正火、淬火和回火，俗称"四把火"；表面热处理包括表面淬火和化学热处理。尽管热处理的种类很多，但都是由加热、

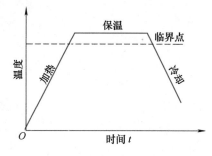

图 3-1　热处理工艺曲线

保温和冷却 3 个阶段组成，因此要掌握各种热处理方法对钢的组织和性能的影响，就必须研究钢在加热、保温和冷却过程中的组织转变规律。图 3-1 所示为热处理工艺曲线。

3.1　钢在加热时的组织转变

3.1.1　热处理加热的目的和临界温度

1. 热处理加热的目的

钢进行热处理时首先要加热，其目的是获得均匀而细小的奥氏体组织。通常将这种加热转变称为钢的奥氏体化。加热时，奥氏体化的程度及晶粒大小，对其冷却转变过程及最终的组织和性能都有极大的影响。因此，了解奥氏体的形成规律是掌握热处理工艺的基础。

2. 热处理加热的临界温度

由铁碳相图可知，当温度高于 A_1（727℃）线时，就能获得奥氏体组织，因此，钢热处理时奥氏体化的最低温度是 A_1，即加热到 A_1 温度以上时，钢的原始组织即可转变为奥氏体。对于亚共析钢和过共析钢，需要加热到 A_3 或 A_{cm} 以上，才能获得单相的奥氏体，才能完全奥氏体化。

铁碳相图中，A_1、A_3、A_{cm} 线都是平衡状态的相变温度（又称临界点），而在实际生产中加热和冷却速度较快，相变是在不平衡条件下进行的，因此往往造成相变点的实际位置相对平衡状态时有所偏离。即加热时实际转变温度略高于平衡相变点，而冷却时却略低于平衡相变点。为了使两者有所区别，通常将加热时的实际相变点用 Ac_1、

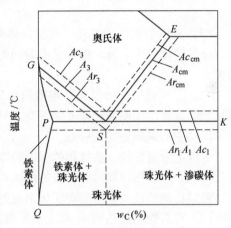

图 3-2　钢在加热或冷却时各
临界点的实际位置

Ac_3、Ac_{cm} 表示；冷却时的实际相变点用 Ar_1、Ar_3、Ar_{cm} 表示，如图 3-2 所示。即在实际生产中，亚共析钢、共析钢和过共析钢，分别需要加热到 Ac_3、Ac_1 和 Ac_{cm} 以上，才能获得单相的奥氏体组织。

3.1.2　奥氏体的形成及其晶粒大小的控制

1. 奥氏体的形成

以共析钢为例，其室温平衡组织为珠光体，当把共析钢加热到 Ac_1 以上温度时，就会发生珠光体向奥氏体的转变。这一转变是由成分相差悬殊、晶格类型截然不同的两相 F+Fe₃C 混合物转变成另一种晶格类型的单相奥氏体 A 的过程。在此转变过程中，必然进行晶格的改组和铁、碳原子的扩散，并遵循形核和长大的基本规律。该过程可归纳为奥氏体晶核的形成、奥氏体晶核的长大、残留渗碳体的溶解和奥氏体成分均匀化 4 个阶段，如图 3-3 所示。

（1）奥氏体晶核的形成　奥氏体晶核优先在铁素体和渗碳体的两相界面上形成。这是因为相界面处成分不均匀，原子排列不规则，晶格畸变大，能为产生奥氏体晶核提供成分和结构两方面的有利条件。

（2）奥氏体晶核的长大　奥氏体晶核形成后，依靠铁素体的晶格改组和渗碳体的不断溶解，奥氏体晶核不断向铁素体和渗碳体两个方向长大。

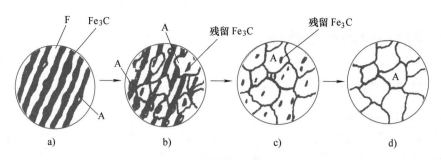

图 3-3　共析钢奥氏体形成过程

a）A 晶核形成　b）晶核长大　c）残留 Fe₃C 溶解　d）A 均匀化

（3）残留渗碳体的溶解　在奥氏体的形成过程中，当铁素体全部转变为奥氏体后，仍有部分渗碳体尚未溶解，随着保温时间的延长，残留渗碳体将不断溶入奥氏体中，直至完全消失。

（4）奥氏体成分均匀化　当残留渗碳体溶解后，奥氏体中的碳仍是不均匀的，在原渗碳体处的碳浓度比原铁素体处的要高，只有经过一定时间的保温，通过碳原子的扩散，才能使奥氏体中的碳成分均匀一致。

由以上分析可知，热处理的保温阶段不仅是为了让工件热透，同时也是为了获得均匀的奥氏体组织，以便冷却后获得良好的组织和性能。

亚共析钢和过共析钢的奥氏体形成过程与共析钢基本相同，但其完全奥氏体化的过程有所不同。亚共析钢加热到 Ac_1 以上温度时还存在铁素体，这部分铁素体只有继续加热到 Ac_3 以上时才能完全转变为奥氏体；过共析钢则只有在加热温度高于 Ac_{cm} 时，才能获得单一的奥氏体组织。

2. 奥氏体晶粒大小的控制

加热时，形成奥氏体晶粒的大小直接影响冷却转变产物的晶粒大小和力学性能。奥氏体晶粒越细小，其冷却转变产物也越细小，力学性能越高；而粗大的奥氏体晶粒往往导致热处理后钢的强度与韧性降低，并容易导致工件变形和开裂。可通过下列途径控制奥氏体晶粒的大小。

（1）选取合适的加热温度，并严格控制保温时间　加热温度越高，保温时间越长，奥氏体晶粒越粗大，因此，为了获得细小的奥氏体晶粒，在保证奥氏体成分均匀的情况下，尽量选择低的奥氏体化温度和较短的保温时间。

（2）快速加热到较高的温度　当加热温度确定后，快速加热到较高的温度并经短暂保温，可使形成的奥氏体来不及长大而冷却得到细小的晶粒。但对于高合金钢及形状复杂的工件，过快的加热速度会导致升温过程中工件变形甚至开裂。

（3）向钢中加入一定量的合金元素　钢中加入的钛、钒、铌、锆、铝等元素，可以和钢中的碳、氮形成碳化物、氮化物，并弥散分布在晶界上，阻碍奥氏体晶粒长大。而加入锰和磷能促进晶粒长大。

3.2　钢在冷却时的组织转变

冷却过程是热处理的关键工序，冷却方式不同，冷却后的组织和性能也不同。表 3-1 为

45 钢在同样奥氏体化条件下，采用不同冷却速度后的力学性能。

表 3-1　45 钢采用不同冷却速度后的力学性能（加热温度为 840℃）

冷却方式	力 学 性 能			
	R_{eL}/MPa	R_m/MPa	$A(\%)$	HRC
随炉冷却	280	530	32.5	15~18
空气冷却	340	670~720	15~18	18~24
水中冷却	720	1100	7~8	52~60

在热处理生产中，有等温冷却和连续冷却两种方式。等温冷却是将奥氏体化后的钢迅速冷至 Ar_1 以下某一温度并保温，使其在该温度下发生组织转变，然后再冷却到室温的热处理工艺，如图 3-4 中虚线所示；连续冷却是指将奥氏体化的钢自加热温度连续冷却至室温的热处理工艺，如图 3-4 中实线所示。

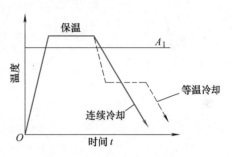

图 3-4　两种冷却方式示意图

3.2.1　过冷奥氏体的等温冷却转变

奥氏体在 A_1 温度以上是稳定的，能够长期存在而不发生转变，一旦冷却到 Ar_1 温度以下就处于不稳定状态，将发生转变。我们把在 Ar_1 温度以下暂存的、不稳定的奥氏体称为过冷奥氏体。过冷奥氏体在不同温度下的等温转变产物可以用等温转变图来确定。

1. 过冷奥氏体等温转变图的建立

现以共析钢为例来说明过冷奥氏体等温转变图的建立。

1）首先，将共析钢制成若干小圆形薄片试样，加热至奥氏体化后分别迅速放入 Ar_1 以下不同温度的恒温盐浴槽中进行等温转变。

2）分别测出在各温度下过冷奥氏体转变的开始时间、终了时间及转变产物量。

3）将测得的参数画在温度-时间坐标图上，并将各转变的开始点和终了点分别用光滑曲线连接起来，便得到共析钢过冷奥氏体等温转变图，如图 3-5a 所示。

因过冷奥氏体在不同过冷度下转变所需的时间相差很大，故图中时间坐标用对数坐标表示。由于等温转变图与字母"C"相似，故又称为 C 曲线。

图 3-5b 中，左边曲线为过冷奥氏体等温转变开始线，右边曲线为过冷奥氏体等温转变终了线。A_1 线以上是稳定的奥氏体区。A_1 线以下、转变开始线左边的区域为过冷奥氏体区；转变终了线右侧的区域是转变产物区；两线之间是过冷奥氏体和转变产物共存区。等温转变图的下部有两条水平线，上边一条是马氏体转变开始线，用 Ms 表示；下边一条是马氏体转变终了线，用 Mf 表示。

从等温转变图可以明显地看出，在 A_1 线以下一定温度等温转变时，过冷奥氏体并不是立即发生转变，而要经历一定时间的"等待"后才开始转变，这段等待的时间称为孕育期（由纵坐标到转变开始线之间的水平距离表示过冷奥氏体等温转变前所经历的时间）。在不同等温温度下，过冷奥氏体转变的孕育期长短差别很大，从不足 1s 至长达几天。孕育期越长，过冷奥氏体越稳定，反之，则越不稳定。对共析钢来讲，过冷奥氏体在 550℃附近等温

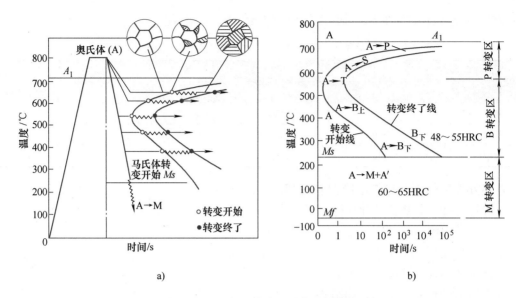

图 3-5 共析钢过冷奥氏体等温转变图

a）共析钢等温转变图的建立 b）共析钢等温转变图

转变时，孕育期最短，即过冷奥氏体最不稳定，转变速度最快，这里被形象地称为等温转变图的"鼻尖"。在高于或低于"鼻尖"时，孕育期由短变长，即过冷奥氏体的稳定性增加，转变速度较慢。等温转变图中"鼻尖"的位置对钢的热处理工艺性能有重要的影响。

亚共析钢的等温转变图与共析钢的等温转变图不同的是，在"鼻尖"上方过冷奥氏体将先有一部分转变为铁素体，剩余的过冷奥氏体再转变为珠光体型组织，因此多了一条先共析铁素体的转变线。同理，过共析钢多了一条先共析渗碳体的转变线，如图 3-6 所示。

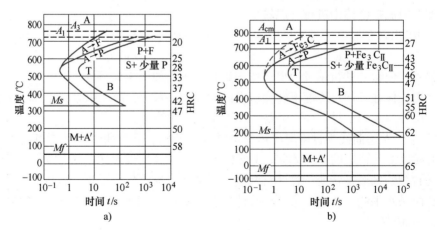

图 3-6 亚共析钢和过共析钢的等温转变图

a）亚共析钢的等温转变图 b）过共析钢的等温转变图

对于亚共析钢，随着碳的质量分数的增加，等温转变图往右移，同时 Ms、Mf 线上移。对于过共析钢，随着碳的质量分数的增加，等温转变图向左移，同时 Ms、Mf 线下移。

2. 过冷奥氏体等温转变产物的组织形态及性能

（1）珠光体转变　共析钢在 $Ar_1 \sim 550℃$ 区间进行等温转变时，过冷奥氏体的转变产物为珠光体型组织，它是由铁素体与渗碳体组成的层片相间的机械混合物。等温转变温度越低，铁素体和渗碳体的片层间距越小。根据片层的厚薄不同，珠光体型组织又可细分为 3 种，见表 3-2。

实际上这 3 种组织都是珠光体，其差别只是珠光体的片层间距大小不同，等温转变温度越低，片层间距越小。片层间距越小，其强度、硬度越高，塑性、韧性越好。

表 3-2　珠光体型组织的形态和性能

等温转变温度	组织名称	符号	片层间距	硬度
$Ar_1 \sim 650℃$	珠光体	P	$>0.4\mu m$	10~20HRC
650~600℃	索氏体	S	$0.2 \sim 0.4\mu m$	20~30HRC
600~550℃	托氏体	T	$<0.2\mu m$	30~40HRC

（2）贝氏体转变　共析钢在 $550℃ \sim Ms$ 区间进行等温转变时，过冷奥氏体的转变产物为贝氏体。贝氏体是含过饱和碳的铁素体和碳化物组成的机械混合物，用符号"B"表示。根据形成温度和组织形态，可将贝氏体分别为上贝氏体和下贝氏体，如图 3-7 所示。

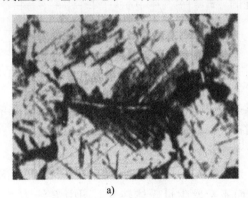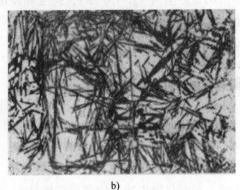

a)　　　　　　　　　　　　　　b)

图 3-7　贝氏体的显微组织

a）上贝氏体显微组织（600×）b）下贝氏体显微组织（600×）

共析钢在 550~350℃ 区间进行等温转变时，将形成黑色羽毛状的上贝氏体。上贝氏体的硬度为 40~45HRC，强度很低，脆性很大，基本没有实用价值。在 $350℃ \sim Ms$ 区间进行等温转变时，将形成黑色竹叶状的下贝氏体。下贝氏体的硬度为 45~50HRC，具有较高的强度和良好的塑性、韧性。因此，生产中常用等温淬火的方法获得下贝氏体组织，以获得良好的综合力学性能。

（3）马氏体转变　马氏体转变是在 $Ms \sim Mf$ 之间连续冷却的过程中进行的。当过冷奥氏体被快速冷却到 Ms 以下温度时，转变产物是马氏体。马氏体是碳在 α-Fe 中的过饱和固溶体。

马氏体的组织形态主要与奥氏体中碳的质量分数有关。当 $w_c<0.2\%$ 时，可获得板条状的马氏体，它具有较高的强度、硬度和较好的塑性、韧性；当 $w_c>1.0\%$ 时，得到针片状马氏体，它具有很高的硬度，但塑性差，脆性大；当 $w_C = 0.2\% \sim 1.0\%$ 时，得到板条马氏体和针片状马氏体的混合组织。图3-8所示为板条马氏体和针片状马氏体的显微组织。

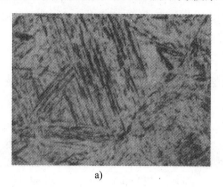 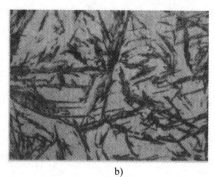

a)   b)

图3-8 板条马氏体和针片状马氏体的显微组织

a）板条马氏体的显微组织　b）针片状马氏体的显微组织

马氏体的强度和硬度主要取决于马氏体中碳的质量分数，碳的质量分数越高，马氏体的强度和硬度越高，尤其是碳的质量分数较低时，这种关系非常明显；但当 $w_C > 0.6\%$ 时，强度和硬度的变化就逐渐趋于平缓，如图3-9所示。

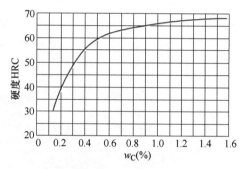

图3-9 碳的质量分数对马氏体硬度的影响

3.2.2 过冷奥氏体的连续冷却转变

1. 过冷奥氏体的连续冷却转变图

在实际生产中，过冷奥氏体大多是在连续冷却中转变的，因此研究过冷奥氏体连续冷却时的组织转变规律有着重要的意义。

图3-10所示为共析钢的连续冷却转变图。连续冷却转变图只有等温转变图的上半部分，因此连续冷却时只发生珠光体和马氏体转变，而不会发生贝氏体转变。图中 P_s 线为过冷奥氏体向珠光体转变的开始线；P_f 线为过冷奥氏体向珠光体转变的终了线。KK' 线为过冷奥氏体向珠光体转变的终止线，它表示冷却曲线与 KK' 线相交时，过冷奥氏体即停止向珠光体转变，剩余部分一直冷却到 Ms 线以下发生马氏体转变。v_k 是过冷奥氏体在连续冷却过程中不发生分解而全部转变为马氏体的最小冷却速度，也称为马氏体临界冷却速度；v_k' 是获得全部珠光体型组织的最大冷却速度。

2. 等温转变图在连续冷却转变中的应用

由于过冷奥氏体的连续冷却转变图测定比较困难，且有些使用广泛的钢种的连续冷却转变图至今尚未测出，所以目前生产上常用等温转变图代替连续冷却转变图对过冷奥氏体的连续冷却转变进行近似地分析。

以共析钢为例，将连续冷却速度曲线画在等温转变图上，根据其与等温转变图相交的位置，可估计出连续冷却转变的产物，如图3-11所示。图中 v_1 相当于随炉冷却，根据它与等温转变图相交的位置，可估计出奥氏体将转变为珠光体组织；v_2 相当于在空气中冷却，可估计出奥氏体将转变为索氏体组织；v_3 相当于在油中冷却，可估计出有一部分奥氏体将转变为托氏体，剩余的奥氏体冷却到 Ms 线以下转变为马氏体组织，最终得到托氏体+马氏体+残留奥氏体的混合组织；v_4 相当于在水中冷却，它不与等温转变图相交，一直过冷到 Ms 线以下，转变产物为马氏体+残留奥氏体。

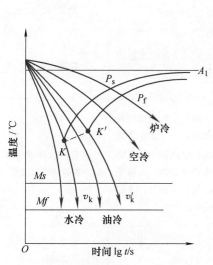

图 3-10 共析钢的连续冷却转变图

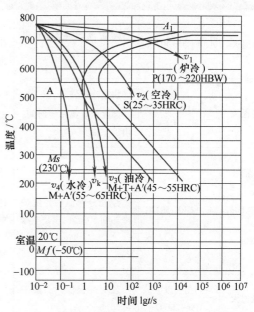

图 3-11 等温转变图在连续冷却转变中的应用

3.3 钢的退火和正火

在机械制造过程中，一般机械零件的加工路线是：毛坯（铸、锻）→预备热处理→切削加工→最终热处理→磨削加工。退火和正火经常作为预备热处理，安排在铸造、锻造和焊接之后或粗加工之前，用以消除前道工序所造成的某些组织缺陷及内应力，为随后的切削加工及热处理做好组织准备。正火也可用于性能要求不高的机械零件的最终热处理。

退火和正火的主要目的是：

1）消除前道工序（铸、锻、焊）所造成的组织缺陷，细化晶粒，改善组织，提高力学性能。

2）调整硬度，以利于切削加工。经铸、锻、焊制造的毛坯，常出现硬度偏高、偏低或不均匀的现象，通过退火或正火，可将硬度调整为 170~250HBW，从而改善切削加工性能。

3）消除残余内应力，防止工件变形。

4）为最终热处理（淬火和回火）做好组织准备。

3.3.1 钢的退火

退火是将钢加热到适当温度，保温一定时间，然后缓慢冷却（一般是随炉冷却，也可埋砂冷却或灰冷）的热处理工艺。根据钢的成分和退火目的不同，退火常分为完全退火、等温退火、球化退火、扩散退火和去应力退火等。各类退火的工艺特点及适用范围见表 3-3。

表 3-3 各类退火的工艺特点及适用范围

退火的分类	加热温度	冷却方式	目 的	适用范围
完全退火	$Ac_3+(30{\sim}50)℃$	随炉冷却到 600℃ 以下，出炉空冷	消除残余应力，改善组织，细化晶粒，降低钢的硬度，为切削加工和最终处理做准备	亚共析钢的铸、锻、焊件的预备热处理
等温退火	$Ac_3(Ac_1)+(30{\sim}50)℃$	快速冷却到 Ar_1 以下某一温度，等温一定时间，出炉空冷	与完全退火相同。但等温退火可缩短生产周期，提高生产效率	合金钢工件
球化退火	$Ac_1+(30{\sim}50)℃$	经充分保温后，随炉冷却到 600℃，出炉空冷	使珠光体中的片状渗碳体和网状二次渗碳体球化，变成在铁素体基体上弥散分布着粒状渗碳体的组织，即球状珠光体。可降低硬度，改善切削加工性能，为后续热处理做组织准备	具有共析或过共析成分的碳钢或合金钢
扩散退火	固相线以下 100~200℃	长时间保温后，随炉冷却	消除铸件中的偏析，使钢的化学成分和组织均匀化	质量要求高的合金钢铸锭或铸件
去应力退火	Ac_1 以下某一温度（一般为 500~650℃）	随炉冷却到 200~300℃，出炉空冷	消除铸件、锻件、焊件、冲压件及机械加工工件的残余应力，稳定工件尺寸，减少变形	所有钢件

3.3.2 钢的正火

正火是将钢加热到 Ac_3（或 Ac_{cm}）以上 30~50℃，保温一定时间，然后出炉在空气中冷却的热处理工艺。

正火和退火的主要区别是正火的冷却速度稍快，得到的组织较细小，强度和硬度有所提高，操作简便，生产周期短，成本较低。正火主要应用于以下几个方面：

1）改善低碳钢和低碳合金钢的切削加工性能。由于正火后的组织为细珠光体，其硬度有所提高，从而改善了切削加工中的"粘刀"现象，降低了工件的表面粗糙度值。

2）消除网状渗碳体。对于过共析钢，正火可消除网状二次渗碳体，为球化退火做组织准备。

3）作为中碳钢零件的预备热处理。通过正火可以消除钢中粗大的晶粒，消除内应力，为最终热处理做组织准备。

4）作为普通结构件的最终热处理。对于某些大型或结构复杂的普通零件，当淬火有可能产生裂纹时，往往用正火代替淬火、回火作为这类零件的最终热处理。

退火和正火的加热温度范围及热处理工艺曲线如图 3-12 所示。

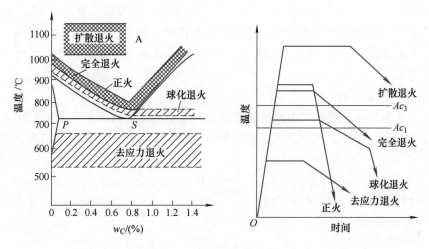

图 3-12 退火和正火的加热温度范围及热处理工艺曲线

3.4 钢的淬火

淬火是将钢加热到 Ac_3（或 Ac_1）以上 30~50℃，保温一定时间，然后以大于马氏体临界冷却速度的速度快速冷却，以获得马氏体或下贝氏体组织的热处理工艺，其目的是提高钢的硬度和耐磨性。淬火是强化钢材最重要的工艺方法。淬火必须与适当的回火工艺相配合，才能使钢具有不同的力学性能，以满足各类零件或工、模具的使用要求。

3.4.1 淬火工艺

1. 淬火加热温度的确定

淬火加热温度的确定应以获得均匀而细小的奥氏体晶粒为原则。钢的成分不同，其淬火加热温度也不同。碳钢的淬火加热温度范围如图 3-13 所示。一般亚共析钢的淬火加热温度为 Ac_3+(30~50)℃，淬火后组织为均匀细小的马氏体和少量残留奥氏体。若加热温度在 Ac_1 ~ Ac_3 之间，淬火后组织为铁素体、马氏体和少量残留奥氏体，由于铁素体的存在，钢的硬度降低。若加热温度超过 Ac_3+(30~50)℃，则奥氏体晶粒粗化，淬火后得到粗大的马氏体，钢的性能变差，且淬火应力增大，易导致工件变形和开裂。共析钢及过共析钢的淬火加热温度为 Ac_1+(30~50)℃，淬火后得到细小的马氏体、少量渗碳体和残留奥氏体。由于渗碳体的存在，钢的硬度和耐磨性提高。若加热温度在 Ac_{cm} 以上，由于渗碳体全部溶于奥氏体中，奥氏体的含碳量提高，Ms 和 Mf 点降低，淬火后残留奥氏体增多，反而降低了钢的硬度和耐磨性，同时氧化脱碳严重，淬火应力增大，容易使工件变形和

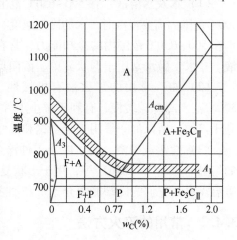

图 3-13 碳钢的淬火加热温度范围

开裂。

对于合金钢，由于合金元素对奥氏体化有延缓作用，加热温度应比碳钢的高，尤其是高合金钢的淬火加热温度远高于 Ac_1，同样能获得均匀而细小的奥氏体晶粒，这与合金元素在钢中的作用有关。

2. 淬火加热保温时间

淬火加热保温时间是指从炉温指示仪表达到规定温度至工件出炉之间的时间。加热保温时间与工件的形状、尺寸、装炉方式、装炉量、加热炉类型和加热介质等因素有关，一般用经验公式确定

$$\tau = k\alpha D$$

式中　　τ——淬火加热保温时间（min）；

　　　　k——装炉系数；

　　　　α——加热系数（min/mm）；

　　　　D——工件有效厚度（mm）。

装炉系数、加热系数的数据和工件有效厚度的计算可查阅有关资料。

3. 淬火冷却介质

工件进行淬火时所用的介质称为淬火冷却介质。为了保证淬火后获得马氏体组织，淬火冷却速度必须大于马氏体临界冷却速度，但过快的冷却速度必然产生较大的淬火应力，导致工件产生变形或裂纹。所以淬火时在获得马氏体组织的前提下，应尽量选用较缓和的冷却介质。理想的冷却介质应保证：在等温转变图的鼻尖附近快冷，以避免过冷奥氏体发生转变；在等温转变图的鼻尖以上或以下温度缓冷，以降低工件的热应力和组织应力。图 3-14 所示为理想的淬火冷却速度。但到目前为止，还没有找到完全理想的淬火冷却

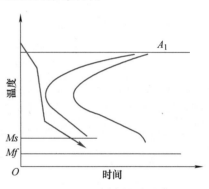

图 3-14　理想的淬火冷却速度

介质。生产中常用的淬火冷却介质有水及水溶液、油、盐浴或碱浴。

（1）水及水溶液　在 500~650℃ 范围内需要快冷时，水的冷却速度相对较小；而在 200~300℃ 范围内需要慢冷时，水的冷却速度又相对较大，容易引起工件的变形和开裂。为了提高水在 500~650℃ 范围内的冷却能力，常在水中加入 5%~10% 的盐或碱，制成盐或碱的水溶液。盐水、碱水常用于形状简单、截面尺寸较大的碳钢工件的淬火。

（2）油　常用的淬火油有机械油、变压器油、柴油、植物油等。其优点是在 200~300℃ 范围冷却较缓慢，有利于减小工件的变形；缺点是在 550~650℃ 范围冷却也较慢，不利于淬硬，所以油一般用于合金钢和尺寸较小的碳钢工件的淬火。

（3）盐浴或碱浴　为了减小工件淬火时的变形，可采用盐浴或碱浴作为淬火冷却介质，如熔融的 $NaNO_3$、KNO_3 等，用于形状复杂、尺寸较小、变形要求严格的工件的分级淬火和等温淬火，它们的冷却能力介于水和油之间。

3.4.2　常用的淬火方法

常用的淬火方法有单介质淬火、双介质淬火、分级淬火和等温淬火等，如图 3-15 所示。

（1）单介质淬火　将钢加热到淬火温度，保温一定时间后，放入一种淬火冷却介质中一直冷却到室温的淬火方法，称为单介质淬火，如图 3-15 中曲线 1 所示。例如：碳钢在水中、合金钢在油中淬火。此方法操作简便，容易实现机械化和自动化，但水冷易变形，油冷不易淬硬；适用于形状简单的碳钢和合金钢工件。

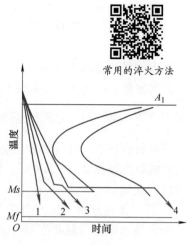

常用的淬火方法

图 3-15　常用的淬火方法

（2）双介质淬火　将钢加热到淬火温度，保温一定时间后，先浸入冷却能力强的淬火冷却介质中，待零件冷却到稍高于 Ms 温度时，再立即转入冷却能力弱的淬火冷却介质中冷却到室温的淬火方法，称为双介质淬火，如图 3-15 中曲线 2 所示。例如：碳钢的水-油淬火、合金钢的油-空气淬火等。此方法能有效地防止淬火变形和开裂，但要求操作工人有较高的技术水平；适用于形状复杂的高碳钢和尺寸较大的合金钢工件。

（3）分级淬火　将钢加热奥氏体化后，先浸入温度稍高或稍低于 Ms 点的盐浴或碱浴槽中，短时保温，待工件整体达到介质温度后取出空冷，以获得马氏体组织的淬火方法，称为分级淬火，如图 3-15 中曲线 3 所示。分级淬火比双介质淬火容易控制，能有效减小工件的变形和开裂；适用于形状复杂、尺寸较小的工件。

（4）等温淬火　将钢加热奥氏体化后，快冷到下贝氏体转变温度区间等温，使奥氏体转变为下贝氏体组织的淬火方法，称为等温淬火，如图 3-15 中曲线 4 所示。等温淬火时内应力及变形很小，而且能获得较高的综合力学性能，但生产周期长，效率低；主要用于形状复杂、尺寸要求精确、强韧性要求高的小型工件。

3.4.3　钢的淬透性与淬硬性

（1）淬透性　钢淬火的目的是获得马氏体组织，但并非任何钢种、任何成分的钢在淬火时都能在整个截面上得到马氏体，这是由于淬火冷却时表面与心部冷却速度有差异所致。显然，只有冷却速度大于临界冷却速度的部分才有可能获得马氏体。钢的淬透性是指钢在淬火时获得淬硬层深度的能力，其大小通常用规定条件下淬硬层的深度来表示。淬硬层越深，其淬透性越好。凡是能增加过冷奥氏体稳定性，即可使等温转变图右移，减小钢的临界冷却速度的因素，都能提高钢的淬透性。反之，则降低淬透性。钢的化学成分和奥氏体化条件是影响其淬透性的基本因素。

（2）淬硬性　淬硬性是指钢在淬火后所能达到的最高硬度的能力。淬硬性主要取决于马氏体的含碳量，而合金元素对淬硬性没有显著影响，但对淬透性却有很大影响。淬透性好的钢，其淬硬性不一定好。

3.5　钢的回火

回火是将淬火后的钢重新加热到 Ac_1 以下某一温度，保温一定时间后冷却到室温的热处理工艺。

淬火后钢的组织由马氏体和少量残留奥氏体组成（有时还有未溶碳化物），其内部存在很大的内应力，脆性大、韧性低，如不及时消除内应力，将会引起工件的变形，甚至开裂，因此淬火后的工件不能直接使用，必须及时进行回火。回火决定了钢的组织和性能，是重要的热处理工序。

回火的目的是减少或消除淬火应力，防止工件变形和开裂；使淬火后的组织由不稳定向稳定方向发展，以稳定工件尺寸；调整工件的力学性能，以满足工件的使用要求。

3.5.1 淬火钢在回火时的组织转变

淬火后得到的马氏体和残留奥氏体组织是不稳定的，其有自发向稳定组织转变的倾向，淬火后的钢重新在 Ac_1 以下某一温度加热时，随着加热温度的升高，钢的组织将发生以下 4 个阶段的变化。

1. 马氏体的分解（100～200℃）

淬火马氏体在该温度范围内加热保温时，马氏体中的碳将以细小的过渡碳化物 $Fe_{2.4}C$ 的形式析出，从而降低了马氏体中碳的过饱和度，得到由过饱和度降低的马氏体和细小的过渡碳化物 $Fe_{2.4}C$ 组成的组织，称为回火马氏体。由于过渡碳化物 $Fe_{2.4}C$ 的析出，使得晶格畸变程度降低，淬火应力有所减小，塑性、韧性有所提高，但硬度并没有降低。

2. 残留奥氏体的分解（200～300℃）

在 200～300℃ 时，马氏体继续分解，而残留奥氏体将转变为下贝氏体。在此温度范围内，淬火应力进一步减小，硬度没有明显下降。

3. 碳化物的转变（300～450℃）

在 300～450℃ 时，由于碳的扩散能力增加，过渡碳化物 $Fe_{2.4}C$ 将逐渐转变为稳定的碳化物 Fe_3C，到 450℃ 时全部转变为极细小的粒状 Fe_3C。由于碳原子的不断析出，原来的过饱和 α 固溶体的含碳量已降到平衡值而称为铁素体，但形态仍呈针状。于是得到由针状铁素体和极细小的粒状 Fe_3C 组成的组织，称为回火托氏体。这时钢的硬度降低，塑性、韧性进一步提高，淬火应力基本消除。

4. 渗碳体的聚集长大和 α 相的再结晶（450～700℃）

当温度在 450℃ 以上时，高度弥散分布的极细小的粒状 Fe_3C 逐渐球化并聚集长大成细粒状的 Fe_3C；同时，铁素体开始再结晶，由板条状或针状转变为多边形的晶粒。这种在多边形铁素体基体上分布着颗粒状渗碳体的组织，称为回火索氏体。

淬火钢回火后的性能取决于组织的变化，总的趋势是随着回火温度的升高，强度、硬度下降，塑性、韧性增加。图 3-16 所示为中碳钢回火温度与力学性能的关系。

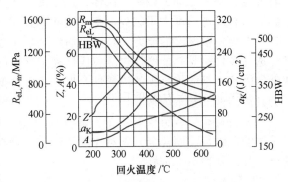

图 3-16 中碳钢回火温度与力学性能的关系

3.5.2 回火的种类及应用

根据回火温度不同，回火分为低温回火、中温回火和高温回火三类。淬火后进行高温回火，称为调质。回火的工艺特点及应用见表 3-4。

表 3-4　回火的工艺特点及应用

回火工艺	回火温度/℃	回火组织及硬度	特　点	用　途
低温回火	100~250	回火马氏体 (58~64HRC)	保持了淬火马氏体的高硬度和高耐磨性，内应力和脆性有所降低	主要用于刃具、量具、模具、滚动轴承、渗碳及表面淬火的零件
中温回火	350~500	回火托氏体 (38~50HRC)	具有较高的弹性和一定的韧性	主要用于各种弹性零件，如弹簧和热作模具
高温回火	500~650	回火索氏体 (25~35HRC)	具有较好的综合力学性能，即强度、硬度、塑性、韧性都比较好	广泛用于受力复杂的重要构件，如轴、齿轮、螺栓、连杆等

3.5.3　回火脆性

淬火钢回火时，随着温度的升高，通常强度、硬度降低，而塑性、韧性提高。但在某些温度范围内钢的韧性有下降的现象，这种现象称为回火脆性。**按温度范围，回火脆性可分为不可逆回火脆性和可逆回火脆性。**

（1）不可逆回火脆性　淬火钢在 250~350℃ 之间回火时出现的回火脆性，称为不可逆回火脆性或第一类回火脆性。几乎所有的钢都存在这类脆性，这类回火脆性是不可逆的，因此一般应避免在此温度范围内回火。

（2）可逆回火脆性　一些合金钢，尤其是含 Cr、Mn、Ni 等合金元素的钢，淬火后在 450~650℃ 之间回火时也会产生回火脆性，称为可逆回火脆性或第二类回火脆性。这类回火脆性是可逆的，生产中可采用快速冷却或在钢中加入 W、Mo 等合金元素来有效地抑制这类回火脆性。

3.6　钢的表面热处理

生产中很多机械零件要求表面具有较高的强度、硬度和耐磨性，而心部则要求具有足够的塑性和韧性，这种情况可以通过表面热处理，即仅使工件表面强化，来满足以上性能要求。表面热处理是指为改变工件表面的组织和性能，仅对工件表层进行的热处理工艺，包括表面淬火和化学热处理。

3.6.1　钢的表面淬火

表面淬火是指在不改变钢的化学成分及心部组织的情况下，利用快速加热将表层加热到奥氏体化温度后进行淬火，使表层获得硬而耐磨的马氏体组织，而心部组织仍然不变的热处理工艺。目前生产中广泛应用的是感应淬火和火焰淬火。

1. 感应淬火

（1）感应淬火的原理　如图 3-17 所示，将工件放入空心铜管制成的感应器（线圈）中，并通入一定频率的交流电，在感应器周围将产生一个频率相同的交变磁场，于是在工件表面就会产生频率相同、方向相反的感应电流,这个电流在工件内形成回路,此回路称为涡流。涡流在工件内的分布是不均匀的,表层电流密度大,心部电流密度小,这种现象称为"趋肤效应"。由于钢本身具有电阻,因而集中于工件表层的涡流将产生电阻热而使工件表层迅速加热到淬火温度,然后立即喷水进行快速冷却,工件表层即被淬硬,从而达到表面淬火的目的。图3-18a所示为感应淬火的淬火机床,图3-18b所示为感应器。

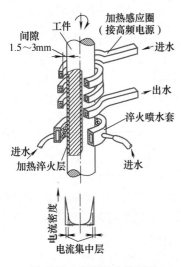

图 3-17 感应淬火的原理

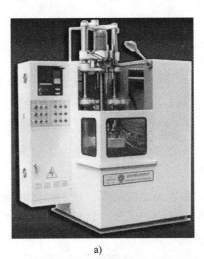

a)   b)

图 3-18 感应淬火的淬火机床及感应器
a) 淬火机床 b) 感应器

感应淬火后,要进行180~200℃的低温回火,以降低淬火应力,保持高硬度和高耐磨性。

(2) 感应淬火的种类及应用范围 根据所用电流频率的不同,感应淬火可分为高频感应淬火、中频感应淬火和工频感应淬火3种,见表3-5。

表 3-5 感应淬火的种类及应用范围

感应淬火的种类	常用频率/kHz	淬硬深度/mm	应用范围
高频感应淬火	200~300	0.5~2	淬硬层要求较薄的中、小模数齿轮和中、小尺寸的轴类零件
中频感应淬火	2.5~8	2~10	大、中模数齿轮和较大直径的轴类零件
工频感应淬火	0.05	10~20	大直径零件,如轧辊、火车车轮等

(3) 感应淬火的特点 与普通淬火相比,感应淬火具有加热速度快、加热温度高、淬火质量好、生产率高等特点,但感应加热设备较贵,维修、调整较困难;对于形状复杂的零件,不易制作感应器,不适于单件生产。

感应淬火最适宜的钢种是中碳钢和中碳合金钢,如40钢、45钢、40Cr、40MnB等,也可用于高碳工具钢、低合金工具钢及铸铁等。一般表面淬火前应对工件进行正火或调质处理,以保证心部有良好的综合力学性能。

感应淬火零件的工艺路线一般为:锻造→退火或正火→粗加工→调质→精加工→感应淬火→低温回火→磨削加工。

2. 火焰淬火

火焰淬火是利用氧-乙炔或煤气-氧的混合气体燃烧的火焰，将工件表层快速加热到淬火温度，然后立即喷水进行快速冷却的热处理工艺，如图 3-19 所示。火焰淬火的淬硬层深度一般为 2~8mm。

火焰淬火具有操作简便、设备简单、成本低等优点，但加热温度不够均匀，淬火质量较难控制；适用于单件、小批生产以及大型零件的表面淬火。

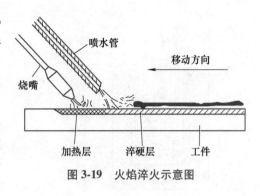

图 3-19　火焰淬火示意图

3.6.2　钢的化学热处理

化学热处理是将工件置于一定温度的活性介质中，使一种或几种元素渗入工件的表层，以改变其化学成分、组织和性能的热处理工艺。与表面淬火相比，化学热处理不仅能改变表层的组织，而且还能改变其化学成分，获得一般表面淬火达不到的特殊性能（如耐热性、耐蚀性、减摩性等），从而提高钢的使用性能，延长使用寿命。

化学热处理的基本过程一般分为以下 3 个阶段。

1）分解：化学介质在一定温度下分解出能够渗入工件表面的活性原子。

2）吸收：活性原子被工件表面吸收，并溶入铁的晶格中形成固溶体或与钢中某种元素形成化合物。

3）扩散：被吸收的活性原子由工件表面逐渐向内部扩散，形成一定深度的渗层。

化学热处理的方法很多，目前最常用的方法有渗碳、渗氮和碳氮共渗等。

1. 钢的渗碳

渗碳是将工件在渗碳介质中加热并保温，使碳原子渗入工件表层的化学热处理工艺。渗碳的目的是提高工件表层碳的质量分数，经淬火和低温回火后，提高工件表面的硬度和耐磨性，而心部仍然保持良好的塑性和韧性。渗碳一般用于在较大冲击载荷和在严重磨损条件下工作的零件，如汽车变速齿轮、活塞销、摩擦片、套筒等。

（1）渗碳用钢　为了保证渗碳零件热处理后心部仍具有良好的塑性和韧性，渗碳用钢一般是 $w_C = 0.10\% \sim 0.25\%$ 的低碳钢和低碳合金钢，如 20 钢、20Cr、20CrMnTi、12CrNi3、18Cr2Ni4W 等。

（2）渗碳方法　根据渗碳剂的不同，渗碳方法可分为固体渗碳、液体渗碳和气体渗碳 3 种。常用的是气体渗碳。图 3-20 所示为气体渗碳示意图，即将工件置于密封的井式气体渗碳炉（图 3-21）中，加热到 900~930℃（常用 930℃），滴入容易分解和汽化的有机液体（煤油、甲醇、苯等）并保温一定时间，使渗碳介质在高温下分解出活性碳原子，并被工件表面吸收，被吸收的活性碳原子由表面逐渐向工件内部扩散，形成具有一定深度的渗碳层。渗碳后，渗层深度可达 0.5~2.5mm，表层碳的质量分数以 0.85%~1.05% 为最佳。

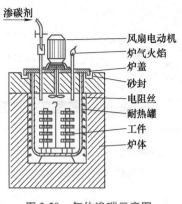

图 3-20 气体渗碳示意图

图 3-21 井式气体渗碳炉

（3）渗碳后的组织及热处理　钢经过渗碳后，从表层到心部碳的质量分数逐渐减少，渗碳后在缓冷条件下，工件表层到心部的组织依次为过共析层（珠光体+网状二次渗碳体）、共析层（珠光体）、亚共析过渡层（珠光体+铁素体）和心部原始亚共析层（少量珠光体+铁素体）。低碳钢渗碳缓冷后的显微组织如图 3-22 所示。

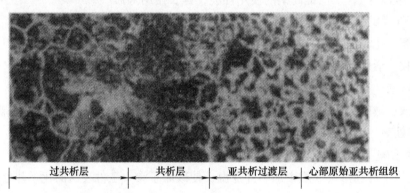

图 3-22　低碳钢渗碳缓冷后的显微组织

工件渗碳后必须进行淬火和低温回火才能获得预期的性能。根据工件材料和性能要求的不同，其淬火方法有以下三种：

1）直接淬火。即工件渗碳后直接出炉预冷至略高于心部 Ar_3 温度（860℃左右），再立即淬入水或油中。预冷的目的是减小工件淬火时的变形和开裂倾向。直接淬火法操作简单，成本低，生产率高，但由于渗碳时工件在高温下长期保温，奥氏体晶粒容易长大，进而影响淬火后工件的性能，故只适用于本质细晶粒钢或受力不大、耐磨性要求不高的零件。

2）一次淬火。即渗碳件出炉缓冷后，再重新加热进行淬火。淬火温度的选择应兼顾表层和心部，使表层不过热而心部得到充分强化。对心部性能要求较高的零件，淬火加热温度应略高于 Ac_3，使其晶粒细化，并得到低碳马氏体；对表层性能要求较高，但受力不大的零件，淬火加热温度应在 Ac_1 以上 $30\sim50$℃，使表层晶粒细化，而心部组织改善不大。

3）二次淬火。即工件渗碳后再进行两次淬火的工艺。第一次淬火是为了改善心部组织和消除表面网状二次渗碳体，加热温度为 Ac_3 以上 $30\sim50$℃；第二次淬火是为了细化工件表层组织，以获得细针状马氏体和均匀分布的粒状渗碳体，加热温度为 Ac_1 以上 $30\sim50℃$。二次淬火法工艺复杂，生产周期长，成本高，工件变形大；只适用于表面耐磨性和心部韧性要求较高的零件或本质粗晶粒钢。

工件渗碳、淬火后应进行 $150\sim200℃$ 的低温回火，回火后表面硬度可达 $58\sim64HRC$，耐磨性较好，心部硬度可达 $30\sim45HRC$，具有较高的强度、韧性和一定的塑性。

渗碳零件的工艺路线一般为：锻造→正火→粗加工、半精加工→渗碳→淬火→低温回火→精加工（磨削加工）。

2. 钢的渗氮

渗氮也称氮化，是将工件在渗氮介质中加热并保温，使氮原子渗入工件表层的化学热处理工艺。其目的是提高工件表面的硬度、耐磨性、疲劳强度和耐蚀性。

（1）渗氮方法　常用的渗氮方法有气体渗氮和离子渗氮两种。气体渗氮是将工件置于通入氨气的井式渗氮炉中，加热到 $500\sim570℃$，使氨气分解出活性氮原子，活性氮原子被工件表面吸收，并向内部逐渐扩散形成具有一定深度的渗氮层。渗氮层深度一般为 $0.1\sim0.4mm$，渗氮时间为 $40\sim70h$，故气体渗氮的生产周期很长。

（2）渗氮用钢　渗氮所用材料一般是含有 Cr、Mo、Al、V、Ti 等合金元素的中碳钢，因为这些合金元素很容易与氮形成颗粒细小、分布均匀、硬度很高且非常稳定的各种氮化物，可使工件表层获得高硬度和耐磨性，最典型的渗氮用钢是 38CrMoAl。

（3）渗氮处理的技术要求　渗氮前工件须进行调质处理，以提高心部的综合力学性能。对于形状复杂或精度要求较高的工件，在渗氮前、精加工后还要进行消除应力的去应力退火，以减少渗氮时的变形。

（4）渗氮的特点及应用　与渗碳相比，气体渗氮后工件表面硬度更高，可达到 $1000\sim1200HV$（相当于 $69\sim72HRC$）；渗氮温度较低，且渗氮后不需要进行其他热处理即可达到较高的硬度，因此渗氮件变形较小；渗氮层的耐磨性、耐蚀性、热硬性及疲劳强度均高于渗碳层。但渗氮层薄而脆，渗氮周期较长，生产率低，因此渗氮主要应用于耐磨、耐高温、耐蚀的精密零件，如精密齿轮、精密机床主轴、汽轮机阀门及阀杆、发动机气缸和排气阀等。

3. 钢的碳氮共渗

碳氮共渗是在一定温度下，同时将碳、氮原子渗入工件表层的化学热处理工艺。中温气体碳氮共渗和低温气体碳氮共渗的应用较为广泛。

中温气体碳氮共渗实质上是以渗碳为主的共渗工艺。工件经共渗后须进行淬火及低温回火。中温气体碳氮共渗主要用于低碳及中碳结构钢零件，如汽车和机床上的各种齿轮、蜗轮、蜗杆和轴类零件等。

低温气体碳氮共渗实质上是以渗氮为主的共渗工艺。与一般渗氮相比，其渗层脆性较小，故又称为软氮化。这种工艺的生产周期短，成本低，零件变形小，不受钢材种类限制，常用于汽车、机床上的小型轴类、齿轮以及模具、量具和刀具等。

【案例分析】蒲元之所以制造出"神刀"，其诀窍在于蒲元掌握了精湛的淬火技术。据《诸葛亮别传》上讲，蒲元对淬火用的水质很有研究。他认为"蜀江爽烈"，适宜于淬刀，而"汉水钝弱"，不能用来淬火。

拓展知识

柯俊——钢铁大师的报国情怀

中国共产党优秀党员，我国著名科学家、教育家，中国科学院院士，我国金属物理、冶金史学科奠基人，北京科技大学教授柯俊于 2017 年 8 月 8 日因病在北京逝世，享年 101 岁。

柯俊先生曾是北京科技大学校园中的一个清瘦低调却引人注目的人，是三尺讲台上的一位温和谦厚却博学睿智的名师。在 70 多载的漫长岁月中，他都致力于钢铁科学领域的研究。

柯俊先生 1938 年毕业于武汉大学。1944 年，他获得赴英国留学的机会，师从英国第一代金属物理学家汉森教授。5 年后，新中国成立，他婉拒了国外多家知名研究机构的邀请，义无反顾地回到祖国（图 3-23）。

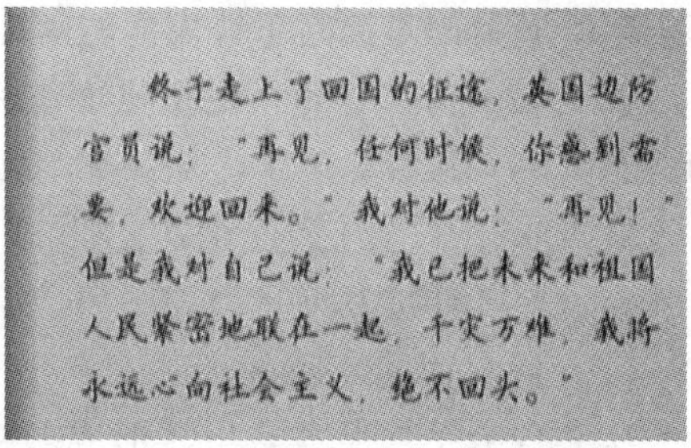
终于走上了回国的征途，英国边防官员说："再见，任何时候，你感到需要，欢迎回来。"我对他说："再见！"但是我对自己说："我已把未来和祖国人民紧密地联在一起，千灾万难，我将永远心向社会主义，绝不回头。"

图 3-23 柯俊生前手稿里的一段回忆

柯俊先生先后担任过英国伯明翰大学的终身讲师、北京钢铁学院的教授、物理化学系主任和副院长、北京科技大学校长顾问等职。20 世纪 50 年代，他创立了中国第一个金属物理专业，参与创办了第一个冶金物理化学专业，并且培养了大批理、工结合的优秀专业人才。20 世纪 70 年代后，他又创办了科学技术史专业。这几个学科后来都被评为国家重点学科。

1951 年，柯俊先生首次发现了钢中贝氏体的切变位移运动，引起了国际学术界的高度重视。借助这一成果，利用我国富裕的钒、硼资源，又研发了高强度、高韧性的贝氏体结构用钢。他还带领团队首次观察到钢中马氏体形成时基体的形变和对原子簇马氏体长大的阻碍作用。20 世纪 80 年代，柯俊等人系统研究了铁镍合金中原子簇团导致蝶状马氏体的形成机制，发展了马氏体相变动力学，在国际学术界产生了广泛影响。

由于柯俊先生在阐释钢中无碳贝氏体形成的切变机制方面的卓越贡献，《钢铁金相学》以他的姓氏将无碳贝氏体命名为"柯氏贝氏体"，他本人则被国外同行称为 Mr. Bain（贝氏体先生）。

除了在学术上的突出贡献和承担大量的社会工作外，柯俊先生还是一位不断创新的教育家。他将科技前沿知识引入课堂，悉心培养并提携举荐过许多科技人才，其中不少已经成为院士、长江学者或优秀的科学家。

"我国金属物理专业奠基人""古代冶金现代实验方法开拓者""我国工程教育改革领航员"，"两院"资深院士师昌绪曾一连用这 3 个身份概括柯俊先生一生的科研成就与贡献。

中国工程院原院长徐匡迪这样评价：柯俊先生是一位坚定的爱国者，是一位具有战略思想的科学家、教育家。柯俊先生学风严谨、淡泊名利、提携后学，为广大科技工作者做出了光辉榜样。

本 章 小 结

1. 热处理是将固态金属或合金通过加热、保温、冷却以获得所需要的组织和性能的工艺，其目的是提高或改善金属材料的性能，充分挖掘金属材料的性能潜力。

2. 热处理工艺中，加热和冷却的目的都是使钢的组织发生改变，从而获得所需要的性能。

3. 退火和正火经常作为预备热处理安排在铸造、锻造和焊接之后或粗加工之前，用以消除前道工序所造成的某些组织缺陷及内应力，为随后的切削加工及热处理做好组织准备，也可用于性能要求不高的机械零件的最终热处理。

4. 淬火和回火常作为最终热处理。淬火是强化钢材最重要的方法。淬火必须与回火工艺相配合，才能使钢具有不同的力学性能，以满足各类零件或工、模具的使用要求。

5. 表面热处理是指为改变工件表面的组织和性能，仅对工件表层进行的热处理工艺，用于要求表面有较高强度、硬度和耐磨性，而心部要求有足够塑性和韧性的零件。

技 能 训 练 题

一、名词解释

1. 热处理　2. 退火　3. 正火　4. 淬火　5. 回火　6. 调质　7. 马氏体　8. 淬透性　9. 淬硬性

二、填空题

1. 热处理工艺过程都是由_____、_____和_____3 个阶段组成。

2. 奥氏体形成过程可归纳为_____、_____、_____和_____4 个阶段。

3. 普通热处理又称为整体热处理，主要包括_____、_____、_____和_____。

4. 常用的淬火方法有_____淬火、_____淬火、_____淬火和_____淬火等。

5. 常用的淬火冷却介质有_____、_____和_____。

6. 按回火温度范围，可将回火分为_____回火、_____回火和_____回火三类，淬火后进行高温回火，称为_____。

7. 化学热处理的基本过程一般分为_____、_____和_____3 个阶段。

8. 目前最常用的化学热处理方法有_____、_____和_____。

三、选择题

1. 过冷奥氏体是在（　　）温度下暂存的、不稳定的、尚未转变的奥氏体。

　A. Ms　　　　　B. Mf　　　　　C. Ar_1

2. 亚共析钢的淬火加热温度应选择在（　　），过共析钢应选择在（　　）。

　A. $Ac_1+(30\sim50)$℃　　B. $Ac_3+(30\sim50)$℃　　C. Ac_{cm} 以上

3. 调质处理就是（　　）的热处理工艺。

　A. 淬火+低温回火　　B. 淬火+中温回火　　C. 淬火+高温回火

4. 汽车变速齿轮渗碳后，一般需经（　　）处理，才能达到表面高硬度和高耐磨性的目的。

　　A. 淬火+低温回火　　　　　B. 正火　　　　　　　　C. 调质

5. 为了保证气门弹簧的性能要求，65Mn 钢制的气门弹簧最终要进行（　　）处理。

　　A. 淬火和低温回火　　　B. 淬火和中温回火　　　C. 淬火和高温回火

6. 为了提高 45 钢轴类工件表面的硬度和耐磨性，其最终热处理一般为（　　）。

　　A. 表面淬火和低温回火　　B. 正火　　　　　　　C. 淬火和高温回火

四、判断题

1. 当过冷奥氏体的冷却速度小于 v_k 时，冷却速度越快，钢冷却后的硬度越高。（　　）

2. 淬火后的钢，随回火温度的增高，其强度和硬度也增高。（　　）

3. 调质处理是指淬火后再进行低温回火的热处理工艺。（　　）

4. 钢中合金元素含量越多，则淬火后硬度越高。（　　）

5. 共析钢经奥氏体化后，冷却所形成的组织主要取决于钢的加热温度。（　　）

6. 淬透性好的钢，淬火后硬度一定高；淬硬性好的钢，淬透性一定好。（　　）

五、简答题

1. 什么是热处理？其目的是什么？

2. 如何保证钢在热处理加热时获得均匀而细小的奥氏体晶粒？

3. 简述共析钢过冷奥氏体在 $Ar_1 \sim Ms$ 之间不同温度下等温时，转变产物的名称和性能。

4. 退火和正火有什么区别？确定下列工件的预备热处理工艺：

（1）经冷轧后的 15 钢板；（2）锻造过热的 60 钢坯；（3）具有网状渗碳体的 T12 钢坯；（4）20 钢制齿轮。

5. 现有经退火后的 45 钢，室温组织为 F+P，分别加热至 700℃、760℃、840℃，保温一段时间后水冷至室温，所得到的组织各是什么？

6. 下列工件淬火后，分别选择哪种回火工艺才能满足其性能要求？

（1）45 钢制的汽车曲轴正时齿轮（要求综合力学性能好）；　（2）65 钢制弹簧；（3）T12 钢制锉刀。

7. 钢的淬透性与淬硬性有何区别？其影响因素分别是什么？

8. 用低碳钢（20 钢）和中碳钢（45 钢）制造齿轮，为了使表面具有高硬度和高耐磨性，心部具有一定的强度和韧性，各需采取怎样的热处理工艺？

第 **4** 章

钢铁材料

 知识目标

1. 了解常存杂质对钢性能的影响。
2. 掌握常用碳素钢、合金钢、铸铁的牌号、性能及其应用。

 能力目标

具有根据零件的工作条件和性能要求选择合适材料的能力。

【案例引入】国家体育场"鸟巢"（图 4-1），其结构设计奇特新颖，建筑顶面呈鞍形，长轴为 332.3m，短轴为 296.4m，最高点高度为 68.5m，最低点高度为 42.8m，外形主要由巨大的门式钢架组成。而搭建它的钢结构材料 Q460 是由我国河南舞阳钢铁有限责任公司的科研人员在长达半年多的科技攻关中，经过前后 3 次试制而研制成功的，是自主创新的和具有知识产权的特种钢材。这种钢材集刚强、柔韧于一体，强度是普通钢的两倍，且抗低温性、焊接性能优良。"鸟巢"共使用了 4.2 万 t 厚度为 110mm 的 Q460 钢板，这是国内在建筑结构上首次使用 Q460 钢材。

图 4-1 国家体育场"鸟巢"

钢铁材料也称为黑色金属，由于钢铁材料具有良好的使用性能和工艺性能，并且加工方便，因此是机械制造工业中应用最广泛的材料。据统计，在汽车制造业中，钢铁材料的使用量超过汽车用材总量的 60%。钢铁材料主要包括碳素钢、合金钢和铸铁。

4.1 碳素钢

碳素钢简称碳钢，亦称非合金钢。通常指碳的质量分数小于 2.11% 的铁碳合金。因其具有较好的力学性能和工艺性能，而且冶炼方便、价格低廉，因此是制造各种机器、工程结构、量具和刀具等最主要的材料。

4.1.1　常存杂质对钢性能的影响

实际生产中使用的碳钢，不单纯是铁碳合金，还包含有锰、硅、硫、磷等常规杂质元素，它们对钢的性能有一定影响。

1. 锰（Mn）

锰是钢中的有益元素。锰是炼钢时作为脱氧去硫的元素加入钢中的。锰可溶于铁素体，形成置换固溶体，具有固溶强化的作用，可提高钢的强度和硬度；锰还能和钢中的硫形成高熔点（1620℃）的 MnS，减轻硫的有害作用，改善钢的热加工性能；同时，锰还能增加钢中珠光体的相对含量，使珠光体细化，从而提高钢的强度。碳钢中，锰的质量分数一般为 0.25%~0.80%。

2. 硅（Si）

硅也是钢中的有益元素。硅是炼钢时用硅铁脱氧而残留在钢中的，硅既能脱氧还能促进钢液的流动。硅能溶于铁素体，可提高钢的强度、硬度和弹性。但硅的质量分数超过 0.8% 时，钢的塑性和韧性会显著下降。碳钢中，硅的质量分数一般为 0.17%~0.37%。

3. 硫（S）

硫是钢中的有害元素。硫是炼钢时由矿石和燃料带入的杂质，难以除尽。硫在钢中常以 FeS 的形式存在，而 FeS 和 Fe 能形成熔点较低（985℃）的共晶体并分布在奥氏体晶界上，当钢加热到 1000~1200℃ 进行热加工时，共晶体将熔化，从而使钢材变得极脆，这种现象称为热脆。硫对钢的焊接性能有不良影响，会导致焊缝的热裂现象；对于铸钢件，硫的质量分数较高时，也会出现热裂现象。因此，必须严格控制钢中硫的含量，硫的质量分数一般小于 0.05%。

4. 磷（P）

磷也是钢中的有害元素，是炼钢时由矿石带入钢中的。磷能全部溶于铁素体，可提高钢的强度、硬度；但极少量的磷就能显著降低钢的塑性与韧性，在低温时更为严重，这种在低温时使钢严重变脆的现象，称为冷脆。因此，必须严格控制钢中磷的含量，磷的质量分数一般小于 0.045%。

在某些情况下，硫、磷对钢也有有利的一面。如易切削钢就是硫、磷含量较高的钢。由于硫、磷含量较高，钢的塑性、韧性差，切削加工时切屑易碎断，不易磨损刀具，因此适宜高速切削。再如，在炮弹钢中加入较多的磷，可使炮弹爆炸时碎片增多，提高杀伤力。

4.1.2　碳钢的分类

1. 按碳的质量分数分类

（1）低碳钢　低碳钢为 $w_C \leq 0.25\%$ 的钢。

（2）中碳钢　中碳钢为 $0.25\% < w_C \leq 0.60\%$ 的钢。

（3）高碳钢　高碳钢为 $w_C > 0.60\%$ 的钢。

2. 按主要质量等级分类

（1）普通质量碳钢　指生产过程中不规定需要特别控制质量要求的钢。钢中 $w_S \leq 0.050\%$，$w_P \leq 0.045\%$。

（2）优质碳钢　指在生产过程中需要特别控制质量，以达到比普通质量碳钢特殊的质量要求的钢。钢中 $w_S \le 0.040\%$，$w_P \le 0.040\%$ 的钢。

（3）特殊质量碳钢　指在生产过程中需要特别严格控制质量和性能的碳钢。钢中 $w_S \le$ 0.035%，$w_P \le 0.035\%$ 的钢。

3. 按钢的用途分类

（1）碳素结构钢　碳素结构钢用于制造机械零件和工程构件，多为低碳钢和中碳钢。

（2）碳素工具钢　碳素工具钢用于制造刀具、量具和模具，多为高碳钢。

此外，按炼钢的脱氧程度分类，可分为镇静钢（脱氧程度完全）、沸腾钢（脱氧程度不完全）和特殊镇静钢。

4.1.3　碳钢的牌号、性能和用途

1. 碳素结构钢

（1）牌号　依据 GB/T 700—2006，碳素结构钢的牌号由"屈"字汉语拼音首位字母、屈服强度数值、质量等级符号、脱氧方法符号 4 个部分按顺序组成。其中质量等级分 A、B、C、D 4 级，质量依次提高。脱氧方法符号分别为 F、Z、TZ 表示钢材的不同脱氧方法，F 表示沸腾钢，Z 表示镇静钢、TZ 表示特殊镇静钢。例如：Q235AF 表示屈服强度为 235MPa 的 A 级沸腾钢。常用碳素结构钢的牌号、化学成分及力学性能见表 4-1。

（2）性能及用途　由于碳素结构钢中碳的质量分数较低，而硫、磷等有害元素含量较多，故强度不够高。但这类钢的塑性、韧性好，焊接性能优良，通常轧制成板材（图 4-2）、线材（图 4-3）、各种型钢（图 4-4），广泛应用于建筑、桥梁、船舶、车辆等工程构件和不重要的机器零件，如汽车传动轴间支架、发动机前后支架、后视镜支架（图 4-5）、车轮轮

图 4-2　板材

图 4-3　线材

图 4-4　型钢

图 4-5　后视镜支架

表 4-1 常用碳素结构钢的牌号、化学成分及力学性能（摘自 GB/T 700—2006）

牌号	等级	化学成分（质量分数，%）≤					力学性能											
		C	Mn	Si	S	P	屈服强度 R_{eH}/MPa，≥ 钢材厚度（直径）/mm						抗拉强度 R_m/MPa	断后伸长率 A（%），≥ 钢材厚度（直径）/mm				
							≤16	>16~40	>40~60	>60~100	>100~150	>150~200		≤40	>40~60	>60~100	>100~150	>150~200
Q195	—	0.12	0.50	0.30	0.040	0.035	195	185	—	—	—	—	315~430	33	—	—	—	—
Q215	A	0.15	1.20	0.35	0.050	0.045	215	205	195	185	175	165	335~450	31	30	29	27	26
	B				0.045	0.045												
Q235	A	0.22	1.40	0.35	0.050	0.045	235	225	215	215	195	185	370~500	26	25	24	22	21
	B	0.20			0.045	0.045												
	C	0.17			0.040	0.040												
	D				0.035	0.035												
Q275	A	0.24	1.50	0.35	0.050	0.045	275	265	255	245	225	215	410~540	22	21	20	18	17
	B	0.21 或 0.22			0.045	0.045												
	C	0.20			0.040	0.040												
	D				0.035	0.035												

毂（图 4-6）、轮辋（图 4-7）等要求不高的汽车零件，都是由碳素结构钢制造的。碳素结构钢冶炼方便、价格便宜，通常可在热轧空冷状态下直接使用，使用时一般不再进行热处理。常用碳素结构钢的特性和应用见表 4-2。

图 4-6 轮毂

图 4-7 轮辋

表 4-2 常用碳素结构钢的特性和应用

牌 号	主要特性	应 用 举 例
Q195 Q215	具有高的塑性、韧性和良好的焊接性能，但强度不高	用于制造铆钉、地脚螺栓、垫圈、铁钉、钢丝及各种薄板，如黑铁皮、白铁皮（镀锌薄钢板）、马口铁（镀锡薄钢板）
Q235	具有良好的塑性、韧性和良好的焊接性能，以及一定的强度和良好的冷弯性能	用于制造钢筋、钢板、型钢和受力不大的拉杆、连杆、销、轴、螺钉、螺母、支架、机座、建筑结构、桥梁等
Q275	具有高的强度，较好的塑性、切削加工性能和一定的焊接性能	用于制造强度要求较高的零件，如齿轮、螺栓、螺母、键、轴、农机用链轮和链条等

2. 优质碳素结构钢

优质碳素结构钢是应用极为广泛的机械制造用钢。与普通碳素结构钢相比，其硫、磷等有害元素含量较少，因而强度较高，塑性和韧性较好，经过热处理后还可以进一步调整和改善其力学性能，常用于制造较重要的机械零件。

（1）牌号 优质碳素结构钢的牌号用两位数字表示，数字为以平均万分数表示的碳的质量分数。如牌号 45 表示其碳的平均质量分数为 0.45%。对于含锰量较高（$w_{Mn}=0.70\%\sim1.00\%$）的优质碳素结构钢，在对应牌号后加"Mn"，如 45Mn、65Mn 等。常用优质碳素结构钢的牌号、化学成分及力学性能见表 4-3。

（2）性能及用途 优质碳素结构钢中的低碳钢，其强度、硬度不高，但塑性、韧性及焊接性能良好，常用于制作各种冲压件、焊接件和强度要求不高的零件，如汽车车身外壳（图 4-8）、仪表外壳、螺栓和螺母等；中碳钢具有较高的强度和硬度，切削加工性能良好，经过热处理后具有良好的综合力学性能，常用于制作受力较大的零件，如齿轮（图 4-9）、连杆、轴等；高碳钢具有高的强度、硬度和良好的弹性，常用于制作各种弹

图 4-8 车身外壳

性件和耐磨件，如螺旋弹簧（图 4-10）、弹簧垫圈、钢丝绳等。

图 4-9 齿轮

图 4-10 螺旋弹簧

表 4-3 常用优质碳素结构钢的牌号、化学成分及力学性能

牌号	化学成分（质量分数,%）					力学性能						
	C	Si	Mn	S	P	R_{eL}/ MPa	R_m/ MPa	A (%)	Z (%)	KU_2/ J	交货硬度 HBW	
											未热处理钢	退火钢
						≥					≤	
08	0.05~0.11	0.17~0.37	0.35~0.65	≤0.035	≤0.035	195	325	33	60	—	131	—
10	0.07~0.13	0.17~0.37	0.35~0.65	≤0.035	≤0.035	205	335	31	55	—	137	—
15	0.12~0.18	0.17~0.37	0.35~0.65	≤0.035	≤0.035	225	375	27	55	—	143	—
20	0.17~0.23	0.17~0.37	0.35~0.65	≤0.035	≤0.035	245	410	25	55	—	156	—
25	0.22~0.29	0.17~0.37	0.50~0.80	≤0.035	≤0.035	275	450	23	50	71	170	—
30	0.27~0.34	0.17~0.37	0.50~0.80	≤0.035	≤0.035	295	490	21	50	63	179	—
35	0.32~0.39	0.17~0.37	0.50~0.80	≤0.035	≤0.035	315	530	20	45	55	197	—
40	0.37~0.44	0.17~0.37	0.50~0.80	≤0.035	≤0.035	335	570	19	45	47	217	187
45	0.42~0.50	0.17~0.37	0.50~0.80	≤0.035	≤0.035	355	600	16	40	39	229	197
50	0.47~0.55	0.17~0.37	0.50~0.80	≤0.035	≤0.035	375	630	14	40	31	241	207
55	0.52~0.60	0.17~0.37	0.50~0.80	≤0.035	≤0.035	380	645	13	35	—	255	217
60	0.57~0.65	0.17~0.37	0.50~0.80	≤0.035	≤0.035	400	675	12	35	—	255	229
65	0.62~0.70	0.17~0.37	0.50~0.80	≤0.035	≤0.035	410	695	10	30	—	255	229
70	0.67~0.75	0.17~0.37	0.50~0.80	≤0.035	≤0.035	420	715	9	30	—	269	229
75	0.72~0.80	0.17~0.37	0.50~0.80	≤0.035	≤0.035	880	1080	7	30	—	285	241
80	0.77~0.85	0.17~0.37	0.50~0.80	≤0.035	≤0.035	930	1080	6	30	—	285	241
85	0.82~0.90	0.17~0.37	0.50~0.80	≤0.035	≤0.035	980	1130	6	30	—	302	255
15Mn	0.12~0.18	0.17~0.37	0.70~1.00	≤0.035	≤0.035	245	410	26	55	—	163	—
20Mn	0.17~0.23	0.17~0.37	0.70~1.00	≤0.035	≤0.035	275	450	24	50	—	197	—
25Mn	0.22~0.29	0.17~0.37	0.70~1.00	≤0.035	≤0.035	295	490	22	50	71	207	—
30Mn	0.27~0.34	0.17~0.37	0.70~1.00	≤0.035	≤0.035	315	540	20	45	63	217	187
35Mn	0.32~0.39	0.17~0.37	0.70~1.00	≤0.035	≤0.035	335	560	18	45	55	229	197
40Mn	0.37~0.44	0.17~0.37	0.70~1.00	≤0.035	≤0.035	355	590	17	45	47	229	207
45Mn	0.42~0.50	0.17~0.37	0.70~1.00	≤0.035	≤0.035	375	620	15	40	39	241	217
50Mn	0.48~0.56	0.17~0.37	0.70~1.00	≤0.035	≤0.035	390	645	13	40	31	255	217
60Mn	0.57~0.65	0.17~0.37	0.70~1.00	≤0.035	≤0.035	410	690	11	35	—	269	229
65Mn	0.62~0.70	0.17~0.37	0.90~1.20	≤0.035	≤0.035	430	735	9	30	—	285	229
70Mn	0.67~0.75	0.17~0.37	0.90~1.20	≤0.035	≤0.035	450	785	8	30	—	285	229

常用优质碳素结构钢的特性及应用见表4-4。

表4-4 常用优质碳素结构钢的特性及应用

牌 号	种 类	主 要 性 能	应 用 举 例
10、15、20、25	低碳钢	强度、硬度低，塑性、韧性和焊接性能良好	用于制造受力不大、韧性要求较高的冲压件和焊接件，如螺栓、螺钉、螺母、杠杆、轴套和焊接压力容器等
30、35、40、45、50、55	中碳钢	综合力学性能良好	用于制造齿轮、连杆、轴等受力较大的零件，其中以45钢在生产中应用最为广泛
60、65、70	高碳钢	经热处理后有较高的强度、硬度和弹性	用于制造螺旋弹簧、弹簧垫圈、钢丝绳等要求有较高强度、弹性和耐磨性的零件

3. 碳素工具钢

（1）牌号 碳素工具钢的牌号是用"碳"字汉语拼音首位字母"T"及数字表示。数字为以名义千分数表示的碳的质量分数。如牌号T8、T12分别表示其平均碳的质量分数为0.8%和1.2%。若是高级优质碳素工具钢，则在数字后面加符号"A"，如T10A。

（2）性能及用途 碳素工具钢价廉易得，易于锻造成形，加工性能较好。但碳素工具钢的热硬性（即在高温时仍保持切削所需硬度的能力）较差，热处理变形开裂倾向大，因此仅适用于制造小型手工刀具、木工工具以及精度要求不高、形状简单、尺寸小、载荷轻的小型冷作模具，如剪刀（图4-11）、锉刀（图4-12）、锯条、手用丝锥（图4-13）等。常用碳素工具钢的牌号、化学成分及用途见表4-5。

图4-11 剪刀

图4-12 锉刀

图4-13 手用丝锥

4. 铸造碳钢

（1）牌号 铸造碳钢是冶炼后直接铸造成形的钢种。铸造碳钢的牌号用"铸"和"钢"两字的汉语拼音首位字母"ZG"后加两组数字表示，第一组数字表示屈服强度的最低值，第二组数字表示抗拉强度的最低值，单位均为MPa。例如：ZG 200-400，表示$R_{eL} \geq$ 200MPa，$R_m \geq$ 400MPa的铸钢。

表 4-5 常用碳素工具钢的牌号、化学成分及用途

牌号	化学成分（质量分数，%）			硬 度		用途举例
	C	Si	Mn	交货状态（退火）HBW, ≤	淬火后 HRC, ≥	
T7 T7A	0.65~0.74	≤0.35	≤0.40	187	62	承受冲击，韧性较好、硬度适当的工具，如扁铲、手钳、大锤、螺钉旋具、木工工具等
T8 T8A	0.75~0.84			187	62	承受冲击，硬度要求较高的工具，如冲头、压缩空气工具、木工工具等
T9 T9A	0.85~0.94			192	62	韧性中等、硬度要求较高的工具，如冲头、木工工具、凿岩工具等
T10 T10A	0.95~1.04			197	62	不受剧烈冲击，要求高硬度、高耐磨性的工具，如车刀、刨刀、丝锥、钻头、手锯条等
T12 T12A	1.15~1.24			207	62	不受冲击，要求高硬度、高耐磨性的工具，如锉刀、刮刀、精车刀、螺钉旋具、量具等
T13 T13A	1.25~1.35			217	62	同 T12，要求更耐磨的工具，如刮刀、剃刀等

（2）性能及用途 生产中有很多形状复杂、在工艺上又很难用锻压方法成形，而且要求有较高的强度和塑性，并承受冲击载荷的大型零件，通常采用铸钢制造，例如：汽车的变速箱壳，驱动桥壳（图4-14），铁路车辆的车钩、车轮（图4-15）、联轴器等。铸钢的铸造性能比铸铁差，但力学性能比铸铁好。随着铸造技术的进步，铸钢件在组织、性能、精度和表面粗糙度等方面都已接近锻钢件，可以经过少量切削加工甚至不经切削加工即可使用，能大量节约钢材，降低成本，因此得到了更加广泛的应用。

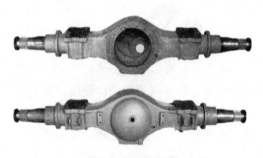

图 4-14 驱动桥壳

图 4-15 车轮

铸钢主要有铸造碳钢和铸造低合金钢两大类。铸造碳钢按用途分为一般工程用铸造碳钢和焊接结构用铸钢，见表4-6。铸造低合金钢是在铸造碳钢的基础上提高锰、硅的含量，以发挥其合金化的作用，另外还添加铬、钼等合金元素，常用牌号有 ZG40Cr1、ZG40Mn 和 ZG35Cr1Mo 等。铸造低合金钢的综合力学性能明显优于铸造碳钢，大多数用于承受较重载荷、冲击和摩擦的机械零件，如各种高强度齿轮、高速列车车钩等。为充分发挥低合金铸钢

的性能，通常对其进行退火、正火、调质和表面强化热处理。

表 4-6　铸造碳钢的牌号、力学性能与用途

种　类	牌　号	对应旧牌号	力学性能（≥）					应 用 举 例
			$R_{eH}/$ MPa	$R_m/$ MPa	A (%)	Z (%)	$KV_2/$ J	
一般工程用铸造碳钢	ZG 200-400	ZG15	200	400	25	40	30	良好的塑性、韧性和焊接性能，用于受力不大，韧性要求高的零件
	ZG 230-450	ZG25	230	450	22	32	25	一定的强度、较好的韧性和焊接性能，用于受力不大，韧性要求高的零件
	ZG 270-500	ZG35	270	500	18	25	22	较强的韧性，用于受力较大且有一定韧性要求的零件，如连杆、曲轴
	ZG 310-570	ZG45	310	570	15	21	15	较高的强度和较低的韧性，用于载荷较高的零件，如大齿轮、制动轮
	ZG 340-640	ZG55	340	640	10	18	10	高的强度、硬度和耐磨性，用于齿轮、棘轮、联轴器叉头等
焊接结构用铸造碳钢	ZG 200-400H	ZG15	200	400	25	40	45	由于碳的质量分数偏下限，故焊接性能优良，其用途基本与 ZG 200-400、ZG 230-450、ZG 270-500 相同
	ZG 230-450H	ZG20	230	450	22	35	45	
	ZG 270-480H	ZG25	270	480	20	35	40	
	ZG 300-500H	—	300	500	20	21	40	
	ZG 340-550H	—	340	550	15	21	35	

4.2　合金钢

　　碳钢具有较好的力学性能和工艺性能，并且产量大，价格低，已成为机械工程中应用最广泛的金属材料。但是，现代工业和科学技术的不断发展，对材料的力学性能、物理性能和化学性能等提出了更高的要求，于是人们向碳钢中有目的地加入某些元素，便得到了所需要的性能。这种在碳钢的基础上，为了改善钢的某些性能，在冶炼时有目的地加入一些合金元素炼成的钢，称为合金钢。常用的合金元素有：硅（Si）、锰（Mn）、铬（Cr）、镍（Ni）、钨（W）、钼（Mo）、钒（V）、硼（B）、铝（Al）、钛（Ti）和稀土元素（RE）等。

　　合金钢和碳钢相比有许多优点：在相同的淬火条件下，能获得更深的淬硬层；具有良好的综合力学性能；具有良好的耐磨性、耐蚀性和耐高温性等特殊性能。但合金钢冶炼成本高，价格昂贵，焊接和热处理工艺性能也较为复杂。虽然如此，为保证使用的可靠性，重要的工程结构、机械零件、刀具、量具和模具均采用合金钢制造。

4.2.1　合金元素在钢中的作用

　　合金钢之所以比碳钢有许多优点，其根本原因是合金元素对钢中的基本相产生了影响，改变了钢的组织结构，并影响了钢热处理时加热、冷却过程中的相变过程。

1. 合金元素对钢中基本相的影响

　　钢的基本相有铁素体、奥氏体和渗碳体。当合金元素加入钢中后，合金元素既可以对铁

素体或奥氏体等固溶体产生影响，也可以对金属化合物（渗碳体）产生影响。一般情况下，非碳化物形成元素，如镍、硅、铝、钴、铜等，主要溶于铁素体或奥氏体，形成合金铁素体或合金奥氏体；而碳化物形成元素，如锰、铬、钼、钨、钒、铌、锆、钛等，则主要与渗碳体形成合金碳化物。

（1）形成合金铁素体或合金奥氏体　几乎所有的合金元素都可以溶入铁，形成合金铁素体或合金奥氏体。由于合金元素与铁的晶格类型和原子半径的差异，合金元素的溶入将引起不同程度的晶格畸变，产生不同程度的固溶强化效果，使铁素体和奥氏体的强度、硬度提高，而塑性和韧性有所下降，导致合金钢在高温状态下的压力加工性能变差。图 4-16 所示为几种合金元素对铁素体硬度和韧性的影响。

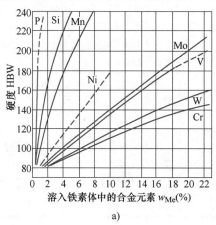
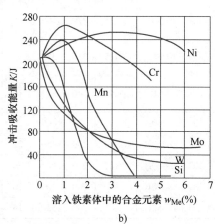

a)　　　　　　　　　　　　　　　　　　　b)

图 4-16　合金元素对铁素体硬度和韧性的影响

a）合金元素对铁素体硬度的影响　b）合金元素对铁素体韧性的影响

由图 4-16 可见，硅、锰能显著提高铁素体的强度和硬度，但当 $w_{Si} > 0.60\%$，$w_{Mn} > 1.50\%$ 时，铁素体的韧性随其含量的增加而显著下降。而铬、镍两种元素在其含量适当时，不仅能提高铁素体的强度和硬度，也能提高其韧性。因此，在合金钢中，为了获得良好的强化效果，合金元素的含量要控制在一定范围内。

（2）形成合金碳化物　在钢中能与碳形成碳化物的合金元素有锰、铬、钼、钨、钒、铌、锆、钛（按照与碳的亲和力由弱到强依次排序）。它们一部分与铁形成固溶体，另一部分与碳形成碳化物。碳化物的稳定程度取决于碳化物形成元素与碳的亲和力的大小。亲和力越大，形成的碳化物越稳定，越不易分解，且硬度也高，反之则降低。

锰、铬、钼、钨等弱和中强碳化物形成元素，在钢中形成合金渗碳体，如（Fe, Cr）₃C、（Fe, W）₃C 等，它们较渗碳体略微稳定，硬度也较高，可以提高钢的硬度和耐磨性；强碳化物形成元素钒、铌、锆、钛等几乎都与碳形成特殊碳化物，如 VC、TiC、NbC 等，这些特殊碳化物比合金渗碳体具有更高的熔点、硬度与耐磨性，且不易分解，当其均匀弥散地分布在钢的基本相中时，对钢的塑性和韧性影响不大，但却使钢的强度、硬度及耐磨性大大提高。当这些特殊碳化物存在于晶界上时，可强烈阻碍奥氏体晶粒的长大，起到细化晶粒的作用。

2. 合金元素对铁碳相图的影响

（1）合金元素对奥氏体相区的影响　合金元素会使奥氏体的单相区缩小或扩大，如图 4-17 所示。

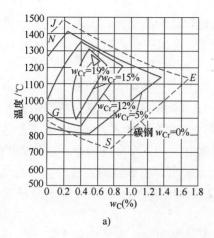
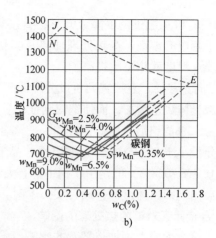

a)　　　　　　　　　　　　　b)

图 4-17　合金元素对铁碳相图中奥氏体相区的影响

a）铬使奥氏体相区缩小　b）锰使奥氏体相区扩大

会使奥氏体相区缩小的合金元素有铬、钨、钼、钒、钛、硅、铝等。这些元素会使铁碳相图中的 A_1 和 A_3 温度升高，使 S 点和 E 点向左上方移动，从而使奥氏体相区缩小。图 4-17a 所示为铬对奥氏体相区的影响。当加入的元素超过一定含量时，奥氏体相区可能完全消失，使钢在高温或室温下得到稳定的铁素体组织，这种钢称为铁素体钢。如 $w_{Cr} = 17\%$ 的 10Cr17 不锈钢即为铁素体钢。

锰、镍、钴等元素的加入会使奥氏体相区扩大，这些元素会使铁碳相图中的 A_1 和 A_3 温度下降，使 S 点和 E 点向左下方移动，从而使奥氏体相区扩大。图 4-17b 所示为锰对奥氏体相区的影响。当加入的元素超过一定含量时，可使钢在室温下获得单相奥氏体组织，这种钢称为奥氏体钢。如 $w_{Mn} = 13\%$ 的 ZG100Mn13 耐磨钢即为奥氏体钢。

单相铁素体和单相奥氏体均具有良好的抗腐蚀、耐高温性能，是不锈钢、耐热钢中常见的组织形式，因此其在生产中被广泛使用。

（2）合金元素对 S 点和 E 点位置的影响　扩大奥氏体相区的元素使铁碳相图中的 A_1 和 A_3 温度下降，缩小奥氏体相区的元素则使其上升，如图 4-18 所示。几乎所有的元素均使 S 点和 E 点左移，如图 4-19 所示。

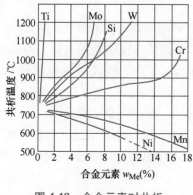

图 4-18　合金元素对共析
温度（A_1）的影响

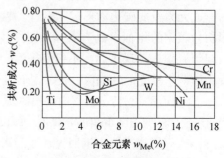

图 4-19　合金元素对共析
成分（S 点）的影响

由于 A_1 和 A_3 温度的下降或升高，直接影响热处理加热的温度，所以锰钢、镍钢的淬火温度低于相应的碳钢，在热处理加热时容易出现过热现象；而含有缩小奥氏体相区元素的钢，其淬火温度就相应地提高了。

S 点向左移动，意味着共析成分降低，与同样碳质量分数的亚共析碳钢相比，合金钢组织中的珠光体数量增加，而使钢得到强化。如 $w_C = 0.4\%$ 的碳钢具有亚共析组织，但加入质量分数为13%的铬后，因 S 点左移，使该合金钢具有过共析钢的平衡组织。E 点左移，使碳的质量分数小于 2.11% 的合金钢出现共晶的莱氏体组织。如在高速钢中，虽然碳的质量分数只有 0.7%~0.8%，但是由于钢中含有大量的合金元素，使 E 点向左移动，因此在铸态下高速钢会出现莱氏体组织，成为莱氏体钢。由于莱氏体组织的出现，使钢的性能变脆。

3. 合金元素对钢的热处理的影响

（1）合金元素对钢加热转变的影响　合金元素对钢加热转变的影响实际上就是对奥氏体形成速度和奥氏体晶粒大小的影响。

1）合金元素对奥氏体形成速度的影响。合金钢在加热时，由于合金元素改变了碳的扩散速度，从而影响了奥氏体的形成速度。除镍、钴外，大多数合金元素都会延缓奥氏体化的过程。由于碳化物形成元素铬、钼、钨、钒、钛等与碳具有较强的亲和力，因此显著降低了碳在奥氏体中的扩散速度，从而使奥氏体形成速度减慢。所以合金钢在热处理时，要相应地提高加热温度或延长保温时间，才能保证奥氏体化过程的充分进行。尤其是含有大量强碳化物形成元素的高合金钢，其奥氏体化温度往往要超过其相变温度数百摄氏度。

2）合金元素对奥氏体晶粒大小的影响。除锰外，大多数合金元素都会不同程度地阻碍奥氏体晶粒长大，可以细化晶粒。特别是强碳化物形成元素钒、钛、铌等作用更显著。这是由于它们形成的特殊碳化物在高温下比较稳定，且以弥散质点分布在奥氏体晶界上，从而起到阻止奥氏体晶粒长大的作用，所以合金钢淬火后可获得更细小、更均匀的马氏体组织，从而有效提高钢的强度和韧性。

（2）合金元素对钢冷却转变的影响

1）合金元素对等温转变图的影响。除钴外，大多数合金元素都能提高过冷奥氏体的稳定性，使等温转变图位置右移，淬火临界冷却速度减小，从而提高钢的淬透性。所以对于合金钢，可以采用冷却能力较低的淬火冷却介质淬火，如采用油淬或空冷，以减小零件的淬火变形和开裂倾向。

合金元素不仅能使等温转变图右移，有的合金元素对等温转变图的形状也有影响。非碳化物形成元素及弱碳化物形成元素（如锰、硅、镍等），仅使等温转变图右移，等温转变图的形状与碳钢的相似，具有一个鼻尖，如图 4-20a 所示。而中、强碳化物形成元素（铬、钨、钼等）溶入奥氏体后，不仅使等温转变图右移，而且使等温转变图明显地分为珠光体和贝氏体两个独立的转变区，使等温转变图出现两个鼻尖，如图 4-20b 所示。

2）合金元素对过冷奥氏体向马氏体转变的影响。除钴、铝外，多数合金元素溶入奥氏体后均会使马氏体转变温度 Ms 和 Mf 降低，所以合金钢淬火后钢中残留奥氏体的量比碳钢中的多。

（3）合金元素对淬火钢回火转变的影响

1）提高钢的回火稳定性。回火稳定性是指淬火钢在回火时，抵抗强度、硬度下降的能力。合金元素对淬火钢的回火转变一般起阻碍作用，特别是强碳化物形成元素溶入马氏体

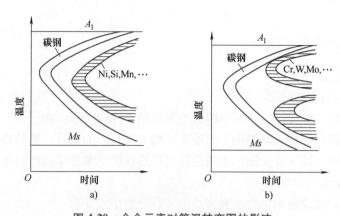

图 4-20　合金元素对等温转变图的影响

a）一个鼻尖的等温转变图　b）两个鼻尖的等温转变图

后，使原子扩散速度减慢，阻碍了马氏体的分解和碳化物聚集长大的过程，使回火的硬度降低过程变缓，从而提高了钢的回火稳定性。所以，在相同的温度下回火时，合金钢的强度、硬度高于相应的碳钢；而要求达到相同的回火硬度时，合金钢的回火温度要比碳质量分数相同的碳钢要高，回火时间也长。

2）产生二次硬化现象。合金钢在回火时，随回火温度升高出现硬度重新升高的现象称为二次硬化，如图 4-21 所示。若钢中含有较多的钼、钨、钒、钛等强碳化物形成元素，在 $500 \sim 600 ℃$ 回火时，会从马氏体中析出高硬度的特殊碳化物（如 Mo_2C、W_2C、VC 等），这些碳化物呈细小颗粒弥散分布在钢的组织中，使钢的硬度升高；另外，在回火过程中，由于特殊碳化物的析出，使残留奥氏体中碳及合金元素的浓度降低，提高了 Ms 点的温度，故在随后冷却过程中有部分残留奥氏体转变为马氏体，使钢的硬度提高。二次硬化现象对需要较高热硬性的工具钢（高速钢）具有重要意义。

3）产生第二类回火脆性。与碳钢一样，合金钢在回火时，总的规律是随着回火温度的升高，冲击韧性也升高。但含有铬、镍、锰、硅等元素的合金钢淬火后，在 $450 \sim 650 ℃$ 的温度范围内回火，并缓慢冷却时，会出现冲击韧性下降的现象，如果在这一温度范围内回火后快速冷却，则不会出现上述情况。通常将这类回火脆性称为第二类回火脆性，如图 4-22 所示。

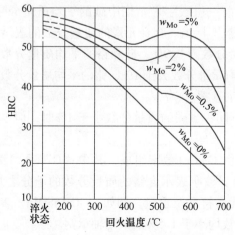

图 4-21　钼对钢回火硬度的影响

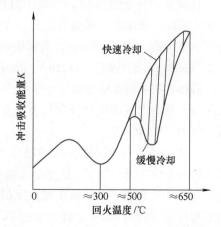

图 4-22　回火温度对合金钢冲击韧性的影响

4.2.2 合金钢的分类及牌号

1. 合金钢的分类

（1）按合金钢的用途分类

1）合金结构钢。合金结构钢用于制造重要机械零件和工程结构。

2）合金工具钢。合金工具钢用于制造重要加工工具，如刃具、量具和模具等。

3）特殊性能钢。特殊性能钢用于制造具有特殊性能要求的结构件和机械零件。

（2）按合金元素的含量分类

1）低合金钢。低合金钢中合金元素总的质量分数小于5%。

2）中合金钢。中合金钢中合金元素总的质量分数为5%~10%。

3）高合金钢。高合金钢中合金元素总的质量分数大于10%。

（3）按正火后的组织分类　合金钢正火后，按所得到的组织不同可分为珠光体钢、马氏体钢、奥氏体钢、铁素体钢等。

此外，还可以按合金元素的种类分类，有锰钢、铬钢、硅锰钢等。

2. 合金钢的牌号

根据国家标准的规定，合金钢的牌号采用"数字+合金元素符号+数字"的方法表示。

（1）合金结构钢的牌号　合金结构钢牌号的前两位数字表示钢中碳的平均质量分数，以万分之几计。合金元素符号后面的数字表示该元素的平均质量分数，以百分之几计。若合金元素的质量分数小于1.5%，一般不标出。例如：42SiMn，表示碳的平均质量分数为0.42%，硅、锰的平均质量分数均小于1.5%的合金结构钢。

低合金高强度结构钢的牌号是由屈服强度的"屈"字汉语拼音首位字母Q、规定的最小上屈服强度数值、交货状态代号和质量等级符号（B、C、D、E）四部分按顺序组成。例如：Q355ND表示规定的最小上屈服强度为355MPa，交货状态为正火或正火轧制，质量等级为D级的低合金高强度钢。如果是专用结构钢，一般在低合金高强度结构钢表示方法的基础上，附加钢产品的用途符号，如HP345表示焊接气瓶用钢；Q345R表示压力容器用钢；Q390G表示锅炉用钢；Q420Q表示桥梁用钢。

（2）合金工具钢的牌号　合金工具钢牌号的前一位数字表示钢中碳的平均质量分数，以千分之几计。碳的平均质量分数超过1%时，一般不标出。合金元素的质量分数的表示方法同合金结构钢。例如：9SiCr，表示碳的平均质量分数为0.9%，硅和铬的平均质量分数均小于1.5%的合金工具钢。Cr12MoV，表示碳的平均质量分数大于1%，铬的平均质量分数为12%，钼和钒的平均质量分数均小于1.5%的合金工具钢。

高速工具钢的碳的质量分数的表示方法有所不同，当碳的质量分数小于1%时，但也不标出。例如：W18Cr4V。

（3）滚动轴承钢的牌号　滚动轴承钢的牌号由G+Cr+数字组成，其中"G"是"滚"字汉语拼音首位字母，"Cr"是合金元素铬的符号，数字表示含铬的质量分数的千分之几，如钢中含有其他合金元素，依次在数字后边写出元素符号及含量。例如：GCr15SiMn，表示铬的平均质量分数为1.5%，硅和锰的平均质量分数均小于1.5%的滚动轴承钢。

（4）特殊性能钢的牌号　特殊性能钢的牌号表示方法与合金结构钢基本相同。例如：

20Cr13，表示碳的平均质量分数为 0.20%，铬的平均质量分数为 13% 的特殊性能钢；06Cr19Ni10，表示碳的平均质量分数为 0.06%，铬的平均质量分数为 19%，镍的平均质量分数为 10% 的特殊性能钢。

4.2.3　合金结构钢

合金结构钢是在优质或特殊质量碳素结构钢的基础上加入适量合金元素的钢。按其用途可分为工程用钢和机械制造用钢两大类。工程用钢主要用于制造桥梁、建筑等各种工程构件。工程用钢的合金元素含量较少，所以又称为低合金结构钢，常用的有低合金高强度结构钢。机械制造用钢主要用于制造各种机械零件，按其用途和热处理特点的不同，又分为合金渗碳钢、合金调质钢、合金弹簧钢和滚动轴承钢等。

1. 低合金高强度结构钢

低合金高强度结构钢是在低碳钢的基础上加入少量合金元素（质量分数一般小于 3%）得到的，具有较高的强度。

（1）用途　由于强度高，此类钢可提高构件的可靠性，并能减轻构件质量，节约钢材。主要用于制造大型桥梁（图 4-23）、船舶（图 4-24）、车辆和高压容器（图 4-25）、输油输气管道、大型钢结构等，图 4-1 所示为用低合金高强度钢建造的国家体育场"鸟巢"。

图 4-23　桥梁

（2）化学成分及性能　低合金高强度结构钢中，碳的质量分数一般不超过 0.20%，以保证其良好的塑性、韧性、焊接性能及冷成形性。合金元素主要有锰，另外还有少量的钒、钛、铌、铬、镍等。锰的主要作用是溶入铁素体，起固溶强化的作用；钒、钛、铌等有细化晶粒的作用；铬、镍的作用是提高钢的强度和韧性。此外，加入少量铜和磷，可提高钢的抗大气腐蚀能力。

图 4-24　船舶

图 4-25　高压容器

由于合金元素的存在，低合金高强度结构钢比相同含碳量的碳钢的强度高 30% ~ 50%，并且具有良好的塑性、韧性、耐蚀性和焊接性能，还具有比碳素结构钢更低的韧脆转变温度（一般为 -30℃），这对北方高寒地区使用的构件及运输工具具有十分重要的意义。

低合金高强度结构钢一般是经热轧，在空气中冷却后制成的，加工成构件后不需要热处理就可以直接使用。用低合金高强度结构钢替代碳素结构钢可以提高构件强度，减轻构件重量，延长其使用寿命。常用低合金高强度结构钢的牌号、力学性能及用途见表 4-7。较低强度级别的钢中，以 Q355（16Mn）最具有代表性；Q420（15MnVN）是具有代表性的中等强度级别钢。

表 4-7　常用低合金高强度结构钢的牌号、力学性能及用途

牌号	质量等级	力学性能				曾用牌号	用途举例
		$R_{eH}/$ MPa	$R_m/$ MPa	A (%)	$KV_2/$ J		
Q355	B	≥355	470~630	≥22	34（20°）	12MnV、14MnNb、16Mn、18Nb、16MnRE	各种大型船舶，铁路车辆，桥梁，管道，锅炉，压力容器，石油储罐，起重及矿山机械，建筑结构，载重汽车大梁
	C				34（0°）		
	D				34（-20°）		
Q390	B	≥390	490~650	≥21	34（20°）	15MnV、15MnTi、16MnNb	中、高压汽包，中、高压石油化工设备，大型船舶、桥梁，车辆及其他承受较高载荷的大型焊接结构
	C				34（0°）		
	D				34（-20°）		
Q420	B	≥420	520~680	≥20	34（20°）	15MnVN、14MnVTiRE	中、高压锅炉及压力容器，大型船舶，车辆，电站设备
	C				34（0°）		
Q460	C	≥460	550~720	≥18	34（0°）		中温高压容器（<120℃），锅炉，化工，石油高压厚壁容器（<100℃）

注：表中各牌号的力学性能试验用试样尺寸为厚度（直径）小于 16mm。

2. 合金渗碳钢

合金渗碳钢是指经渗碳、淬火+低温回火后得到的钢。主要用于制造表面耐磨，并能够承受强烈冲击载荷作用的零件。如汽车、拖拉机中的变速齿轮、活塞销、内燃机上的凸轮轴等零件，这类零件一般要求表面具有高硬度和耐磨性，而心部要有足够高的强度和韧性，因而这些零件大多采用合金渗碳钢制造。

（1）化学成分　合金渗碳钢中碳的质量分数为 0.10%~0.25%，以保证经热处理后零件心部具有较高的塑性和韧性。钢中主加合金元素为铬、锰、镍、硼等，其作用是提高钢的淬透性，使钢经渗碳、淬火后心部得到低碳马氏体组织，在提高强度的同时，保持良好的韧性；加入钒、钛等强碳化物形成元素，可以防止渗碳时晶粒长大，起到细化晶粒的作用。

（2）热处理　渗碳前一般采用正火作为预备热处理，以消除锻造应力，改善切削加工性能。渗碳后进行淬火+低温回火处理。处理后零件表面组织为回火马氏体+碳化物+少量残留奥氏体，硬度达 58~62HRC，满足耐磨性的要求；而心部组织是低碳马氏体（淬透性不足时心部组织为铁素体+珠光体），保持较高的韧性，满足承受冲击载荷的要求。

（3）常用的合金渗碳钢　常用合金渗碳钢的牌号、力学性能及用途见表 4-8。

1）低淬透性合金渗碳钢。如 20Mn2、20Cr 等，这类钢的合金元素含量少，淬透性较低，水淬临界直径小于 25mm，渗碳、淬火后心部强韧性较低，只适于制造受冲击载荷较小的耐磨零件，如活塞销（图 4-26）、凸轮、滑块、小齿轮等。

2）中淬透性合金渗碳钢。如 20CrMnTi、20MnVB 等，其中以 20CrMnTi 应用最为广泛。这类钢的合金元素含量较高，淬透性和力学性能均较高，油淬临界直径为 25~60mm，可用来制造承受中等载荷的耐磨零件，如汽车变速齿轮（图 4-27）、万向节十字轴（图 4-28）、花键轴、凸轮轴等。

图 4-26　活塞销

表 4-8 常用合金渗碳钢的牌号、力学性能及用途

种类	牌号	热处理工艺				力学性能（≥）					用途·举例
		渗碳/℃	第一次淬火温度/℃	第二次淬火温度/℃	回火温度/℃	R_{eL}/MPa	R_m/MPa	A（%）	Z（%）	KU_2/J	
低淬透性	20Mn2		850（水、油）	—		590	785	10	40	47	代替20Cr等
	15Cr		880（水、油）	780（水）~820（油）		490	735	11	45	55	船舶主机螺钉、活塞销、凸轮、机车小零件及心部韧性高的渗碳零件
	20Cr		880（水、油）	780（水）~820（油）		540	835	10	40	47	机床齿轮、齿轮轴、蜗杆、活塞销及气门顶杆等
	20MnV		880（水、油）			590	785	10	40	55	代替20Cr等
中淬透性	20CrMnTi	900~950	880（油）	870（油）	200（水、空气）	850	1080	10	45	55	汽车、拖拉机的变速齿轮、凸轮，是Cr-Ni钢的代用品
	12CrNi3		860（油）	780（油）		685	930	11	50	71	大齿轮、轴
	20CrMnMo		850（油）	—		885	1180	10	45	55	代替含镍较高的渗碳钢制作大型拖拉机齿轮、活塞销等大截面渗碳件
	20MnVB		860（油）			885	1080	10	45	55	代替20CrMnTi、20CrNi等
高淬透性	12Cr2Ni4		860（油）	780（油）		835	1080	10	50	71	大齿轮、轴
	20Cr2Ni4		880（油）	780（油）		1080	1180	10	45	63	大型渗碳齿轮、轴及飞机发动机齿轮
	18Cr2Ni4W		950（空气）	850（空气）		835	1180	10	45	78	坦克齿轮，高速柴油机、飞机发动机曲轴、齿轮

注：表中各牌号力学性能试验用试样尺寸（直径或厚度）为15mm。

图 4-27 变速齿轮

图 4-28 十字轴

3）高淬透性合金渗碳钢。如 20Cr2Ni4、18Cr2Ni4W 等，这类钢含有较多的铬、镍等元素，其淬透性高，甚至空冷也能获得马氏体，渗碳层和心部的性能都非常优异，主要用来制造承受重载荷及强烈磨损的重要大型零件，如飞机、坦克的发动机齿轮。

3. 合金调质钢

合金调质钢是指经调质处理后得到的钢。由于调质后得到回火索氏体组织，合金调质钢的综合力学性能好，用于制造受力较复杂的重要零件，如载重汽车曲轴、汽车后桥半轴、精密机床主轴、机床齿轮、连杆、螺栓等。

（1）化学成分　合金调质钢中碳的质量分数一般为 0.25%~0.50%，属于中碳钢。碳的质量分数在这一范围内，可以保证钢的综合力学性能。碳的质量分数过低时，会影响钢的强度指标，碳的质量分数过高时，则韧性不足。对于合金调质钢，随合金元素含量的增加，碳的质量分数趋于下限。

钢中主加合金元素为铬、锰、镍、硼等，以增加钢的淬透性和提高钢的强度，其中镍还可以提高钢的韧性。加入钨、钼、钒、钛等合金元素后可细化晶粒，提高钢的回火稳定性，其中钨、钼还可以有效防止合金调质钢的第二类回火脆性。

（2）热处理　合金调质钢一般采用正火或退火作为预备热处理，以消除锻造应力，改善切削加工性能。其最终热处理为淬火+高温回火（即调质处理），以获得综合力学性能良好的回火索氏体组织。如果要求零件表面具有较高的硬度及耐磨性，可在调质后、精加工前进行表面淬火或渗氮处理。

（3）常用的合金调质钢　常用合金调质钢的牌号、力学性能及用途见表 4-9。

表 4-9　常用合金调质钢的牌号、力学性能及用途

种类	牌号	热处理工艺				力学性能（≥）					用途举例
		淬火		回火		$R_{eL}/$ MPa	$R_m/$ MPa	A (%)	Z (%)	$KU_2/$ J	
		温度 /℃	冷却 介质	温度 /℃	冷却 介质						
低淬透性	40Mn2	840	水、油	600	水	735	885	12	45	55	轴、曲轴、连杆、螺栓、螺母、万向联轴器
	40Cr	850	油	520	水、油	785	980	9	45	47	机床齿轮、花键轴、顶尖套、曲轴、连杆、转向节臂
	45Mn2	840	油	550	水、油	735	885	10	45	47	轴、蜗杆、连杆等
	40MnB	850	油	500	水、油	785	980	10	45	47	汽车转向轴、半轴、蜗杆
	40MnVB	850	油	520	水、油	785	980	10	45	47	半轴、转向节臂、转向节主销
	35SiMn	900	水	570	水	735	885	15	45	47	除要求低温（−20℃）韧性很高的情况外，可全面代替 40Cr
中淬透性	40CrNi	820	油	500	水、油	785	980	10	45	55	重型机械齿轮、轴，燃气轮机叶片、转子和轴
	40CrMn	840	油	550	水、油	835	980	9	45	47	在高速、高载荷下工作的轴、齿轮、离合器
	35CrMo	850	油	550	水、油	835	980	12	45	63	主轴、大电机轴、曲轴、锤杆
	30CrMnSi	880	油	540	水、油	835	1080	10	45	39	高压鼓风机叶片、联轴器、砂轮轴、齿轮、螺栓、螺母、轴套
	38CrMoAl	940	水、油	640	水、油	835	980	14	50	71	氮化件如镗杆、蜗杆、高压阀门、精密齿轮、精密丝杠等

（续）

种类	牌号	热处理工艺				力学性能（≥）					用途举例
		淬　火		回　火		$R_{eL}/$	$R_m/$	A	Z	$KU_2/$	
		温度 /℃	冷却介质	温度 /℃	冷却介质	MPa	MPa	（%）	（%）	J	
高淬透性	37CrNi3	820	油	500	水、油	980	1130	10	50	47	活塞销、凸轮轴、齿轮、重要螺栓、拉杆
	25Cr2Ni4W	850	油	550	水、油	930	1080	11	45	71	截面直径为 200mm 以下要求淬透的大截面重要零件
	40CrNiMo	850	油	600	水、油	835	980	12	55	78	重型机械中、高载荷的轴类，如汽轮机轴、锻压机的偏心轴、压力机曲轴、航空发动机轴
	40CrMnMo	850	油	600	水、油	785	980	10	45	63	8t 货车的后桥半轴、齿轮轴、偏心轴、齿轮、连杆等

① 低淬透性合金调质钢。如 40Cr、40MnB 等，这类钢的合金元素含量少，淬透性较低，油淬临界直径为 30～40mm，调质后强度比相同碳的质量分数的碳钢的高，常用于制造中等尺寸的重要零件，如曲轴、连杆、螺栓等。40Cr 是最常用的合金调质钢，其强度比 40 钢提高 20%，并具有良好的塑性，常用于制造机床齿轮（图 4-29）、花键轴、顶尖套等。

图 4-29　机床齿轮

② 中淬透性合金调质钢。如 40CrNi、38CrMoAl 等，这类钢的合金元素含量较高，淬透性较高，油淬临界直径为 40～60mm，调质后强度很高，韧性也较好，可用来制造截面尺寸较大、承受较重载荷的零件，如重载汽车曲轴（图 4-30）、重型机械齿轮、精密机床主轴（图 4-31）等。

图 4-30　重载汽车曲轴

图 4-31　精密机床主轴

③ 高淬透性合金调质钢。如 25Cr2Ni4W、40CrNiMo 等，这类钢的油淬临界直径为 60～100mm，调质后强度最高，韧性也很好，可用于制造大截面、承受更大载荷的重要零件，如重型机械中、高载荷的轴：汽轮机轴、锻压机的偏心轴、压力机曲轴、航空发动机轴等。

4. 合金弹簧钢

合金弹簧钢是用于制造弹簧和弹性元件的专用钢。弹簧是汽车、机械和仪表中的重要零件，它是利用弹性变形时所储存的能量，缓和机械设备的振动和冲击作用。例如：重型汽车上的板弹簧，除承受静载荷外，还要承受因地面不平所引起的冲击载荷和振动。此外，弹簧还可储存能量，以使其他机件完成预先规定的动作，如气阀弹簧等。

合金弹簧钢应具有较高的弹性极限和较高的屈强比，以保证弹簧有足够高的弹性变形能力和较大的承载能力；同时具有高的疲劳强度，以防止在振动和交变应力作用下产生疲劳断裂；还应具有足够的韧性，以免受冲击时脆断。

（1）化学成分 合金弹簧钢中的碳的质量分数比合金调质钢中的高，一般为 0.50% ~ 0.70%，以保证其较高的弹性极限、疲劳强度和良好的韧性。钢中常加入锰、硅、铬、钒和钨等，其中锰、硅主要是为了提高淬透性，同时也提高屈强比。锰、硅的不足之处是锰使钢易于过热，硅则会使钢表面在加热时脱碳。因此，有重要用途的弹簧钢必须加入铬、钒、钨等，它们不仅使钢具有更高的淬透性，不易脱碳，而且有更高的高温强度和韧性。

（2）热处理 根据弹簧的尺寸与成形方法不同，其热处理方法也有所不同。

1）热成形弹簧的热处理。对于直径或板厚大于 8mm 的螺旋弹簧或板弹簧，常在热态下成形。即把钢加热到比淬火温度高 50~80℃ 热卷成形，利用成形后的余热立即进行淬火 + 中温回火，从而获得具有较高弹性极限与疲劳强度的回火托氏体组织，硬度一般为 38~50HRC（一般要求为 42~48HRC），并具有一定的韧性。如汽车板簧、火车缓冲螺旋弹簧等。

2）冷成形弹簧的热处理。对于直径或板厚小于 8mm 的弹簧，常采用冷拉钢丝冷卷成形，成形后需在 250~300℃ 的范围内进行去应力退火，以消除冷成形时产生的内应力、稳定尺寸。如钟表弹簧（图 4-32）、仪表弹簧、阀门弹簧（图 4-33）等。

图 4-32 钟表弹簧 　　　　　　　　　　　　 图 4-33 阀门弹簧

弹簧经淬火和中温回火后，一般要进行喷丸处理，使表面具有一定的残余压应力，以提高其疲劳强度，延长使用寿命。如 60Si2Mn 制成的汽车板簧经喷丸处理后，使用寿命可提高 3~5 倍。

（3）常用的合金弹簧钢 常用合金弹簧钢的牌号、力学性能及用途见表 4-10。

表 4-10 常用合金弹簧钢的牌号、力学性能及用途

牌号	热处理工艺		力学性能（≥）				用 途 举 例
	淬火温度/℃	回火温度/℃	R_{eL}/MPa	R_m/MPa	A (%)	Z (%)	
65Mn	830（油）	540	785	980	8	30	气阀弹簧、离合器弹簧、摇臂轴定位弹簧
60Si2Mn	870（油）	440	1375	1570	5	20	汽车、拖拉机、机车上的减振板簧和螺旋弹簧
55SiMnVB	860（油）	460	1225	1375	5	30	代替 60Si2Mn 钢制造汽车板簧和其他中等截面的板簧和螺旋弹簧
50CrV	850（油）	500	1130	1275	10	40	用于制造高载荷重要弹簧及工作温度小于 300℃ 的阀门弹簧、活塞弹簧、安全阀弹簧等

60Si2Mn 是最常用的合金弹簧钢,它具有较高的淬透性,油淬临界直径为 20~30mm,弹性极限高,屈强比与疲劳强度也较高。主要用于工作温度在 230℃ 以下的弹性元件,如铁路机车、汽车、拖拉机上的板弹簧(图 4-34)、火车缓冲螺旋弹簧(图 4-35)及其他承受高应力作用的重要弹簧。

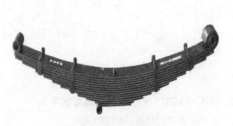

图 4-34 钢制板弹簧

图 4-35 火车缓冲螺旋弹簧

50CrV 的力学性能与硅锰弹簧钢相近,但淬透性更高,油淬临界直径为 30~50mm,且铬和钒能提高钢的弹性极限、强度和韧性,常用于制造承受重载荷及工作温度小于 300℃、截面尺寸大的弹簧。

5. 滚动轴承钢

滚动轴承钢用来制造各种滚动轴承(图 4-36)元件,如轴承内、外套圈和滚动体(滚珠、滚柱、滚针)(图 4-37),属于专用结构钢。滚动轴承工作时承受很大的局部交变载荷,滚动体与套圈间接触应力较大,易使轴承工作表面产生接触疲劳破坏和磨损。因此,要求轴承钢具有高的硬度、耐磨性和接触疲劳强度,以及足够的韧性和耐蚀性。

图 4-36 滚动轴承

图 4-37 滚动轴承元件

(1)化学成分 滚动轴承钢中的碳的质量分数较高,一般为 0.95%~1.15%,以保证钢有高的强度、硬度和耐磨性。钢中主要合金元素是铬,通常加入质量分数为 0.45%~1.65% 的铬,用于提高钢的淬透性,并使钢在热处理后形成细小均匀分布的合金渗碳体,以提高滚动轴承的接触疲劳强度和耐磨性。当制造尺寸较大的轴承时,在钢中还加入硅、锰等合金元素,以进一步提高钢的淬透性和强度,同时硅还可以提高钢的回火稳定性。

滚动轴承钢对硫、磷含量要求严格($w_S < 0.025\%$,$w_P < 0.030\%$),因此它是一种优质钢,但其牌号后面没有符号 “A”。

(2)热处理 滚动轴承钢一般采用球化退火作为预备热处理,目的是获得球状珠光体,以降低钢的硬度,改善切削加工性能,并为淬火做好组织准备。其最终热处理为淬火 + 低温回火，目的是获得极细的回火马氏体和均匀细小的粒状合金碳化物及少量的残留奥氏体组织，硬度可达61~65HRC。图 4-38 所示为 GCr15钢的性能与淬火温度的关系。淬火温度过高时，晶粒粗大，出现过热组织，则疲劳强度和韧性下降，且容易淬裂和变形；温度过低时，会使韧性不足。淬火温度应严格控制在（840±10）℃的范围内，回火温度一般为 150~160℃。

对于精密轴承，为了稳定组织和尺寸，可在淬火后进行 −60 ~

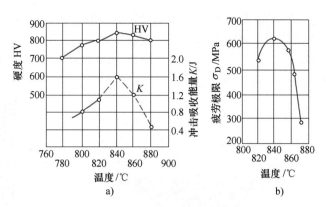

图 4-38　GCr15 钢的性能与淬火温度的关系
a）淬火温度与硬度、韧性的关系
b）淬火温度与疲劳极限的关系

−80℃的冷处理，以减少残留奥氏体组织，然后再进行低温回火，并在磨削加工后，进行120℃×（10~20）h 的稳定化处理，以彻底消除内应力。

（3）常用的滚动轴承钢　常用滚动轴承钢的牌号、热处理及用途见表 4-11。

目前我国以高碳铬轴承钢应用最广，最具代表性的是 GCr15，用于制造中小型轴承，也常用来制造冲模、量具、丝锥等。大型轴承或特大轴承可采用 GCr15SiMn 制造。

表 4-11　常用滚动轴承钢的牌号、热处理及用途

牌　号	热处理			用　途　举　例
	淬火温度/℃	回火温度/℃	回火后硬度 HRC	
GCr15	825~845	150~170	62~66	中、小型轴承
GCr15SiMn	820~840	150~170	≥62	大型轴承或特大轴承的滚动体和内外套

6. 超高强度钢

超高强度钢是指屈服强度大于 1400MPa，抗拉强度大于 1500MPa，兼有适当韧性的合金钢。它是在合金调质钢的基础上加入多种合金元素而形成和发展起来的。我国常用的超高强度钢有 30CrMnSiNi2A、4Cr5MoSiV 等，主要用于制造航空、航天工业的结构材料，如飞机主梁、起落架、发动机结构零件等。

4.2.4 合金工具钢

碳素工具钢经热处理后能达到很高的硬度和耐磨性，但因其淬透性低，淬火变形倾向大，热硬性差，因此仅适用于制造尺寸较小、形状简单、精度低的模具、量具和低速手用刀具。合金工具钢是在碳素工具钢的基础上加入适量合金元素制成的。由于合金元素的加入，提高了钢的强度、淬透性和热硬性，减小了变形、开裂倾向，因此尺寸较大、形状复杂、精度要求高的模具、量具以及切削速度较高的刀具，都采用合金工具钢制造。

合金工具钢可分为量具刃具钢和合金模具钢。

1. 量具刃具钢

量具刃具钢主要用于制造游标卡尺（图 4-39）、千分尺（图 4-40）、块规、塞规（图

4-41）等高精度测量工具，车刀、铣刀、钻头、丝锥、板牙等切削刀具。量具工作时主要受摩擦作用，承受外力很小，因此要求量具用钢具有高的硬度（62~65HRC）、高的耐磨性和良好的尺寸稳定性。刀具在切削过程中由于刃部与切屑之间、刃部与工件之间的强烈摩擦，容易使切削刃发热并产生磨损，摩擦热将导致刀具硬度降低，甚至丧失切削功能，此外刀具还承受一定的冲击和振动，因此量具刃具钢应具有以下性能：

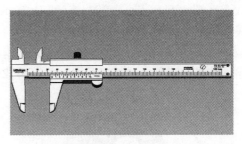

图 4-39 游标卡尺

① 高的硬度、耐磨性。通常量具、刀具的硬度越高，耐磨性越好。因此，一般量具、刀具的硬度都在 60HRC 以上。

② 高的热硬性。热硬性是指钢在高温下保持高硬度的能力。当切削速度很高时，由于刀具刃部温度较高，硬度会有所下降。因此热硬性是衡量刃具钢性能的最主要性能指标。

③ 足够的强度、塑性和韧性。为避免量具、刀具因冲击、振动而造成的断裂或崩刃，要求量具刃具钢具有足够的强度、塑性和韧性。

图 4-40 千分尺

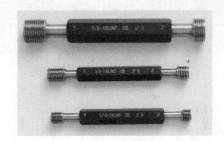

图 4-41 塞规

量具刃具钢分为低合金量具刃具钢和高速工具钢两种。

（1）低合金量具刃具钢

1）化学成分。低合金量具刃具钢中碳的质量分数为 0.80%~1.50%，以保证高的硬度（>62HRC）和耐磨性。总的合金元素质量分数为 3%~5%。钢中常加入的合金元素有铬、锰、硅、钨、钒、钼等，其中铬、锰、硅可提高钢的淬透性；铬和硅还可以提高钢的回火稳定性，使其在 300℃ 以下回火后硬度仍保持在 60HRC 以上，从而保证一定的热硬性；钨、钒、钼等元素，可以细化晶粒，使钢的强度、硬度、耐磨性和韧性提高，延长量具、刀具的使用寿命；锰能增加过冷奥氏体的稳定性，淬火后获得较多的残留奥氏体，减小量具、刀具淬火时的变形量。但由于钢中合金元素加入量较少，这类钢的工作温度一般不超过 300℃，主要用于制造切削速度较低、尺寸较大或形状复杂的切削刀具和高精度量具。

2）常用低合金量具刃具钢。常用的低合金刃具钢有 9SiCr、9Mn2V 和 CrWMn 等。其中 9SiCr 有较高的淬透性和回火稳定性，油淬临界直径为 40~50mm，热硬性可达 250~300℃，耐磨性高，不易崩刃，常用于制造形状较复杂、要求变形小的薄刃刀具，如丝锥（图 4-42）、板牙（图 4-43）、

图 4-42 丝锥

铰刀（图4-44）等。CrWMn较9SiCr碳的质量分数高，且有铬、钨、锰的同时加入，使其具有更高的硬度（64~66HRC）和耐磨性，但热硬性不如9SiCr。CrWMn热处理后变形小，故称微变形钢，常用于制造较精密的低速刀具，如长丝锥、长铰刀等。常用低合金量具刃具钢的牌号、成分、热处理及用途见表4-12。

图4-43　板牙

图4-44　铰刀

表4-12　常用低合金量具刃具钢的牌号、成分、热处理及用途（摘自GB/T/299—2014）

牌号	化学成分（质量分数，%）					热处理					用途举例
	C	Mn	Si	Cr	其他	淬火			回火		
						温度/℃	介质	HRC	温度/℃	HRC	
9SiCr	0.85~0.95	0.30~0.60	1.20~1.60	0.95~1.25		820~860	油	≥62	180~200	60~62	板牙、丝锥、铰刀、搓丝板，也可制作冲模、冷轧辊
8MnSi	0.75~0.85	0.80~1.10	0.30~0.60			800~820	油	≥62	150~180	58~62	木工凿子、锯条、切削工具等
Cr06	1.30~1.45	≤0.40	≤0.40	0.50~0.70		780~810	水	≥64	150~180	62~64	剃齿刀、锉刀、量规、量块等
Cr2	0.95~1.10	≤0.40	≤0.40	1.30~1.65		830~860	油	≥62	150~180	60~62	车刀、插刀、铰刀、钻套、量具、样板等
9Cr2	0.85~0.95	≤0.40	≤0.40	1.30~1.70		820~850	油	≥62	150~180	60~62	尺寸较大的铰刀、车刀等刃具，冷轧辊，冲模及冲头、木工工具等
CrWMn	0.90~1.05	0.80~1.10	0.15~0.35	0.90~1.20	W:1.20~1.60	820~840	油	≥62	140~160	62~65	量规、长丝锥、长铰刀、拉刀、丝杠、冲模等

3）热处理。低合金量具刃具钢的热处理工艺与碳素工具钢基本相同，其预备热处理是球化退火，目的是降低钢的硬度、改善切削加工性能。最终热处理为淬火+低温回火。由于加入了合金元素，淬透性提高，因此可采用油淬或分级淬火方法，从而有效地降低了淬火应力和淬火变形。最终热处理后的组织为回火马氏体+粒状碳化物+少量残留奥氏体，硬度可达60~65HRC。对于高精度量具（如块规），在淬火后应及时进行-60~-80℃的冷处理，以

减少残留奥氏体量，然后再进行低温回火，并在精磨后再进行一次 120℃ ×（12~16）h 的人工时效处理，以消除磨削应力和提高量具在使用过程中的尺寸稳定性。图 4-45 所示为 9SiCr 钢制板牙的热处理工艺曲线。

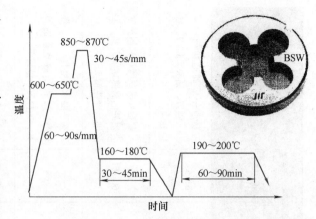

图 4-45　9SiCr 钢制板牙的热处理工艺曲线

（2）高速工具钢　高速工具钢是一种高碳、高合金元素含量的刀具钢。它以高速切削而得名。这类钢热处理后具有良好的热硬性，在其切削温度高达 600℃ 时，仍能保持高硬度（60HRC 以上）和高耐磨性。高速工具钢还具有很高的淬透性，在空气中冷却也能淬硬，并且刃口锋利，故又称为"锋钢"。主要用于制造尺寸大、载荷重、工作温度高、形状复杂的高速切削刀具，如车刀、铣刀、拉力、滚刀等。

1）化学成分。高速工具钢中碳的质量分数为 0.70%~1.65%，较高的含碳量既能保证淬火后具有高硬度，又能保证碳与合金元素形成足够数量的碳化物，从而使高速工具钢具有更高的硬度、耐磨性和良好的热硬性。高速工具钢中常加入钨、钼、铬、钒等合金元素，其总的质量分数超过 10%，从而大大提高了钢的淬透性和回火稳定性，使高速工具钢在高速、高温下进行切削时仍有良好的热硬性和耐磨性。

钨是提高高速工具钢热硬性的主要元素，它在高速工具钢中形成很稳定的合金碳化物（Fe_4W_2C），淬火后形成含有大量钨及其他合金元素的马氏体，提高了马氏体的回火稳定性。在 560℃ 的回火过程中，钨又以弥散的特殊碳化物（W_2C）形式析出，产生二次硬化，使钢具有良好的热硬性；未溶的合金碳化物 Fe_4W_2C 能阻碍奥氏体晶粒长大，并提高钢的耐磨性。

钼与钨的作用相同，在高速工具钢中，1%（质量分数）的钼可代替 1.8%（质量分数）钨的作用。

铬在高速工具钢中的主要作用是提高淬透性。高速工具钢中铬的质量分数为 4%，在淬火加热时，铬几乎全部溶于奥氏体中，使奥氏体稳定性增加，从而明显提高钢的淬透性，使高速钢在空冷条件下也能形成马氏体组织。同时，铬对改善耐磨性和提高硬度也起一定作用。但铬的质量分数过高时，会使 Ms 下降，从而使残留奥氏体的量增加，降低钢的硬度。

钒是提高耐磨性和热硬性的重要元素之一。与钨、钼相比，钒的碳化物更稳定，除少量钒在淬火加热时溶入奥氏体外，大部分以碳化物的形式保留下来。钒的碳化物硬度极高（可达 2010HV），加上颗粒细小，分布均匀，因此能有效提高钢的硬度和耐磨性。在高速工具钢中钒的质量分数应小于 3%，否则锻造性能和磨削性能变差。

为了提高高速工具钢某些方面的性能，还可加入适量的 Al、Co、N 等合金元素。

2）常用高速工具钢。我国高速工具钢有钨系、钨钼系两大类，常用高速工具钢的牌号、成分、热处理、性能及用途见表 4-13。

表4-13 常用高速工具钢的牌号、成分、热处理、性能及用途（摘自 GB/T 9943—2008）

种类	牌号	化学成分（质量分数，%）						热处理温度/℃			硬度		热硬性 HRC[1]	用途举例
		C	W	Mo	Cr	V	Co 或 Al	退火	淬火	回火	退火后 HBW (≤)	回火后 HRC (≥)		
钨系	W18Cr4V	0.73~0.83	17.20~18.70	—	3.80~4.50	1.00~1.20	—	860~880	1250~1280	550~570	255	63	61.5~62	制造一般高速切削用车刀、刨刀、钻头、铣刀、丝锥等
	W6Mo5Cr4V2	0.80~0.90	5.55~6.75	4.50~5.50	3.80~4.40	1.75~2.20	—	840~860	1200~1230	550~570	255	64	60~61	制造要求耐磨性和韧性配合很好的高速切削刀具，如丝锥、麻花钻头等
	W6Mo5Cr4V3	1.15~1.25	5.90~6.70	4.70~5.20	3.80~4.50	2.70~3.20	—	840~885	1190~1220	540~560	262	54	64	制造要求耐磨性、热硬性较高，形状稍微复杂的刀具，如拉刀、铣刀等
钨钼系	W6Mo5Cr4V3Co8	1.23~1.33	5.90~6.70	4.70~5.30	3.80~4.50	2.70~3.20	Co8.00~8.80	870~900	1170~1190	550~570	285	65	64	制造形状简单、截面较大的刀具，如直径在15mm以上的钻头、特种车刀；不适宜制造形状复杂的薄刃成形刀具或承受单位载荷较高的小截面刀具
	W6Mo5Cr4V2Al	1.05~1.15	5.50~6.75	4.50~5.50	3.80~4.40	1.75~2.20	Al0.80~1.20	850~870	1200~1240	550~570	269	65	65	加工难加工的超高强度钢、不锈钢、耐热钢等的车刀、镗刀、铣刀、钻头等
	W10Mo4Cr4V3Co10	1.20~1.35	9.00~10.00	3.20~3.90	3.80~4.50	3.00~3.50	Co9.50~10.50	845~855	1220~1240	550~570	285	66	65.5~67.5	加工一般材料时，刀具的使用寿命为 W18Cr4V 的两倍

① 将淬火及回火后试样在 600℃加热四次，每次 1h。

钨系高速工具钢中的 W18Cr4V 是发展最早、应用最广泛的高速工具钢。其热硬性高，过热和脱碳倾向小，但韧性较差。主要用于制造一般高速切削的刀具，如车刀、铣刀、刨刀、拉刀（图 4-46）、齿轮刀具（图 4-47）等，但不适于制造薄刃刀具。

钨钼系高速工具钢中最常用的是 W6Mo5Cr4V2，这种钢用钼代替了一部分钨，它的碳化物比钨系高速工具钢更均匀细小，从而使钢具有较好的韧性。另外，W6Mo5Cr4V2 中的碳及钒含量较高，提高了耐磨性，但热硬性比 W18Cr4V 稍差，过热和脱碳倾向较大。主要用于制造耐磨性和韧性有较好配合的刀具，尤其适宜制造扭制、轧制等热加工成形的薄刃刀具，如麻花钻头（图 4-48）等。

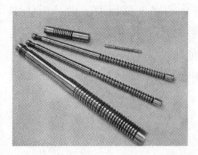  

　　图 4-46　拉刀　　　　　　图 4-47　齿轮刀具　　　　　图 4-48　麻花钻头

3）热处理。高速工具钢中由于含有大量的钨、钼、铬、钒等合金元素，使 E 点显著左移，因此高速工具钢在铸态组织中就出现了莱氏体组织，属于莱氏体钢。图 4-49 所示为高速工具钢的铸态组织，其中共晶碳化物呈鱼骨状分布。这种碳化物硬而脆，用热处理方法是不能消除的，必须进行反复锻打才能将其打碎，使其均匀分布。如果高速工具钢中的碳化物分布不均匀，淬火时易变形和开裂，使用时容易崩刃和磨损，所制造的刀具不仅强度、韧性差，刀具在使用过程中容易产生崩刃和磨损，导致早期失效。高速工具钢的淬透性很高，锻造后必须缓慢冷却，以免产生马氏体组织。

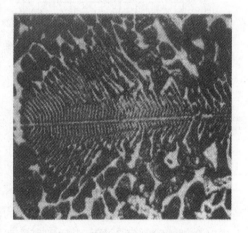

图 4-49　高速工具钢的铸态组织

高速工具钢锻造后必须采用球化退火作为预备热处理，其目的不仅是降低硬度、消除应力、改善切削加工性能，而且也为以后的淬火做好组织上的准备。生产中常采用等温球化退火，即加热至 860~880℃保温，快冷至 720~750℃等温，500℃以下时出炉空冷。退火后的组织为索氏体+粒状碳化物，硬度为 207~255HBW。

高速工具钢的最终热处理为淬火+3 次高温回火。

高速工具钢的淬火加热温度高，这是由于高速工具钢的热硬性主要取决于马氏体中合金元素的质量分数，即加热时溶入奥氏体中的合金元素量。由图 4-50 可见，对于 W18Cr4V，随着加热温度升高，溶入奥氏体中合金元素的量也增加，约 1280℃时溶入量最合适。但加热温度过高时，合金碳化物溶解过多，阻碍晶粒长大的因素减少，因此奥氏体晶粒粗大，使钢性能变差，所以高速工具钢的淬火加热温度一般为1200~1300℃。

由于高速工具钢的导热性较差，若从室温直接加热到淬火温度，会引起较大的热应力，从而导致工件的变形和开裂，因此必须进行800~850℃的一次预热或采用500~600℃及800~850℃的两次预热，然后再加热到淬火温度。淬火冷却一般采用油冷或在盐浴中进行分级淬火。

高速工具钢淬火后，组织中有20%~30%的残留奥氏体，必须通过560℃左右的多次回火（一般进行3次）才能减少残留奥氏体的量，消除淬火应力，稳定组织，达到所要求的性能。图4-51所示为W18Cr4V回火温度与硬度的关系，由图可见，在550~570℃回火时硬度最高，达到64~66HRC。这是因为在560℃左右进行的回火过程中，由马氏体中析出高度弥散的钨、钒的碳化物，使钢的硬度明显提高，同时残留奥氏体中也析出碳化物，使其碳和合金元素的质量分数降低，Ms点上升，从而在回火冷却过程中残留奥氏体部分转变成马氏体，这些正是高速工具钢淬火后在550~570℃回火出现二次硬化的原因。

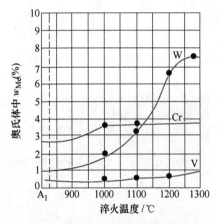

图4-50　淬火温度对W18Cr4V
中奥氏体成分的影响

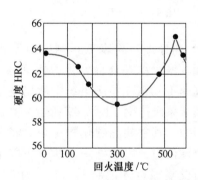

图4-51　W18Cr4V回火温度
与硬度的关系

高速工具钢淬火后，进行3次回火是因为淬火后组织中有20%~30%的残留奥氏体，1次回火难以全部消除，经3次回火后即可使残留奥氏体的量减至最低（第1次回火后可降到10%左右，第2次回火后可降到3%~5%，第3次回火后降到最低量1%~2%）。

高速工具钢经淬火+3次高温回火后的组织为细小的回火马氏体+粒状碳化物+少量的残留奥氏体，硬度可达63~67HRC。图4-52所示为W18Cr4V的热处理工艺曲线。

2. 合金模具钢

按使用条件不同，合金模具钢分为冷作模具钢、热作模具钢和塑料模具钢。

（1）冷作模具钢　冷作模具钢用于制造在冷态下变形或分离的模具，如冲模（图4-53）、冷镦模、冷挤压模等，工作温度不超过200~300℃。由于冷作模具在工作时模具与坯料之间有强烈的摩擦，所以冷作模具正常的失效形式是磨损；同时，刃口部位还承受很大的压力、弯曲力或冲击载荷，也常出现崩刃、断裂和变形等失效现象。因此要求冷作模具钢具有高强度、高硬度（58~62HRC）、足够的韧性和良好的耐磨性。对于高精

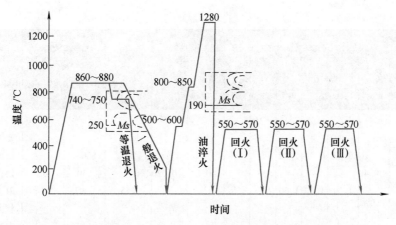

图 4-52　W18Cr4V 的热处理工艺曲线

度的模具，还要求热处理变形小，以保证模具的加工精度；大型模具还要求有良好的淬透性。

1）化学成分。冷作模具钢中碳的质量分数为 1.0%~2.0%，较高的含碳量是为了保证其具有高硬度和高耐磨性。钢中常加入铬、钨、钼、钒等合金元素，以提高钢的耐磨性、淬透性和回火稳定性。

2）常用冷作模具钢。常用冷作模具钢的牌号、成分、热处理及用途见表 4-14。

图 4-53　冲模

表 4-14　常用冷作模具钢的牌号、成分、热处理及用途（摘自 GB/T 1299—2014）

牌号	化学成分（质量分数,%）									退火交货状态的钢材硬度 HBW	热处理		用途举例
	C	Si	Mn	Cr	W	Mo	V	P	S		淬火温度/℃	硬度 HRC（≥）	
Cr12	2.00~2.30	≤0.40	≤0.40	11.5~13.0	—	—	—	≤0.030	≤0.020	217~269	950~1000（油）	60	用于制作耐磨性高、尺寸较大的模具，如冲模、冲头、钻套、量规、螺纹滚丝模、拉丝模、冷切剪刀等
Cr12MoV	1.45~1.70	≤0.40	≤0.40	11.00~12.50		0.40~0.60	0.15~0.30	≤0.03	≤0.020	207~255	950~1000（油）	58	用于制作截面较大、形状复杂、工作条件繁重的各种冷作模具及搓丝板、量具等
Cr4W2MoV	1.12~1.25	0.40~0.70	≤0.40	3.50~4.00	1.90~2.60	0.80~1.20	0.80~1.10	≤0.03	≤0.020	≤269	960~980 或 1020~1040（油）	60	可代替 Cr12MoV、Cr12 用于制作冲模、冷挤压模、搓丝板等

（续）

| 牌　号 | 化学成分（质量分数,%） | | | | | | | | | 退火交货状态的钢材硬度 HBW | 热 处 理 | | 用途举例 |
	C	Si	Mn	Cr	W	Mo	V	P	S		淬火温度/℃	硬度 HRC（≥）	
CrWMn	0.90~1.05	≤0.40	0.80~1.10	0.90~1.20	1.20~1.60	—	—	≤0.03	≤0.020	207~255	800~830（油）	62	用于制作淬火要求变形很小、长而形状复杂的切削刀具,如拉刀、长丝锥及形状复杂、高精度的冲模
6W6Mo5-Cr4V	0.55~0.65	≤0.40	≤0.60	3.70~4.30	6.00~7.00	4.50~5.50	0.70~1.10	≤0.03	≤0.020	≤269	1180~1200（油）	60	用于制作冲头、冷作凹模等

目前广泛应用的是 Cr12 型钢，如 Cr12、Cr12MoV、Cr12Mo1V1 等。Cr12 型钢具有很高的硬度（约 1820HV）和耐磨性、较高的强度和韧性、热处理变形小等特点，主要用于制作大截面、形状复杂、变形要求严格的重载冷作模具，如汽车外板冲模（图 4-54）、汽车保险杠模具（图 4-55）等。截面较大、形状较复杂、淬透性要求较高的冷作模具可以选用低合金工具钢 9SiCr、9Mn2V、CrWMn 或 GCr15 制造。

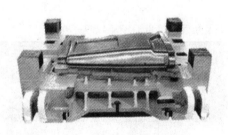

图 4-54　汽车外板冲模

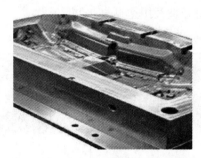

图 4-55　汽车保险杠模具

3）冷作模具钢的热处理。一般冷作模具钢在锻造后需进行球化退火，以消除锻造应力、降低硬度、改善切削加工性能、细化晶粒，为淬火做好组织准备。其最终热处理为淬火+低温回火，最终热处理后的组织为回火马氏体+未溶碳化物+少量残留奥氏体。对于 Cr12 模具钢常采用以下两种最终热处理方法。

①一次硬化法。即采用较低的淬火温度和较低的回火温度，如 Cr12 采用 980℃左右的温度进行淬火，然后在 160~180℃进行低温回火，其硬度可达 61~63HRC。处理后的模具具有较高的耐磨性和韧性，而且淬火变形小，主要用于制造承受较大载荷和形状复杂的模具。

②二次硬化法。即采用较高的淬火温度和多次高温回火。如 Cr12 采用 1100~1150℃淬火，淬火后由于残留奥氏体量较多，钢的硬度较低，为 40~50HRC。如果在 510~520℃进行 2~3 次回火，将产生二次硬化现象，硬度可达 60~62HRC，但由于淬火加热温度较高，晶粒较粗大，韧性比一次硬化法稍差。故处理后的模具钢主要用于制造承受强烈摩擦、在 400~

500℃条件下工作的模具。

（2）热作模具钢　热作模具钢是用来制造使加热的金属或液体金属成型的模具，如热锻模、热挤压模、压铸模等。热作模具工作时不仅要承受很大的压力和冲击力，还要承受强烈的摩擦和较高的温度（型腔表面的工作温度有时可达 600℃以上），同时模腔还受到炽热金属和冷却介质的冷、热交替的反复作用，导致模具出现崩裂、磨损、塌陷、龟裂等失效现象。因此，要求热作模具钢在 400~600℃的温度下应具有高的热硬性、耐磨性、高的抗氧化能力、高的热强性和足够的韧性，同时还要求其导热性好，以避免型腔表面温度过高。此外，对于尺寸较大的热作模具，还要求有高的淬透性，以保证模具整体性能均匀，且热处理变形要小。

1）化学成分。热作模具钢中碳的质量分数为 0.3%~0.6%，以保证有较高的强度、硬度和韧性配合。同时加入铬、镍、锰、钼、钨、钒、硅等合金元素，其中铬、镍、锰的主要作用是提高钢的淬透性、强度和抗氧化能力；钼、钨、钒等元素能产生二次硬化，提高高温强度和回火稳定性，钼、钨还能防止第二类回火脆性；铬、钼、钨、硅可提高钢的耐热疲劳性。

2）常用热作模具钢。常用热作模具钢的牌号、成分、热处理及用途见表 4-15。

表 4-15　常用热作模具钢的牌号、成分、热处理及用途（摘自 GB/T 1299—2014）

| 牌号 | 化学成分（%） | | | | | | | | | 退火交货状态的钢材硬度 HBW | 热处理 淬火温度 /℃ | 用途举例 |
	C	Si	Mn	Cr	W	Mo	V	P	S			
5CrMnMo	0.50~0.60	0.25~0.60	1.20~1.60	0.60~0.90	—	0.15~0.30		≤0.030	≤0.030	197~241	820~850（油）	制作中型热锻模（边长为 300~400mm）
5CrNiMo	0.50~0.60	≤0.40	0.50~0.80	0.50~0.80	—	0.15~0.30		≤0.030	≤0.030	197~241	830~860（油）	制作形状复杂、冲击载荷大的各种大中型热锻模（边长>400mm）
3Cr2W8V	0.30~0.40	≤0.40	≤0.40	2.20~2.70	7.50~9.00	—	0.20~0.50	≤0.030	≤0.030	≤255	1075~1125（油）	制作压铸模、平锻机上的凸模和凹模、镶块、铜合金挤压模等
4Cr5W2VSi	0.32~0.42	0.80~1.20	≤0.40	4.50~5.50	1.60~2.40	—	0.60~1.00	≤0.030	≤0.030	≤229	1030~1050（油或空冷）	可用于高速锤用模具与冲头、热挤压用模具及芯棒、非铁金属压铸模等
4Cr5MoSiV	0.33~0.43	0.80~1.20	0.20~0.50	4.75~5.50		1.10~1.60	0.30~0.60	≤0.030	≤0.030	≤229	790℃±15℃预热，1010℃盐浴或1020℃±6℃（炉控气氛）加热，保温5~15min 油冷，550℃±6℃回火两次	使用性能和寿命高于 3Cr2W8V。用于制作铝合金压铸模、热挤压模、锻模和耐 500℃以下的飞机、火箭零件

（续）

牌号	化学成分（%）									退火交货状态的钢材硬度 HBW	热处理 淬火温度 /℃	用途举例
	C	Si	Mn	Cr	W	Mo	V	P	S			
5Cr4W5-Mo2V	0.40~0.50	≤0.40	≤0.40	3.40~4.40	4.50~5.30	1.50~2.10	0.70~1.10	≤0.030	≤0.030	≤269	1100~1150（油）	热挤压、精密锻造模具钢。常用于制作中、小型精锻模，或代替 3Cr2W8V 用于制作热挤压模具

5CrMnMo 和 5CrNiMo 是最常用的热作模具钢，它们有较高的强度、耐磨性和韧性，优良的淬透性和良好的抗热疲劳性能。这两种钢的性能基本相同，但锰在改善钢的韧性方面不如镍，因此 5CrMnMo 只适用于制造中小型热锻模，而形状复杂、需要承受较大冲击载荷的大中型热锻模可选用 5CrNiMo 制造。根据我国资源情况，应尽可能采用 5CrMnMo。对于在静压下使金属变形的热挤压模、压铸模（图 4-56），常选用高温性能较好的 3Cr2W8V 或 4Cr5W2VSi 制作。

图 4-56　汽车四缸压铸模

3）热作模具钢的热处理。热作模具钢需要反复锻造，目的是使碳化物均匀分布。锻造后的预备热处理一般是完全退火，其目的是消除锻造应力、降低硬度和改善切削加工性能。

热作模具钢的最终热处理通常采用淬火+中温（或高温）回火，使基体获得回火托氏体（或回火索氏体）组织，以保证较高的韧性。另外，钢中的钨、钼、钒等元素在回火时析出的碳物会产生二次硬化，使热作模具钢在高温下仍然保持较高的硬度，回火后的硬度一般控制在 33~47HRC 之间。回火温度要根据模具大小确定，模具截面尺寸较大时，温度应低些；模具的燕尾部分回火温度应高些，硬度一般为 30~39HRC。

（3）塑料模具钢　塑料模具包括塑料模和胶木模等。它们都是用于在不超过 200℃ 的低温加热状态下，将细粉或颗粒状塑料压制成型。塑料模具在工作时，持续受热、受压，并受到一定程度的摩擦和有害气体的腐蚀，因此塑料模具钢要求在 200℃ 时具有足够的强度和韧性，并具有较高的耐磨性和耐蚀性。

目前常用的塑料模具钢主要为 3Cr2Mo，用于制作中型塑料模具。其 $w_C=0.3\%$ 可保证热处理后获得良好的强韧性配合及较高的硬度和耐磨性，加入铬、钼等合金元素，可提高钢的淬透性，减小热处理变形。

4. 2. 5　特殊性能钢

特殊性能钢是指具有特殊的物理、化学性能的钢。特殊性能钢的种类很多，本节主要介绍机械工程中常用的不锈钢、耐热钢和耐磨钢。

1. 不锈钢

不锈钢是指在腐蚀介质中具有较高抗腐蚀能力的钢。

（1）金属的腐蚀

1）金属腐蚀的概念。金属表面因受到外部介质作用而逐渐破坏的现象称为腐蚀。腐蚀分为两类：一类是化学腐蚀，指金属与介质发生纯化学反应而被破坏，如钢的高温氧化、脱碳等；另一类是电化学腐蚀，指金属在酸、碱或盐等溶液中由于原电池或微电池的作用而引起的腐蚀。

大部分金属的腐蚀都属于电化学腐蚀。电化学腐蚀的实质是构成了微小的原电池发生了电化学反应。图 4-57 所示为 Fe-Cu 电池示意图。铁和铜在电解质 H_2SO_4 溶液中形成了一个电池。由于铁的电极电位低，为阳极，铜的电极电位高，为阴极，所以铁发生溶解，而铜受到保护。

在同一合金中，由于组成合金的相或组织不同，也会形成微电池，造成电化学腐蚀。例如：钢中的珠光体由铁素体和渗碳体两相组成，在电解质溶液中就会形成微电池。由于铁素体的电极电位低，为阳极，被腐蚀；而渗碳体的电极电位高，为阴极，不发生腐蚀，如图 4-58 所示。

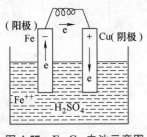

图 4-57　Fe-Cu 电池示意图

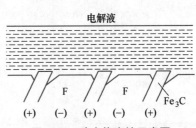

图 4-58　珠光体腐蚀示意图

2）提高钢的耐蚀性的途径。要提高钢的抗腐蚀能力，通常采取以下措施：

① 尽量使钢在室温下获得单相组织，这样在电解质溶液中只有一个极，微电池难以形成。如在钢中加入大量的铬或镍，会使钢在室温下获得单相铁素体或单相奥氏体组织，从而可提高钢的耐蚀性。

② 提高基体的电极电位。通过向钢中加入铬、镍、硅等合金元素，可提高基体的电极电位，进而有效地提高耐蚀性。

铬是提高基体电极电位、提高耐蚀性最主要的元素。当铬的质量分数大于 11.6% 时，会使基体的电极电位明显提高，从而提高钢的耐蚀性。

③ 在钢的表面形成氧化膜（又称钝化膜）。通过向钢中加入铬、铝、硅等合金元素，可在钢的表面形成一层致密的氧化膜（Cr_2O_3、Al_2O_3、SiO_2 等），使钢与周围介质隔开，从而防止进一步的腐蚀。

（2）常用不锈钢 按正火状态的组织不同，可将不锈钢分为马氏体不锈钢、铁素体不锈钢和奥氏体不锈钢 3 种类型。常用不锈钢的牌号、成分、热处理、力学性能及用途见表4-16。

表 4-16 常用不锈钢的牌号、成分、热处理、力学性能及用途

种类	牌号（曾用牌号）	化学成分（质量分数,%）				热处理/℃	力学性能					用途举例
		C	Cr	Ni	其他		R_m/ MPa	$R_{p0.2}$/ MPa	A (%)	Z (%)	HBW	
马氏体型	12Cr13 (1Cr13)	≤0.15	11.5~ 13.0	(0.60)		950~1000 油淬 700~750 回火	≥540	≥345	≥22	≥55	≥159	制造承受冲击载荷的耐蚀零件，如汽轮机叶片、水压机阀结构件、螺栓、螺母等
	20Cr13 (2Cr13)	0.16~ 0.25	12~ 14	(0.60)		920~980 油淬 600~750 回火	≥640	≥440	≥20	≥50	≥192	
	30Cr13 (3Cr13)	0.26~ 0.35	12~ 14	(0.60)		920~980 油淬 600~750 回火	≥735	≥540	≥12	≥40	≥217	制造轴承、量具、刀具、医疗器械等耐磨零件
	40Cr13 (4Cr13)	0.36~ 0.45	12~ 14	(0.60)		1050~1100 油淬 200~300 回火	—	—	—	—	50HRC	
	95Cr18 (9Cr18)	0.90~ 1.00	17~ 19	(0.60)		1000~1050 油淬 200~300 回火	—	—	—	—	55HRC	制造剪切刃具、手术刀等耐磨、耐蚀件
铁素体型	10Cr17 (1Cr17)	≤0.12	16~ 18	(0.60)		780~850 空冷	≥450	≥205	≥22	≥50	≤183	耐蚀性良好的通用不锈钢，用于建筑装饰、家用电器部件、食品厂设备等
	06Cr13Al (0Cr13Al)	≤0.08	11.5~ 14.5	(0.60)	Al: 0.10 ~0.30	780~830 空冷	≥410	≥175	≥20	≥60	≤183	制作汽轮机材料，淬火部件等
奥氏体型	06Cr19Ni10 (0Cr18Ni9)	≤0.08	18~ 20	8~11		固溶处理 1010~1150 水淬	≥520	≥205	≥40	≥60	≤187	具有良好的耐蚀及耐晶间腐蚀性能，为化学工业良好的耐蚀材料
	12Cr18Ni9 (1Cr18Ni9)	≤0.15	17~ 19	8~10		固溶处理 1010~1150 水淬	≥520	≥205	≥40	≥60	≤187	耐硝酸、磷酸、有机酸及盐、碱溶液腐蚀的设备零件
奥氏体铁素体型	12Cr21Ni5Ti (1Cr21Ni5Ti)	0.09~ 0.14	20~ 22	4.8~ 5.8	Ti: 5 (C- 0.02) ~0.80	950~1050 水淬或空淬	≥635	—	≥20	—	—	硝酸及硝酸工业设备及管道、尿素液蒸发部分设备及管道
	022Cr22Ni 5Mo3N	≤0.030	21~ 23	4.5~ 6.5	Mo: 2.5 ~3.5	950~1200 水淬	≥620	≥450	≥25	—	≤290	耐应力腐蚀、耐点蚀，应用于石化、造船、核电等领域

　　1）马氏体不锈钢。常用的马氏体不锈钢是指 Cr13 型不锈钢，典型牌号有 12Cr13、20Cr13、30Cr13、40Cr13 等。这类不锈钢中碳的质量分数一般为 0.1%～0.4%，铬的质量分数一般为 12%～14%，属于铬不锈钢。因其淬火后能获得马氏体组织，故称马氏体不锈钢。随着钢中含碳量的增加，马氏体不锈钢的强度、硬度和耐磨性增加，但耐蚀性下降。

　　马氏体不锈钢一般是在弱腐蚀条件下工作的，含碳量较低的 12Cr13、20Cr13 钢，具有良好的抗大气、海水、蒸汽等介质腐蚀的能力，塑性、韧性很好，适用于制造承受冲击载荷的耐蚀零件，如汽轮机叶片（图 4-59）、水压机阀等。这两种钢通常在淬火+高温回火后使用，其组织为回火索氏体。

　　含碳量较高的 40Cr13 和 95Cr18 钢，经淬火+低温回火后，组织为回火马氏体和少量碳化物，具有较高的强度、硬度可达 50HRC 以上，常用于制造轴承、量具、刃具、医疗器械（图 4-60）等耐磨零件。

图 4-59　汽轮机叶片

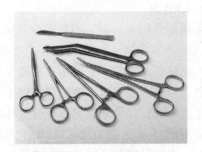

图 4-60　医疗器械

　　2）铁素体不锈钢。铁素体不锈钢中碳的质量分数小于 0.15%，铬的质量分数为 12%～30%，也属于铬不锈钢。由于铬是缩小奥氏体相区的合金元素，所以这种钢从室温加热到 960～1100℃ 的高温，其组织始终是单相铁素体。其耐蚀性、塑性、焊接性能均优于马氏体不锈钢。典型牌号有 10Cr17、10Cr17Mo、06Cr13Al 等。

图 4-61　厨房装备

　　铁素体不锈钢通常在退火或正火状态下使用，强度较低，塑性很好，可通过形变强化提高强度。主要用于制造对力学性能要求不高、耐蚀性要求很高的零件，广泛用于硝酸和氮肥工业中，也可用于厨房装备（图 4-61）、建筑装饰等。

　　3）奥氏体不锈钢。奥氏体不锈钢是目前应用最广泛的不锈钢，属于铬镍不锈钢。典型的奥氏体不锈钢为 18-8 型。奥氏体不锈钢中碳的质量分数很低，一般小于 0.15%，钢中的合金元素以铬和镍为主，铬的质量分数为 17%～19%，镍的质量分数为 8%～11%。由于镍的加入，扩大了奥氏体相区，因而在室温下可获得单相的奥氏体组织，故奥氏体不锈钢具有较好的耐蚀性和耐热性。奥氏体不锈钢的强度、硬度较低，无磁性，塑性、韧性及耐蚀性优于马氏体不锈钢，适宜于冷态成形，焊接性能好，但切削加工性能较差。

　　常用的奥氏体不锈钢有 06Cr19Ni10、12Cr18Ni9、06Cr18Ni11Ti 等，主要用于制造在硝酸、磷酸、有机酸及碱溶液等强腐蚀介质中工作的零件、容器、管道及医疗器械、抗磁仪表等。

奥氏体不锈钢的主要缺点是有晶间腐蚀倾向，即将奥氏体不锈钢在450~850℃保温一段时间后，在晶界处会析出 $Cr_{23}C_6$ 碳化物，从而使晶界附近的铬含量小于11.7%（质量分数），使晶界附近出现腐蚀，这种现象称为晶间腐蚀。晶间腐蚀会促使晶粒之间的结合力严重丧失，轻者在弯曲时产生裂纹，重者可使金属完全粉碎。目前防止奥氏体不锈钢产生晶间腐蚀常采取的方法是降低钢中碳的质量分数、加入能形成稳定碳化物的元素（钛或铌）及进行稳定化处理。

奥氏体不锈钢在退火状态下并非是单相奥氏体组织，还含有少量的碳化物。为了获得单相奥氏体组织，提高耐蚀性，需要在1100℃左右加热，使所有碳化物都溶入奥氏体，然后在水中快速冷却，以获得单相奥氏体组织，这种处理称为固溶处理。经固溶处理后，奥氏体不锈钢的耐蚀性、塑性、韧性提高，但强度、硬度降低。

2. 耐热钢

耐热钢是指在高温下不易发生氧化并具有较高强度的钢，包括抗氧化钢和热强钢两类。

（1）抗氧化钢　抗氧化钢是指在高温下有良好的抗氧化能力，并具有一定强度的钢，又称为耐热不起皮钢。主要用于在高温下工作而强度要求不高的零件。这类钢常加入足够的铬、硅、铝等合金元素，使钢在高温下与氧接触时表面形成致密的高熔点氧化膜，严密地覆盖在钢的表面，以隔绝高温氧化性气体对钢的继续腐蚀。

常用的抗氧化钢有26Cr18Mn12Si2N、22Cr20Mn10Ni2Si2N等，其最高工作温度可达1000℃，用于制造各种加热炉内结构件。如加热炉底板、马弗罐、加热炉传送带料盘等。

（2）热强钢　热强钢是指在高温下有良好的抗氧化能力，同时具有较高强度及良好的组织稳定性的钢。这类钢常加入铬、镍、钨、钼、钒、硅等合金元素，以提高钢的高温强度和高温抗氧化能力。

常用的热强钢按正火状态下的组织不同，分为珠光体型、马氏体型和奥氏体型等。

1）珠光体型热强钢。这类钢的使用温度为450~600℃。按含碳量及应用特点不同分为低碳热强钢和中碳热强钢。低碳珠光体型热强钢具有优良的冷、热加工性能，主要用于锅炉、钢管等，常用牌号有15CrMo、12Cr1MoV等。中碳珠光体型热强钢在调质状态下具有优良的高温综合力学性能，主要用于耐热的紧固件、汽轮机转子、主轴、叶轮等，常用牌号有25Cr2MoV、35CrMoV等。

2）马氏体型热强钢。这类钢的使用温度为580~650℃。这类钢的合金元素含量较高，淬透性好，抗氧化性及高温强度高，多在调质状态下使用。主要用于制造对耐热性、耐蚀性和耐磨性要求都较高的汽轮机叶片、汽车发动机排气阀（图4-62）等。常用牌号有13Cr13Mo、14Cr11MoV、18Cr12MoVNbN、42Cr9Si2、40Cr10Si2Mo等。

图4-62　发动机排气阀

3）奥氏体型热强钢。奥氏体型热强钢中合金元素含量很高，其耐热性优于珠光体型和马氏体型热强钢。一般用于工作温度为600~700℃的零件。奥氏体热强钢的冷塑性变形及焊接性能较好，但切削加工性能差。广泛用于制造汽轮机叶片、发动机阀等零件。常用牌号有06Cr18Ni11Ti、

45Cr14Ni14W2Mo 等。

　　汽车上用耐热钢制造的零件有发动机的进、排气门，涡流室镶块，涡轮增压器转子（图 4-63）和排气净化装置等。国产汽车的气门用钢主要有 40Cr10Si2Mo、45Cr9Si3、80Cr20Si2Ni 等。

3. 耐磨钢

　　耐磨钢是指在强烈的冲击和严重的磨损条件下，具有良好的韧性和耐磨性配合的钢。

　　（1）化学成分　耐磨钢中碳的质量分数为 1.0%～1.45%，以保证钢的耐磨性和强度；锰的质量分数为 11%～14%，以保证完全获得奥氏体组织。因锰的质量分数高，故又称高锰耐磨钢。

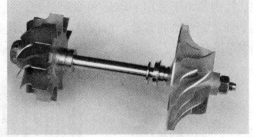

图 4-63　涡轮增压器转子

　　（2）热处理　由于高锰钢极易加工硬化，致使切削加工困难，所以大多数高锰钢零件都采用铸造成型。铸造成型后，高锰钢组织中存在着沿奥氏体晶界析出的碳化物，使钢的性能又硬又脆，特别是冲击韧性和耐磨性较低，因此必须对高锰钢进行水韧处理。所谓水韧处理，是将高锰钢铸件加热到 1050～1100℃，使碳化物全部溶解到奥氏体中，然后在水中快速冷却，防止碳化物析出，即可获得单一的、过饱和的奥氏体组织。经水韧处理后高锰钢的强度、硬度较低（180～200HBW），而塑性、韧性较好。但当工作时受到强烈的冲击、压力或摩擦后，表面会由于塑性变形而产生强烈的加工硬化，并发生奥氏体向马氏体的转变，使零件表面的硬度达到 50～58HRC，从而使金属表层具有高的硬度和耐磨性，而心部仍保持原来奥氏体所具有的高韧性与塑性。当表面磨损后，新露出的表面又因受到冲击及摩擦获得新的耐磨层。所以这种钢具有很高的抗冲击能力与耐磨性。

　　（3）用途　常用耐磨钢的牌号是 ZG120Mn13，主要用于制造在工作中受冲击和压力并要求耐磨的零件，如球磨机的衬板、破碎机颚板、坦克履带板（图 4-64）、挖掘机铲齿（图 4-65）、铁路道岔、防弹钢板等。

图 4-64　坦克履带板

图 4-65　挖掘机铲齿

4.3　铸铁

　　铸铁是碳的质量分数大于 2.11%（一般为 2.5%～4.0%）的铁碳合金。它是以铁、碳、硅为主要组成元素，并比碳钢含有较多的锰、硫、磷等杂质的多元合金。

铸铁在工业生产中应用非常广泛，据统计，在农业机械中铸铁件约占 40%～60%，汽车制造业中约占 50%～70%，而在机床和重型机械中约占 60%～90%。铸铁之所以能得到广泛应用，是因为其生产设备和工艺比较简单、价格便宜，同时具有良好的使用性能和工艺性能，特别是由于采用了球化和变质处理，使铸铁的力学性能有了很大提高，很多原来用碳钢、合金钢制造的零件，目前已被铸铁所代替，从而使铸铁的应用更为广泛。图 4-66 所示为常见的铸铁件。

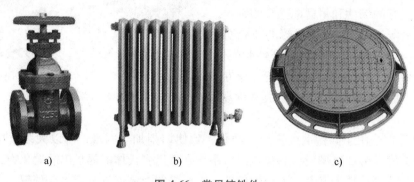

a)　　　　　　　　　b)　　　　　　　　　c)

图 4-66　常见铸铁件

a）阀体　b）暖气片　c）井盖

4.3.1　铸铁的石墨化及其影响因素

1. 铸铁的石墨化

铸铁中石墨的形成过程称为石墨化。铸铁中的碳可能以两种形式存在，即化合态的渗碳体（Fe_3C）和游离态的石墨（G）。石墨的含碳量为 100%，具有简单的六方晶格结构，如图 4-67 所示。原子呈层状排列，同层原子间距较小（0.142nm），原子间结合力较强；而层与层之间间距较大（0.340nm），结合力较弱，因此极易沿层与层之间滑动，使晶体形状容易成片状，故石墨的强度、塑性、韧性较低，硬度仅为 3HBW。石墨与渗碳体的性能相差较大，因此碳在铸铁中是以渗碳体的形式存在还是以石墨的形式存在，对铸铁的性能会产生很大的影响。

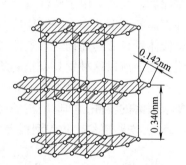

图 4-67　石墨的晶体结构

2. 影响石墨化的因素

影响石墨化的主要因素是铸铁的化学成分和冷却速度。

（1）化学成分　铸铁中影响石墨化的元素主要是碳、硅、锰、硫、磷。其中，碳和硅是强烈促进石墨化的元素，铸铁中碳和硅的质量分数越高，石墨化程度就越充分。锰是阻碍石墨化的元素，但锰能和硫化合而形成硫化锰，减弱了硫对石墨化的不利影响。从某种意义上说，锰是间接促进石墨化的元素。所以，铸铁中允许有适量的锰。硫是强烈阻碍石墨化的元素，硫还会降低铁液的流动性，导致铸铁产生热裂，所以铸铁中硫的含量越低越好。磷也是促进石墨化的元素，但作用不强烈，且磷的存在对铸铁的性能有不利影响，应严格控制磷的含量。

（2）冷却速度 在铸铁的结晶过程中，冷却速度对石墨化影响很大。冷却速度越慢，越有利于石墨化。

在铸造生产中，冷却速度的大小主要与浇注温度、铸件壁厚和造型材料有关。浇注温度越高，金属液在结晶前有足够的热量预热铸型，使铸件在结晶过程中具有较低的冷却速度，从而有利于石墨化的进行。对于厚壁铸件，由于冷却速度较慢，也有利于石墨化的进行。造型材料不同，其导热性是不同的，铸件在金属型中的冷却速度比砂型中快，在湿砂型中的冷却速度比在干砂型中快。

石墨可以从液体和奥氏体中析出，也可以从渗碳体的分解中得到。由于石墨化程度的不同，铸铁的常见组织有以下几种。

1）石墨化非常充分时，铸铁的最终组织为铁素体基体上分布着石墨（F+G）。

2）石墨化比较充分时，铸铁的最终组织为珠光体基体上分布着石墨或铁素体与珠光体基体上分布着石墨（P+G 或 F+P+G）。

3）石墨化不太充分时，铸铁的最终组织为莱氏体与珠光体基体上分布着石墨。

4）当石墨化未进行时，铸铁的最终组织为莱氏体、珠光体和渗碳体。

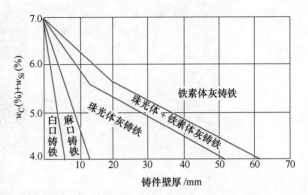

图 4-68 化学成分和冷却速度对石墨化的影响

图 4-68 所示为化学成分（碳、硅含量）和冷却速度（壁厚）对石墨化的影响。可见，铸件壁越薄，碳、硅含量越低，越易形成白口组织（即碳以化合态的渗碳体的形式存在）。

3. 铸铁的分类

根据碳在铸铁中的存在形式不同，铸铁可分为白口铸铁、灰铸铁和麻口铸铁。

（1）白口铸铁 白口铸铁中的碳全部或大部分以化合态渗碳体的形式存在，因其断口呈白亮色，故称白口铸铁。白口铸铁硬度高、脆性大，很难切削加工，故很少直接用来制造机械零件，主要用作炼钢原料及可锻铸铁的毛坯。有时也利用其硬而耐磨的特性铸造出表面有一定深度的白口层，中心为灰铸铁的铸件，称为冷硬铸铁件。冷硬铸铁应用于一些耐磨的零件，如犁铧、球磨机的磨球、火车轮圈等。

（2）灰铸铁 灰铸铁中的碳主要以石墨的形式存在，因其断口呈暗灰色而得名。灰铸铁由于有一定的力学性能和良好的切削加工性能，因此是工业生产中应用最广泛的一种铸铁。

根据石墨形态不同，灰铸铁又分为片墨铸铁、球墨铸铁、可锻铸铁和蠕墨铸铁，石墨的形状分别为片状、球状、团絮状及蠕虫状，如图 4-69 所示。

（3）麻口铸铁 麻口铸铁中的碳一部分以石墨的形式存在，另一部分以渗碳体的形式存在，断口呈灰白相间的麻点。这类铸铁脆性大、硬度高，难以加工，工业上很少应用。

此外，为了进一步提高铸铁的性能或得到某种特殊性能，向铸铁中加入一种或多种合金元素（Cr、Cu、W、Al、B 等），可得到合金铸铁（特殊性能铸铁），如耐磨铸铁、耐热铸

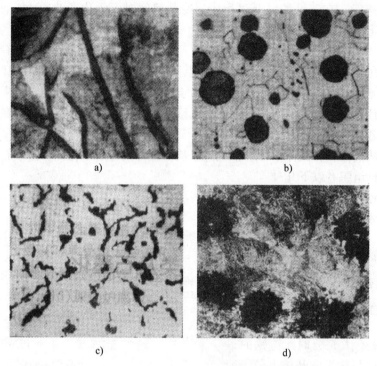

图 4-69 灰铸铁中石墨的形状

a）片墨铸铁（片状石墨） b）球墨铸铁（球状石墨）

c）蠕墨铸铁（蠕虫状石墨） d）可锻铸铁（团絮状石墨）

铁、耐蚀铸铁等。

4.3.2 常用铸铁

1. 灰铸铁

灰铸铁是工业生产中应用最广泛的一种铸铁，在各类铸铁生产中，灰铸铁的生产占铸铁生产总量的 80% 以上。

（1）灰铸铁的组织 灰铸铁的组织由碳钢的基体加片状石墨组成。按基体组织不同，灰铸铁分为铁素体灰铸铁、铁素体-珠光体灰铸铁和珠光体灰铸铁 3 类，如图 4-70 所示。

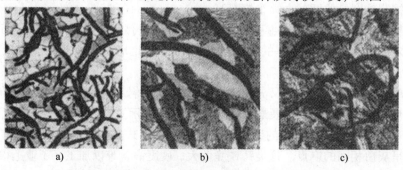

图 4-70 灰铸铁的显微组织

a）铁素体灰铸铁 b）铁素体-珠光体灰铸铁 c）珠光体灰铸铁

（2）灰铸铁的性能

1）力学性能。灰铸铁的力学性能取决于基体的组织和石墨的形态。由于石墨的强度极低，因此可以把铸铁看成是布满裂纹和孔洞的钢。石墨的存在不仅破坏了金属基体的连续性，而且减少了金属基体承受载荷的有效截面，使实际应力大大增加；另一方面，在石墨尖角处易造成应力集中，使尖角处的应力远大于平均应力。所以，灰铸铁的抗拉强度、塑性和韧性远低于钢。石墨片的数量越多、尺寸越大、分布越不均匀，对力学性能的影响就越大。但石墨的存在对灰铸铁的抗压强度影响不大，因为抗压强度主要取决于灰铸铁的基体组织，灰铸铁的抗压强度与钢相近。因此，灰铸铁"抗压不抗拉"。

3 种不同基体的灰铸铁中，铁素体灰铸铁的强度、硬度和耐磨性最低，但塑性较好；珠光体灰铸铁的强度、硬度、耐磨性较高，但塑性较差；铁素体-珠光体灰铸铁的性能介于以上两者之间。

2）铸铁的特殊性能。石墨虽然降低了灰铸铁的力学性能，但由于石墨的存在，也使灰铸铁具有钢所不及的一些特殊性能。

① 良好的铸造性能。由于铸铁具有接近共晶的成分，熔点低，流动性好，收缩率小，同时石墨析出时体积的膨胀也可部分抵消铸件凝固及冷却过程中的收缩，因此铸铁适宜制造形状复杂或薄壁铸件。

② 良好的减振性能。铸铁中的石墨对振动可起到缓冲的作用，阻止振动的传播，因此铸铁适宜制造承受振动的机床底座、机架、机身和箱体类零件。

③ 良好的减摩性。石墨本身是一种良好的润滑剂，在使用过程中石墨剥落后留下的孔隙具有吸附和储存润滑油的作用，使摩擦面上的油膜易于保持而具有良好的减摩性。

④ 良好的切削加工性能。由于石墨割裂了基体，使铸铁的切屑容易脆断，同时石墨对刀具有一定的润滑作用，使刀具磨损减小，所以灰铸铁的切削加工性能优于钢。

⑤ 缺口敏感性较低。钢常因表面有缺口（油孔、键槽、刀痕等）造成应力集中，使力学性能显著降低，故钢的缺口敏感性大。而铸铁中的石墨本身就相当于很多小的缺口，致使外来缺口的作用相对减弱，因此铸铁对缺口的敏感性较低。

（3）灰铸铁的变质处理（孕育处理）　灰铸铁因组织中存在片状石墨，其力学性能较低。为了改善灰铸铁的组织，提高其力学性能，可对灰铸铁进行变质处理。

灰铸铁的变质处理就是在浇注前向铁液中加入少量变质剂（硅铁或硅钙合金），改变铁液的结晶条件，以获得细小的珠光体基体和细小且均匀分布的片状石墨组织。经变质处理后的灰铸铁称为变质铸铁或孕育铸铁。灰铸铁经变质处理后强度有较大的提高，塑性和韧性也得到改善，常用于要求力学性能较高、截面尺寸较大的铸件。

（4）灰铸铁的牌号及用途

1）牌号。灰铸铁的牌号由"HT+数字"表示，其中"HT"代表"灰铁"二字，后面的数字表示其最小抗拉强度值。如 HT250 表示最小抗拉强度为 250MPa 的灰铸铁。常用灰铸铁的牌号与用途见表 4-17。

2）用途。由于灰铸铁具有以上一系列性能特点，而且生产成本比钢低得多，因此被广泛用于制造各种受力不大或以承受压应力为主和要求减振性好的机床床身（图 4-71）与

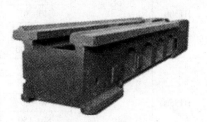

图 4-71　机床床身

机架、结构复杂的泵体（图 4-72）与箱体、承受摩擦的气缸体（图 4-73）与导轨等。

图 4-72 泵体

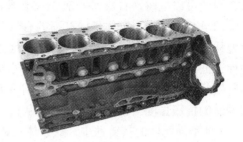

图 4-73 气缸体

表 4-17 常用灰铸铁的牌号与用途（摘自 GB/T 9439—2010）

牌号	铸铁类别	铸件壁厚/mm	铸件最小抗拉强度/MPa	适用范围及用途举例
HT100	铁素体灰铸铁	5~40	100	适用于载荷小，对摩擦磨损无特殊要求的零件，如盖、外罩、油盘、手轮、支架、底板、重锤等
HT150	铁素体-珠光体灰铸铁	5~10	155	适用于承受中等应力的零件，如普通机床上的支柱、底座、齿轮箱、刀架、床身、轴承座、工作台、带轮等
		10~20	130	
		20~40	110	
		40~80	95	
		80~150	80	
		150~300	—	
HT200	珠光体灰铸铁	5~10	205	适用于承受大载荷的重要零件，如汽车、拖拉机的气缸体、气缸盖、制动轮等
		10~20	180	
		20~40	155	
		40~80	130	
		80~150	110	
		150~300	—	
HT250		5~10	250	适用于承受大应力、重要的零件，如联轴器盘、液压缸、阀体、泵体、泵壳、化工容器及活塞等
		10~20	225	
		20~40	195	
		40~80	170	
		80~150	155	
		150~300	—	
HT300	孕育铸铁	10~20	270	适用于承受高载荷、高气密性和要求耐磨的重要零件，如剪床、压力机等重型机床的床身、机座、机架，以及受力较大的齿轮、凸轮、衬套、大型发动机的气缸体、气缸套、气缸盖、液压缸、泵体、阀体等
		20~40	240	
		40~80	210	
		80~150	195	
		150~300	—	
HT350		10~20	315	
		20~40	280	
		40~80	250	
		80~150	225	
		150~300	—	

（5）灰铸铁的热处理　灰铸铁的热处理只能改变基体的组织，而不能改变石墨的形状、大小、数量和分布情况。所以，灰铸铁的热处理一般只用于消除铸件内应力和白口组织、稳定尺寸、提高工件表面的硬度和耐磨性。

1）去应力退火。在热处理炉中，将铸件加热到 500~600℃，保温一段时间后随炉缓冷至 150~200℃以下出炉空冷，用以消除铸件在凝固过程中因冷却不均匀而产生的铸造应力，防止铸件在加工和使用过程中产生变形和裂纹。有时把铸件放置在露天场地数月甚至一年以上，使铸造应力得到松弛，这种方法称为自然时效。大型灰铸铁件常常用此法来消除铸造应力。

2）消除铸件白口的高温退火。铸件在冷却过程中由于表层及薄壁处冷却速度较快，出现白口组织，使铸件的硬度和脆性增加，造成切削加工困难并影响正常使用。消除白口的高温退火工艺是：在热处理炉中，将铸件加热到 800~950℃，保温 1~3h，然后随炉冷却到 400~500℃出炉空冷，使渗碳体分解为铁素体和石墨。

3）表面淬火。用灰铸铁制造的机床导轨表面和内燃机气缸套内壁等摩擦工作表面，需要有较高的硬度和耐磨性，可以采用表面淬火的方法来提高表面硬度，延长使用寿命。常用的方法有火焰淬火，高（中）频感应淬火和接触电阻加热淬火。

2. 可锻铸铁

可锻铸铁俗称马铁或玛钢，它是由白口铸铁经长时间的高温石墨化退火而获得的具有团絮状石墨组织的铸铁。因其塑性优于灰铸铁而得名，实际上可锻铸铁并不能进行锻造加工。

（1）可锻铸铁的组织及性能　可锻铸铁的组织一般为铁素体基体+团絮状石墨或珠光体基体+团絮状石墨，如图 4-74 所示。铁素体基体的可锻铸铁因其断口呈黑色，故称黑心可锻铸铁。

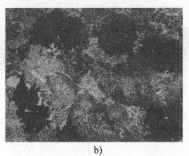

a)　　　　　　　　　　　　　　　b)

图 4-74　可锻铸铁的显微组织

a）铁素体可锻铸铁　b）珠光体可锻铸铁

可锻铸铁因基体组织不同，其性能也不相同。黑心可锻铸铁具有较高的塑性和韧性，而珠光体可锻铸铁则具有较高的强度、硬度和耐磨性，但塑性和韧性低于黑心可锻铸铁。

由于可锻铸铁中的石墨呈团絮状，极大程度地减轻了对金属基体的割裂作用和引起的应力集中，所以其强度比灰铸铁高很多，塑性和韧性也有较大的提高。

（2）可锻铸铁的牌号及用途

1）牌号。可锻铸铁的牌号是由"KTH"或"KTZ"和两组数字组成。其中"KT"是可锻铸铁的代号，"H"表示黑心可锻铸铁，"Z"表示珠光体可锻铸铁；代号后面的两组数字分别表示最低抗拉强度值（MPa）和最低断后伸长率的百分数。例如：牌号 KTH300-06 表示最低抗拉强度为 300MPa，最低断后伸长率为 6% 的黑心可锻铸铁。

2）用途。由于可锻铸铁既有较好的铸造性能，又有较高的强度和一定的塑性及韧性，因此主要用于制造形状复杂、强度和韧性要求较高的薄壁零件，如汽车的后桥壳（图 4-75）、轮毂（图 4-76）、制动踏板，供排水系统和煤气管道的管件接头

图 4-75 汽车后桥壳

（图 4-77）、阀门壳体等。当铸件壁较厚、尺寸较大时，其心部的冷却速度不够快，铁液浇注时难以获得整个截面的白口组织，所以仅适用于薄壁和小型零件。

图 4-76 轮毂

图 4-77 管件接头

虽然可锻铸铁的力学性能比灰铸铁好，但它所用的原料是白口铸铁，成本较高，而且仅适用于薄壁和小型零件，所以随着球墨铸铁的发展，原来使用可锻铸铁制造的零件逐渐被球墨铸铁替代。常用可锻铸铁的牌号、力学性能及用途举例见表 4-18。

表 4-18 常用可锻铸铁的牌号、力学性能及用途举例

种 类	牌 号	力学性能（≥）			适用范围及用途举例
		R_m/MPa	A（%）	硬度 HBW	
黑心可锻铸铁	KTH275-05	275	5	≤150	适用于在冲击载荷和静载荷作用下要求气密性好的零件，如管道配件，中低压阀门等
	KTH300-06	300	6		
	KTH330-08	330	8		适用于承受中等冲击载荷和静载荷的零件，如机床扳手、车轮壳、钢丝绳轧头等
	KTH350-10	350	10		适用于在较高的冲击、振动及扭转负荷下工作的零件，如汽车的后桥壳、差速器壳、前后轮毂、万向节壳、管道接头等
	KTH370-12	370	12		
珠光体可锻铸铁	KTZ450-06	450	6	150~200	适用于承受较高载荷、耐磨损，并要求有一定韧性的重要零件，如曲轴、凸轮轴、连杆、车轮、摇臂、活塞环、万向节叉、棘轮、扳手等
	KTZ500-05	500	5	165~215	
	KTZ550-04	550	4	180~230	
	KTZ600-03	600	3	195~245	
	KTZ650-02	650	2	210~260	
	KTZ700-02	700	2	240~290	
	KTZ800-01	800	1	270~320	

3. 球墨铸铁

球墨铸铁是在灰铸铁的铁液中加入球化剂（稀土镁合金）和孕育剂（硅铁），进行球化-孕育处理后得到的具有球状石墨的铸铁。

（1）球墨铸铁的组织及性能　球墨铸铁的组织可看成是碳钢的基体+球状石墨。按基体组织不同，常用的球墨铸铁有铁素体球墨铸铁、铁素体-珠光体球墨铸铁、珠光体球墨铸铁、马氏体球墨铸铁和贝氏体球墨铸铁等，如图 4-78 所示。

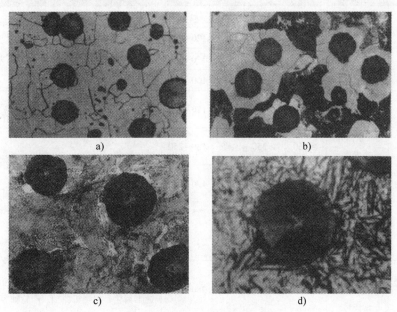

a)　　　　　　　　　　　　　　　b)

c)　　　　　　　　　　　　　　　d)

图 4-78　球墨铸铁的显微组织

a）铁素体球墨铸铁　b）铁素体-珠光体球墨铸铁　c）珠光体球墨铸铁　d）贝氏体球墨铸铁

由于球墨铸铁中石墨呈球状，对基体的割裂作用和引起的应力集中减至最小，因此基体的强度利用率高。在所有铸铁中，球墨铸铁的力学性能最高，与相应组织的铸钢相似；其冲击疲劳抗力高于中碳钢；屈强比是钢的 2 倍。但球墨铸铁的塑性和韧性均低于铸钢。

球墨铸铁的力学性能与基体组织和石墨的状态有关。石墨球越细小、越圆整、分布越均匀，则球墨铸铁的强度、塑性、韧性越好。铁素体基体具有较高的塑性和韧性；珠光体基体的强度、硬度和耐磨性较高；马氏体基体的硬度最高，但韧性最低；贝氏体基体具有良好的综合力学性能。

球墨铸铁具有近似于灰铸铁的某些优良的铸造性能、减摩性、切削加工性能等。但球墨铸铁也有一些缺点，如化学成分要求严格，白口倾向大，凝固时收缩率大等，因而对熔炼、铸造工艺要求高，生产成本高。

由于球状石墨对基体的割裂作用不大，因此球墨铸铁可通过热处理进行强化。常用的热处理方法有退火、正火、调质、等温淬火等，也可以进行表面淬火、渗氮等。其工艺过程可参考有关热处理资料。

（2）球墨铸铁的牌号及用途　球墨铸铁的牌号由"QT"和两组数字组成。其中"QT"是球墨铸铁的代号，代号后面的两组数字分别表示最低抗拉强度值（MPa）和最低断后伸长率的百分数。例如：牌号 QT600-3 表示最低抗拉强度为 600MPa，最低断后伸长率为 3% 的球墨铸铁。常用球墨铸铁的牌号、力学性能及用途见表 4-19。

表 4-19 常用球墨铸铁的牌号、力学性能及用途

牌 号	基体组织类型	力学性能				适用范围及用途举例
		$R_m/$ MPa	$R_{p0.2}/$ MPa	A (%)	硬度 HBW	
QT350-22	铁素体	≥350	≥220	≥22	≤160	承受冲击、振动的零件，如汽车、拖拉机的轮毂、驱动桥壳、差速器壳、拨叉，农机具零件，中低压阀门，上、下水及输气管道，电机机壳、齿轮箱、飞轮壳等
QT400-18	铁素体	≥400	≥250	≥18	120~175	
QT400-15	铁素体	≥400	≥250	≥15	120~180	
QT450-10	铁素体	≥450	≥310	≥10	160~210	
QT500-7	铁素体+珠光体	≥500	≥320	≥7	170~230	机器座架、传动轴、飞轮、电动机架、内燃机的机油泵齿轮、铁路机车车辆轴瓦等
QT550-5	铁素体+珠光体	≥550	≥350	≥5	180~250	载荷大、受力复杂的零件，如汽车、拖拉机的曲轴、连杆、凸轮轴、气缸套，部分磨床、铣床、车床的主轴，机床蜗杆、蜗轮，轧钢机轧辊、大齿轮，小型水轮机主轴，气缸体，桥式起重机大、小滚轮等
QT600-3	铁素体+珠光体	≥600	≥370	≥3	190~270	
QT700-2	珠光体	≥700	≥420	≥2	225~305	
QT800-2	珠光体或索氏体	≥800	≥480	≥2	245~335	
QT900-2	回火马氏体或托氏体+索氏体	≥900	≥600	≥2	280~360	高强度齿轮，如汽车后桥螺旋锥齿轮，大型减速器齿轮，内燃机曲轴、凸轮轴等

球墨铸铁在一定条件下可以代替铸钢、锻钢等，用于制造受力复杂、载荷较大和要求耐磨的铸件，如汽车发动机、曲轴（图 4-79）、凸轮轴（图 4-80）、齿轮、蜗轮（图 4-81）等。曲轴是球墨铸铁在汽车上应用最成功的典型零件，东风 5t 载货汽车的 6100 汽油机采用球墨铸铁曲轴已有 20 多年。汽车工业是球墨铸铁的主要用户，在发达的工业化国家中，球墨铸铁件的总产量中约有 20%~40% 用于汽车。

图 4-79 汽车发动机曲轴

4. 蠕墨铸铁

蠕墨铸铁是在灰铸铁的铁液中加入适量的蠕化剂和孕育剂，经蠕化-孕育处理后获得的

图 4-80 凸轮轴

图 4-81 蜗轮

具有蠕虫状石墨的铸铁。目前常用的蠕化剂有稀土镁钛合金、稀土硅铁合金和稀土硅钙合金等。

（1）蠕墨铸铁的组织及性能　蠕墨铸铁的组织由碳钢的基体和蠕虫状石墨组成。其基体也有铁素体基体、铁素体-珠光体基体和珠光体基体 3 种。

由于蠕墨铸铁中的石墨呈蠕虫状（类似于片状，但片短而厚，头部较圆、较钝，形似蠕虫），对基体的割裂作用介于灰铸铁与可锻铸铁之间，因此其力学性能也介于灰铸铁与可锻铸铁之间。蠕墨铸铁既具有灰铸铁良好的导热性、减振性、切削加工性能和铸造性能，又有比灰铸铁更高的抗拉强度、塑性和韧性。

（2）蠕墨铸铁的牌号及用途　蠕墨铸铁的牌号由"RuT"和一组数字组成。其中"RuT"是蠕墨铸铁的代号，代号后面的数字表示最低抗拉强度值（MPa）。例如：牌号 RuT300 表示最低抗拉强度为 300MPa 的蠕墨铸铁。常用蠕墨铸铁的牌号、力学性能及用途见表 4-20。

表 4-20　蠕墨铸铁的牌号、力学性能及用途（摘自 GB/T 26655—2011）

牌号	基体类型	力学性能（≥）				应用举例
		R_m/MPa	$R_{p0.2}$/MPa	A（%）	硬度 HBW	
RuT300	铁素体	300	210	2.0	140~210	排气歧管；大功率船用、机车、汽车和固定式内燃机缸盖；增压器壳体；纺织机、农机零件
RuT350	铁素体+珠光体	350	245	1.5	160~220	机床底座；托架和联轴器；大功率船用、机车、汽车和固定式内燃机缸盖；钢锭模、铝锭模；焦化炉炉门、门框、保护板、桥管阀体、装煤孔盖座；变速箱体；液压件
RuT400	珠光体+铁素体	400	280	1.0	180~240	内燃机的缸体和缸盖；机床底座、托架和联轴器；载重卡车制动鼓、机车车辆制动盘；泵壳和液压件；钢锭模、铝锭模、玻璃模具
RuT450	珠光体	450	315	1.0	200~250	汽车内燃机的缸体和缸盖；载重卡车制动盘；泵壳和液压件；玻璃模具；活塞环
RuT500	珠光体	500	350	0.5	220~260	高负荷内燃机缸体；气缸套

蠕墨铸铁主要应用于经受热循环载荷、要求组织致密、强度较高、形状复杂的零件，如大型柴油机的气缸体、制动鼓，大型电动机外壳（图 4-82），阀体，机座等。汽车上主要用于制造柴油机气缸盖，进、排气歧管（图 4-83），制动盘和制动鼓等。

图 4-82　大型电动机外壳

图 4-83　进、排气歧管

5. 合金铸铁

为满足工业上对铸铁的特殊性能要求，向铸铁中加入某些合金元素，从而可获得具有特殊性能的铸铁，包括耐热铸铁、耐磨铸铁和耐蚀铸铁。汽车中常用的有耐热铸铁和耐磨铸铁。

（1）耐热铸铁　普通铸铁加热到450℃以上的高温时，会发生表面氧化和"热生长"现象。热生长是指铸铁在高温下氧化性气氛沿石墨片边界和裂纹渗入铸铁内部，形成内氧化以及因渗碳体分解成石墨产生的体积不可逆膨胀现象，严重时胀大10%左右，使铸铁体积发生变化，力学性能降低，出现显微变形和裂纹。

耐热铸铁是在铸铁中加入硅、铝、铬等元素，使铸件表面在高温下形成一层致密的氧化膜，将内层金属与氧化介质隔绝，使内层金属在高温时不被氧化，从而提高了铸铁的耐热性。

常用耐热铸铁有高硅和铝硅耐热球墨铸铁。例如：QTRSi5是硅耐热球墨铸铁，使用温度可达850℃，应用于炉条、烟道挡板、换热器等。QTRAl5Si5是硅铝耐热球墨铸铁，使用温度可达1050℃，应用于加热炉底板（图4-84）、钩链、焙烧机构件等。耐热铸铁在汽车上主要用于制造高温下工作的发动机进、排气门座和排气管密封环等。

（2）耐磨铸铁　耐磨铸铁是在灰铸铁中加入铬、钼、铜、钛、磷等合金元素而形成的。磷在铸铁中能形成硬而脆的磷化物，从而提高铸铁的耐磨性；铬、钼、铜在铸铁中使组织细化，既能提高硬度和耐磨性，又能提高强度和韧性。

常用的耐磨铸铁有高磷耐磨铸铁和铬钼铜耐磨铸铁等。主要用于制造在高温下强烈摩擦的零件，如汽车的气缸套（图4-85）、活塞环、排气门座圈等。

图4-84　加热炉底板

图4-85　气缸套

（3）耐蚀铸铁　耐蚀铸铁是指在腐蚀性介质中工作时，具有抵抗腐蚀能力的铸铁。提高铸铁耐蚀性的途径基本上与不锈钢相同，一般加入一定量的硅、铝、铬、镍、铜等合金元素，使其在铸铁表面形成一层连续致密的保护膜，阻止腐蚀继续进行，同时可提高铸铁基体的电极电位，从而提高铸铁的耐蚀性。

图4-86　耐酸泵

耐蚀铸铁主要用于化工机械领域，如制造容器、管道、阀门、耐酸泵（图4-86）等。

【案例分析】布列尔把几块没有锈迹的钢件拣出来进行了详细研究，研究结果表明，碳的质量分数为0.24%、铬的质量分数为12.8%的铬钢在任何情况下都不易生锈。于是布列尔用这种钢材制成了"不锈钢"餐刀，并于1916年取得英国专利并大量生产，至此，从垃圾堆中偶然发现的不锈钢风靡全球，亨利·布列尔被誉为"不锈钢之父"。

拓展知识

国家体育场（鸟巢）用钢

国家体育场（鸟巢）位于北京奥林匹克公园中心区南部，为2008年北京奥运会的主体育场。工程总占地面积$21×10^4 m^2$，场内观众座席约为91000个。举行了奥运会、残奥会开闭幕式，田径比赛及足球比赛决赛。奥运会后成为北京市民参与体育活动及享受体育娱乐的大型专业场所，并成为地标性的体育建筑和奥运遗产。

"鸟巢"（图4-87）设计用钢量4.2万t，是目前国内外体育场馆中用钢量最多、规模最大、施工难度特别大的工程之一。尤其是巢结构受力最大的柱脚部位，材料的好坏、焊接质量的高低直接影响整个工程的安全性。"鸟巢"的外形结构主要由巨大的门式钢架组成，共有24根桁架柱。国家体育场建筑顶面呈鞍形，长轴为332.3m，短轴为296.4m，最高点高度为68.5m，最低点高度为42.8m。

图4-87 国家体育场"鸟巢"及"鸟巢"一角

"鸟巢"结构设计奇特新颖，而这次搭建它的钢结构用钢Q460也有很多独到之处。Q460是一种低合金高强度钢，在受力强度达到460MPa时才会发生塑性变形，这个强度要比一般钢材的大，因此生产难度很大。这是中国国内在建筑结构上首次使用Q460钢材；而这次使用的钢板厚度达到110mm，是以前没有的，在中国的国家标准中，Q460的最大厚度也只是100mm。

本 章 小 结

1. 碳（素）钢是指碳的质量分数小于2.11%，并含有少量锰、硅、硫、磷等杂质元素的铁碳合金。杂质元素对钢的性能有一定影响，其中锰、硅是有益元素，硫、磷是有害元素。

2. 普通碳素结构钢广泛应用于建筑、桥梁、船舶、车辆等工程构件和不重要的机器零件。

　　优质碳素结构钢常用于制造较重要的机械零件。碳素工具钢仅适用于制造不太精密的模具、木工工具和金属切削的低速手用刀具，如锉刀、锯条、手用丝锥等。

　　3. 合金钢是在碳（素）钢的基础上，为了改善钢的性能，在冶炼时有目的地加入了一种或多种合金元素的钢。由于合金元素的存在，使合金钢和碳（素）钢相比有许多优点：①在相同的淬火条件下，能获得更深的淬硬层；②具有良好的综合力学性能；③具有良好的耐磨性、耐蚀性和耐高温性等特殊性能。

　　4. 合金结构钢主要用于制造重要的工程结构和机械零件；合金工具钢主要用于制造尺寸较大、形状复杂、精度要求高的模具、量具以及切削速度较高的刀具；特殊性能钢主要用于制造有特殊物理、化学性能和力学性能要求的零件及结构。

　　5. 铸铁是碳的质量分数大于 2.11% 的铁碳合金。因其生产工艺简单、成本低，具有良好的铸造性能、减振性能、减磨性能、切削加工性能和对缺口敏感性低等特点，在工业生产中得到广泛应用。

　　6. 灰铸铁被广泛用来制造受力不大或以承受压应力为主和要求减振性好的机床床身、结构复杂的壳体与箱体等；可锻铸铁主要用于制造形状复杂、强度和韧性要求较高的薄壁零件，如汽车的后桥壳、管件接头和阀门壳体等；球墨铸铁主要用于制造受力复杂、负荷较大和要求耐磨的铸件，如曲轴、凸轮轴等；蠕墨铸铁主要用于制造受热循环载荷、强度较高、形状复杂的零件，如阀体，机座等。

技 能 训 练 题

一、填空题

1. 碳素钢简称碳钢，通常指碳的质量分数小于_____的铁碳合金。

2. 钢中常含有少量锰、硅、硫、磷等杂质元素，其中_____是有益元素，_____是有害元素。有害元素易使钢产生_____和_____。

3. Q235-AF 表示屈服强度为_____MPa 的_____级沸腾钢，可用于受力不大的连杆、销、轴、螺钉、螺母等。

4. 45 钢按碳的质量分数分类属于_____钢，按用途分类属于_____钢，按钢中有害元素 S、P 含量多少分类属于_____钢。

5. T10A 按碳的质量分数分类属于_____钢，按用途分类属于_____钢，按钢中有害元素 S、P 含量多少分类属于_____钢。

6. 所谓合金钢，是指在碳钢的基础上，为了改善钢的某些性能，在冶炼时有目的地加入一些_____炼成的钢。

7. GCr15 是_____钢，其 Cr 的质量分数为_____。

8. 铸铁是碳的质量分数大于 2.11% 的铁碳合金。因其生产工艺简单、成本低，具有良好的_____、_____、_____、_____和对缺口敏感性低等特点，在工业生产中得到广泛应用。

9. 灰铸铁、可锻铸铁、球墨铸铁及蠕墨铸铁中石墨的形态分别为_____状、_____状、_____状和_____状。

10. KTH300-06 中，KT 表示 _____，H 表示 _____，300 表示 _____，06 表示_____。

二、选择题

1. 下列牌号中，（　　）是普通碳素结构钢，（　　）是优质碳素结构钢，（　　）是高级优质碳素工具钢。

  A. 45 钢   B. Q235-AF   C. T10A

2. 下列牌号中，（　　）最适合制造车床主轴。

  A. T8   B. 45 钢   C. Q195

3. 常用冷冲压方法制造的汽车油底壳应选用（　　）。

  A. 08 钢   B. 45 钢   C. T10A

4. 45 钢中平均碳的质量分数为（　　），用于制造齿轮、连杆、轴等等要求有良好综合力学性能的零件。

  A. 0.45%   B. 4.5%   C. 45%

5. 08 钢适合制作（　　），45 钢适合制作（　　），65 钢适合制作（　　）。

  A. 冲压件   B. 齿轮   C. 弹簧

6. 选择制作下列工具所用材料：手锯锯条（　　），锉刀（　　），大锤（　　）。

  A. T8   B. T10   C. T12

7. 汽车、拖拉机中的变速齿轮，内燃机上的凸轮轴、活塞销等零件，要求表面具有高硬度和耐磨性，而心部要有足够高的强度和韧性，因而这些零件大多采用（　　）制造。

  A. 合金渗碳钢   B. 合金调质钢   C. 合金弹簧钢

8. 为了保证汽车板簧的性能要求，60Si2Mn 钢制的汽车板簧最终要进行（　　）处理。

  A. 淬火和低温回火   B. 淬火和中温回火   C. 淬火和高温回火

9. 要使不锈钢不生锈，必须使钢中（　　）的质量分数不小于 13%。

  A. Cr   B. Mn   C. Ni

10. 下列材料中（　　）最适合制造医疗手术器械？

  A. 40Cr13   B. Cr12MoV   C. W18Cr4V

11. 高速工具钢的热硬性可以达到（　　）。

  A. 300℃   B. 600℃   C. 1000℃

12. 坦克履带、挖掘机铲齿等选用（　　）制造较合适。

  A. 16Mn   B. 20CrMnTi   C. ZG120Mn13

13. HT150 可用于制造（　　）。

  A. 汽车变速齿轮   B. 汽车变速器壳   C. 汽车板簧

14. 机床床身应选用（　　）制造，柴油机曲轴选用（　　）制造，机床用扳手选用（　　）制造。

  A. KTH330-08   B. HT200   C. QT700-2

15. 球墨铸铁的抗拉强度和塑性（　　）灰铸铁，而铸造性能（　　）灰铸铁。

  A. 不及   B. 相当于   C. 高于

三、判断题

1. 硫、磷是钢中的有害元素，随着其含量的增加，会使钢的韧性降低，硫使钢产生冷

脆，磷使钢产生热脆。 （　　）

2. T10 中碳的质量分数是 10%。 （　　）

3. 铸钢用于制造形状复杂、难以锻压成形、要求有较高的强度和塑性，并承受冲击载荷的零件。 （　　）

4. Q355 与 Q235 中碳的质量分数基本相同，但前者的强度明显高于后者。 （　　）

5. 40Cr 是最常用的合金调质钢，常用于制造机床齿轮、花键轴、顶尖套等。 （　　）

6. 可锻铸铁比灰铸铁的塑性好，因此可以进行锻压加工。 （　　）

四、简答题

1. 钢中含有哪些杂质元素？它们对钢的性能有何影响？

2. 填写下表，说明各种钢的类别以及牌号中符号和数字的含义。

钢号	钢的类别	符号和数字的含义
Q235-AF		
08		
45		
65Mn		
T12A		
ZG270-500		

3. 合金钢和碳钢相比有哪些优点？

4. 归纳对比各类合金钢并填写下表。

类　别		成分特点	常用牌号举例	热处理方法	性能特点	用途举例
合金结构钢	低合金高强度结构钢					
	合金渗碳钢					
	合金调质钢					
	合金弹簧钢					
	滚动轴承钢					
合金工具钢	低合金刃具钢					
	高速工具钢					
	冷作模具钢					
	热作模具钢					
	合金量具钢					
特殊性能钢	马氏体不锈钢					
	铁素体不锈钢					
	奥氏体不锈钢					
	高锰耐磨钢					

5. 根据碳在铸铁中的存在形式不同，铸铁可分为哪几种？

6. 为什么同一成分铸件的表层或薄壁处容易形成白口组织？

7. 什么是灰铸铁的孕育处理？目的是什么？

8. 为什么球墨铸铁的强度和韧性比灰铸铁、可锻铸铁的高？

9. 试比较灰铸铁、蠕墨铸铁、可锻铸铁、球墨铸铁力学性能的差异。

10. W18Cr4V 的 Ac_1 为 820℃，若以一般工具钢 Ac_1 +30 ~ 50℃ 的常规方法来确定其淬火温度，最终热处理后能否达到高速工具钢切削刀具所要求的性能，为什么？其实际淬火温度是多少？W18Cr4V 钢制刀具在正常淬火后都要进行 560℃ 的 3 次回火，这又是为什么？

11. 试为下列零件、构件或刀具选择合适的材料：

名　　称	材 料 牌 号	名　　称	材 料 牌 号
钢结构桥梁		高速切削刀具	
汽车变速齿轮		重载冲模	
车床主轴		压铸模	
汽车板簧		外科手术刀	
滚动轴承		硝酸容器	
板牙		坦克、拖拉机履带	

第 **5** 章

非铁金属

知识目标

1. 了解铝及铝合金、铜及铜合金、滑动轴承合金的分类。
2. 掌握铝及铝合金、铜及铜合金、滑动轴承合金的牌号（代号）、性能及其应用。

能力目标

能够根据零件的工作条件和性能要求选择合适的非铁金属。

【案例引入】现代汽车对节能、环保、安全和轻量化等方面不断提出新的要求，使得非铁金属的应用逐步扩大，产品的种类逐步增多。目前，铝合金轮毂、发动机，镁合金方向盘等正在各类车辆中普及，我国一汽新开发的大红旗轿车，也已采用全铝车身框架结构（ASF），车身重量可降低30%以上。为什么铝合金在汽车上的应用如此广泛呢？

工业生产中，通常把铁及其合金称为钢铁材料，把钢铁材料以外的其他金属称为非铁金属。非铁金属具有许多优良的特性，在工业领域尤其是高科技领域具有极为重要的作用。例如：铝、镁、钛、铍等轻金属具有相对密度小、比强度高等特点，广泛用于航空航天、汽车、船舶和军事领域；银、铜、金等贵金属具有优良的导电、导热和耐蚀性，是电器仪表和通信领域不可缺少的材料。本章主要介绍铝、铜及其合金和滑动轴承合金。

5.1 铝及铝合金

5.1.1 纯铝

1. 纯铝的特性及应用

（1）特性 纯铝呈银白色，熔点为660℃，密度为2.72g/cm³，是除镁和铍外最轻的工程金属，经常用作各种轻质结构材料。工业纯铝的导电性好，仅次于银、铜和金，居第4位。其导热性是铁的3倍。由于铝的表面能生成一层致密的氧化铝薄膜，可以阻止铝进一步氧化，因此其抗大气腐蚀性能好，但对酸、碱、盐的耐蚀性较差。纯铝具有极好的塑性（$A=30\%\sim50\%$，$Z=80\%$），容易加工成各种丝、线、棒、箔、片等型材。但纯铝的强度、硬度很低（$R_m=70\sim100MPa$，20HBW），焊接性能较差，一般不适宜制作各种结构件。

（2）应用　纯铝的主要用途是代替贵重的铜制作导线、电缆、电器元件等，还可用于制作质轻、导热、耐大气腐蚀的器具及包覆材料。在汽车上常用于制作垫片、内外装饰件和铭牌等。

2. 纯铝的牌号

铝的含量（质量分数）不低于 99.00% 时为纯铝，其牌号用 1××× 表示。

铝及铝合金的牌号有国际四位数字体系及四位字符体系两种。在国际四位数字体系中，最后两位数字表示最低铝含量（与最低铝含量中小数点右边的两位数字相同），第二位数字表示对杂质范围的修改（若为空，表示杂质范围为生产中的正常范围；若为 1~9 中的自然数，表示生产中应对某一种或几种杂质或合金元素加以专门控制）。在四位字符体系中，牌号的最后两位数字表示最低百分含量（小数点后面的两位），牌号的第二位字母表示原始纯铝的改型情况，如字母为 A，则表示原始纯铝，如果是 B~Y 的其他字母，则表示为原始纯铝的改型，如牌号 1A60，表示最低铝含量（质量分数）为 99.60% 的原始纯铝。

5.1.2　铝合金

纯铝因其强度、硬度很低，切削加工性能较差，不适宜制造承受载荷的结构零件。若向纯铝中加入适量的硅、铜、镁、锰等合金元素制成铝合金，则不仅保持了纯铝密度小、导热性和导电性好的优点，其强度和硬度也得到了大大改善。铝合金常用于制造质轻、强度要求较高的零件。

1. 铝合金的分类

图 5-1 所示为二元铝合金相图，根据铝合金的成分和工艺特点，可将其分为变形铝合金和铸造铝合金两大类。

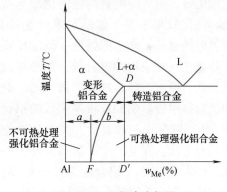

图 5-1　二元铝合金相图

（1）变形铝合金　成分在 D 点左边的铝合金，加热时能形成单相固溶体组织，因其塑性好，变形抗力小，适用于压力加工，故称为变形铝合金。这类铝合金又可分为两类：①成分在 F 点以左的铝合金，由于 α 固溶体的成分不随温度而变化，故不能通过热处理方法强化，称为不可热处理强化铝合金；②成分在 F 点与 D 点之间的铝合金，由于 α 固溶体的成分随温度降低而析出第二相质点，故可以通过热处理方法进行强化，因此称为可热处理强化铝合金。

（2）铸造铝合金　成分在 D 点右边的铝合金，由于具有共晶组织，熔点低，流动性好，适宜铸造，故称为铸造铝合金。

2. 铝合金的热处理

可热处理强化的铝合金是通过淬火+时效获得高强度的。由于铝没有同素异构转变，所以其强化机理与钢不同。碳含量较高的钢经淬火后，可立即获得很高的强度和硬度，而塑性和韧性较低。而铝合金淬火后，其强度和硬度并不是立即升高，并且塑性很好，但将淬火后的铝合金在室温或一定温度下保持一段时间后，由于析出的第二相质点弥散分布在 α 固溶体的基体上，因此铝合金的强度和硬度升高，并且保持时间越长，直至趋于某一恒定值。图 5-2 所示为铜的质量分数为 4% 的铝合金淬火后的自然时效曲线。

铝合金的淬火是将其加热到 α 相区进行保温，得到单一的固溶体组织，然后在水中快冷至室温，使第二相质点来不及析出，从而得到过饱和的、不稳定的单相 α 固溶体组织，铝合金的这种热处理方法又称为固溶处理。

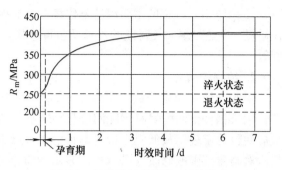

图 5-2　铜的质量分数为 4% 的铝合金淬火后的自然时效曲线

淬火后的铝合金，若在室温停留一段时间，其强度、硬度会显著提高，同时塑性下降。但在淬火后较短的时间内其强度、硬度变化不大，在这段时间内铝合金具有很好的塑性，可以进行各种冷变形加工（铆接、弯曲、矫正等），随后强度、硬度会很快升高。淬火后的铝合金在室温或在低温加热状态下，随保温时间延长其强度、硬度显著升高而塑性降低的现象，称为时效强化或沉淀硬化。一般把铝合金在室温下进行的时效称为自然时效；加热到 100℃ 以上进行的时效则称为人工时效。

铝合金时效强化的速度及效果与进行时效的温度有关。时效温度升高，会加速时效强化过程的进行，使合金达到最高强度所需的时间缩短，但获得的最高强度值却有所降低，强化效果不好。如果时效温度过高、时效时间过长，合金的强度、硬度反而会下降，这种现象称为过时效；如果时效温度较低，原子不容易进行扩散，则时效过程进行得很慢。例如：将淬火后的铝合金在 -50℃ 以下长期放置后，其力学性能几乎没有变化。在生产中，某些需要进一步加工变形的零件（铝合金铆钉等），可在

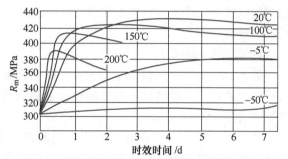

图 5-3　铜的质量分数为 4% 的铝合金淬火后在不同温度下的时效曲线

淬火后放置在低温状态下保存，使其在需要铆接时仍具有良好的塑性。图 5-3 所示为铜的质量分数为 4% 的铝合金淬火后在不同温度下的时效曲线。

若将已进行自然时效的铝合金快速加热至 200~270℃ 并短时间保温，再快速冷至室温，铝合金又会重新变软，恢复到原始的淬火状态，这种热处理称为"回归处理"。经过回归处理的铝合金在室温下放置，仍能进行时效强化，但时效后的强度有所下降。

3. 常用铝合金

（1）变形铝合金

1）牌号。依据 GB/T 16474—2011，变形铝合金的牌号用 2×××~8××× 系列表示。牌号的第 1、3、4 位为数字，其中第一位数字是按主要合金元素 Cu、Mn、Si、Mg、Mg$_2$Si、Zn 的顺序来表示变形铝合金的组别。按主要合金元素的排列顺序分别表示为 2、3、4、5、6、7，8 表示以其他合金为主要合金元素的铝合金。后两位数字表示同一组别中不同铝合金的序号。第二位为字母时，表示原始合金的改型情况；第二位为数字时，表示对合金的修改。例如："2A11"表示以 Cu 为主要合金元素的（11号）变形铝合金；"5A50"表示以 Mg 为

主要合金元素的变形铝合金。

2) 特点与分类。变形铝合金的塑性好、变形抗力小，适合通过压力加工成型，通常在冶金厂加工成各种规格的型材，用于各种零件的制造。按其化学成分与主要性能特点，变形铝合金分为防锈铝、硬铝、超硬铝和锻铝 4 种，其中防锈铝是不能热处理强化的铝合金。

① 防锈铝。防锈铝中的主要合金元素是锰和镁。这类铝合金具有很高的抗腐蚀性能，同时具有良好的塑性和焊接性能，但强度较低，时效强化效果较弱，因此只有通过冷加工变形才能使其强化。防锈铝一般在退火或加工硬化状态下使用。防锈铝主要用来制造管道（图 5-4）、容器、油箱及受力小、耐蚀的制品及结构件，如窗框、灯具等。

② 硬铝。硬铝属于铝-铜-镁系合金，是一种应用较广的铝合金。这类铝合金通过淬火及时效可获得相当高的强度（R_m 可达 420MPa），故称硬铝。它在淬火及时效状态下具有较好的切削加工性能，但耐蚀性较差，更不耐海水腐蚀，尤其是硬铝中的铜会导致其耐蚀性剧烈下降，为此，硬铝中需加入适量的锰，以提高其耐蚀性。对于硬铝板，还可在表面包覆一层高纯铝，但在热处理后强度稍低。

硬铝在航天航空工业中应用较为广泛，如制造飞机构架、螺旋桨叶片等；在仪器、仪表制造中也有广泛应用，如制造光学仪器中的目镜框等。

③ 超硬铝。超硬铝属于铝-锌-镁-铜系合金。在铝合金中，超硬铝的时效强化效果最好，室温下的强度最高，R_m 可达 600MPa，强度超过硬铝，因此称为超硬铝。其主要缺点是抗疲劳性能较差，有明显的应力腐蚀倾向，耐热性也低于硬铝合金。

超硬铝的比强度高，因此常用于制造需要重量轻、强度高的零件，如飞机上的起落架（图 5-5）、大梁、翼肋等主要受力部件。

④ 锻铝。锻铝可分为铝-铜-镁-硅系和铝-铜-镁-镍-铁系铝合金。锻铝的力学性能与硬铝相近，但其热塑性及耐蚀性较高，更适于锻造，故称锻铝。

锻铝主要用来制造航空及仪表工业中各种形状复杂、要求比强度高的锻件或模锻件，如航空发动机活塞，直升机的桨叶，飞机操纵系统中的摇臂、支架，汽车轮毂（图 5-6）等锻件。

图 5-4 防锈铝管道

图 5-5 超硬铝起落架

图 5-6 锻铝轮毂

常用变形铝合金的牌号、性能及用途见表 5-1。

（2）铸造铝合金 用于制造铸件的铝合金为铸造铝合金，简称铸铝。它的力学性能不如变形铝合金，但其铸造性能好，可通过铸造生产形状复杂的铸件。根据添加元素的不同，常用的铸造铝合金有铝硅合金、铝铜合金、铝镁合金及铝锌合金等，其中以铝硅合金应用最多。

依据 GB/T 1173—2013，铸造铝合金的牌号由 Z（"铸"字汉语拼音首字母）Al+主要合金元素的元素符号及其平均质量分数组成，如 ZAlSil2 表示为 $w_{Si}=12\%$，其余为 Al 的铝硅铸造合金。如果合金元素的质量分数小于 1%，一般不标数字，必要时可用一位小数表示。

表 5-1 常用变形铝合金的牌号、性能和用途

类别	曾用牌号	新牌号	力学性能			性能特点	用途举例
			$R_m/$ MPa	$A(\%)$	HBW		
防锈铝	LF5	5A05	280	20	70	具有优良的塑性，良好的耐蚀性和焊接性能，但切削加工性能差，不能采用热处理强化	用于制造有耐蚀性要求的容器，如焊接油箱、油管、铆钉及受力小的零件
	LF21	3A21	130	20	30		
硬铝	LY1	2A01	300	24	70	通过淬火、时效处理，抗拉强度可达 400MPa，比强度高，但不耐海水和大气的腐蚀	用于工作温度不超过 100℃ 的中等强度铆钉
	LY11	2A11	420	18	100		用于中等强度的结构件，如骨架、螺旋桨叶片、铆钉等
	LY12	2A12	470	17	105		用于高强度结构件及在 150℃ 以下工作的零件，如飞机的骨架零件、蒙皮、翼梁等
超硬铝	LC4	7A04	600	12	150	塑性中等，强度高，切削加工性能良好，耐蚀性中等，点焊性能良好，但气焊性能不良	用于受力大的重要结构件，如飞机大梁、起落架、加强框等
锻铝	LD5	2A50	420	13	105	力学性能与硬铝相近，有良好的热塑性，适合于锻造	形状复杂和中等强度的锻件及冲压件，如压气机叶片等
	LD7	2A70	415	13	120		高温下工作的复杂锻件，如内燃机活塞等

铸造铝合金的代号用"铸铝"两字的汉语拼音首字母"ZL"及三位数字表示。ZL 后的第一位数字表示合金的系列，其中"1"表示铝硅合金；"2"表示铝铜合金；"3"表示铝镁合金；"4"表示铝锌合金。后两位数字表示合金的顺序号。如 ZLl02 表示 02 号铝硅系铸造铝合金。

1）Al-Si 系铸造铝合金。这类合金又称硅铝明，它具有铸造性能好、密度小、线膨胀系数小、导热性和耐蚀性好等特点，是铸造性能与力学性能配合最佳的一种铸造合金。在该合金的基础上，加入适量的 Cu、Mn、Mg、Ni 等元素，发展成为可时效强化的铝硅合金，称为特殊硅铝明。铝硅合金是目前应用最广的铸造铝合金，常用的有 ZL102、ZL104 和 ZL108 等，在汽车上常用于制造发动机活塞（图 5-7）、气缸体（图 5-8）、风扇叶片等。

2）Al-Cu 系铸造铝合金。这类铝合金具有较高的强度和耐热性，但其铸造性能、耐蚀性和比强度不如 Al-Si 合金。常用的有 ZL201、ZL202、ZL203 等，主要用于制造在 300℃ 以下工作的要求高强度的零件，如增压器的导风叶轮、静叶片等。

3）Al-Mg 系铸造铝合金。这类铝合金具有良好的耐蚀性和较高的强度，密度小（2.55g/cm³）。但铸造性能差，易氧化和产生裂纹。常用的有 ZL301、ZL303，主要用于制造在海水中承受较大冲击力和外形不太复杂的铸件，如舰船和动力机械零件。

4）Al-Zn 系铸造铝合金。这类铝合金具有较高的强度和良好的铸造性能、切削加工性能及焊接性能，但耐蚀性差、密度大、热裂倾向较大。常用的有 ZL401、ZL402，主要用于制造汽车、拖拉机发动机零件及形状复杂的仪器零件、医疗器械等。

常用铸造铝合金的牌号、成分、性能及用途见表 5-2。

表5-2 常用铸造铝合金的牌号、成分、性能及用途（摘自GB/T 1173—2013）

类别	牌号	代号	化学成分（质量分数，%）（余量为铝） Si	Cu	Mg	Zn	其他	铸造方法	热处理方法	力学性能（≥） R_m/MPa	A(%)	HBW	用途举例
铝硅合金	ZAlSi7Mg	ZL101	6.50~7.50		0.25~0.45			S、J、R、K	F	155	2	50	形状复杂的零件，如飞机、仪器零件，抽水机壳体等
								S、J、R、K	T2	135	2	45	
								S、R、K	T4	175	4	50	
								JB	T4	185	4	50	
								S、R、K	T5	195	2	60	
								SB、RB、KB	T6	225	1	70	
	ZAlSi12	ZL102	10.0~13.0					SB、JB、RB、KB	T2	135	4	50	工作温度在200℃以下的高气密性、低载荷零件，如仪表、抽水机壳体等
								J	T2	145	3	50	
	ZAlSi9Mg	ZL104	8.00~10.50		0.17~0.35		Mn: 0.20~0.50	J	T1	200	1.5	65	工作温度在250℃以下形状复杂的零件，如电动机壳体，气缸体等
								SB、RB、KB	T6	230	2	70	
	ZAlSi5Cu1Mg	ZL105	4.50~5.50	1.00~1.50	0.40~0.60			S、J、R、K	T5	155	0.5	65	工作温度在250℃以下形状复杂的零件，如风冷发动机气缸头，机座，油泵壳体等
								J	T5	235	0.5	70	
	ZAlSi12Cu1Mg1Ni1	ZL109	11.00~13.00	0.50~1.50	0.80~1.30		Ni: 0.80~1.50	SB、RB、KB	T5	275	1	80	要求高温强度及低膨胀系数的零件，如高速内燃机活塞等
								J、JB	T5	295	2	80	
铝铜合金	ZAlCu5Mn	ZL201		4.50~5.30			Mn: 0.60~1.00	S、J、R、K	T4	295	8	70	工作温度为175~300℃的零件，如内燃机气缸头，活塞等
								S、J、R、K	T5	335	4	90	
	ZAlCu10	ZL202		9.00~11.00				S、J	F	104	—	50	高温工作，不受冲击的零件和要求硬度较高的零件
								S、J	T6	163	—	100	
铝镁合金	ZAlMg10	ZL301			9.50~11.00			S、J、R	T4	280	9	60	承受冲击载荷，外形不太复杂，在大气或海水中工作的零件，如舰船配件，氨用泵体，内燃机车配件等
	ZAlMg5Si	ZL303	0.80~1.30		4.50~5.50		Mn: 0.10~0.40	S、J、R、K	F	143	1	55	
铝锌合金	ZAlZn11Si7	ZL401	6.00~8.00		0.10~0.30	9.00~13.00		S、R、K	T1	195	2	80	结构形状复杂的汽车、飞机、仪表零件，也可制造日用品
								J	T1	245	1.5	90	
	ZAlZn6Mg	ZL402			0.50~0.65	5.00~6.50	Mn: 0.20~0.50	J	T1	235	4	70	
								S	T1	220	4	65	

注：1. 合金铸造方法、变质处理代号：S—砂型铸造，J—金属型铸造，R—熔模铸造，K—壳型铸造，B—变质处理。

2. 合金热处理状态代号：F—铸态，T1—人工时效，T2—退火，T4—固溶处理+自然时效，T5—固溶处理+不完全人工时效，T6—固溶处理+完全人工时效，T7—固溶处理+稳定化处理，T8—固溶处理+软化处理。

图 5-7 活塞

图 5-8 气缸体

5.2 铜及铜合金

铜是人类历史上应用最早的金属，也是至今应用最广的非铁金属之一。铜及铜合金具有优良的导电性、导热性，较强的抗大气腐蚀性和一定的力学性能，优良的减摩性和耐磨性，以及良好的加工性能，被广泛地应用于电气、仪表、汽车、造船及机械制造领域。

5.2.1 纯铜

1. 纯铜的特性及应用

（1）特性　工业用纯铜中铜的质量分数高于 99.95%，呈玫瑰红色。当表面生成氧化铜后，呈紫色，故又称紫铜。纯铜的密度为 $8.96g/cm^3$，熔点为 1083℃，具有优良的导电性和导热性，很高的化学稳定性，在大气、淡水和冷凝水中有良好的耐蚀性；但其强度不高（$R_m = 230 \sim 250MPa$），硬度很低（40~50HBW），塑性很好（$A = 45\% \sim 55\%$）。经冷塑性变形后，抗拉强度 R_m 可提高到 400~500MPa，但伸长率 A 急剧下降到 2% 左右。

（2）应用　由于工业纯铜的强度、硬度低，不宜用作受力的结构材料。主要利用其良好的导电性制作电线、电缆和电气接头等电气元件；利用其导热性制作散热器等导热元件。此外，纯铜还可用于制作气缸垫，进、排气管垫，轴承衬垫和油管等。

2. 纯铜的牌号

工业纯铜按杂质含量分为 T1、T2、T3 3 个牌号，其中"T"是"铜"字汉语拼音首字母，数字表示顺序号，数字越大则纯度越低。

5.2.2 铜合金

纯铜因其成本较高、强度低，不适宜作为结构件材料。若向纯铜中加入合金元素制成铜合金，则不仅提高了强度，而且能保持纯铜优良的物理和化学性能。因此，在机械工业中广泛使用的是铜合金。

铜合金按加入主要合金元素分为黄铜、青铜、白铜 3 大类。

1. 黄铜

以锌为主要加入元素的铜合金称为黄铜。黄铜又分为普通黄铜和特殊黄铜两类。按生产方式，黄铜可分为压力加工黄铜及铸造黄铜。

（1）普通黄铜　即铜锌二元合金。普通黄铜具有良好的耐蚀性和压力加工性能，并具有一定的塑性和强度。普通加工黄铜的牌号用"H+数字"表示。H 为"黄"字汉语拼音首字母,数字表示铜的质量分数。例如 H68 表示平均 w_{Cu} =68%,其余为锌的普通黄铜。

H70、H68 等塑性好,适于制造形状复杂、耐蚀的冲压件,如弹壳(图 5-9)、散热器外壳、导管、雷管等。

H62、H59 等热加工性能好,适合进行热变形加工,同时具有较高的强度,可用于制造一般机器零件,如阀门(图 5-10)、铆钉、垫圈、螺钉、螺母等。

H80 等含铜量高的黄铜,色泽金黄,并且具有良好的耐蚀性,可用作装饰品、电镀、散热器管材料等。

图 5-9 弹壳

图 5-10 阀门

(2)特殊黄铜　在 Cu 与 Zn 的基础上再加入其他元素的铜合金,称为特殊黄铜。合金元素的加入,改善了黄铜的力学性能、耐蚀性和某些工艺性能。如加入铝能提高黄铜的强度、硬度和耐磨性;加入硅能提高黄铜的强度、硬度和铸造性能;加入锰能提高黄铜的力学性能和耐蚀性;加入锡能提高黄铜的耐蚀性,尤其能提高黄铜在海水中的耐蚀性;加入铅能改善黄铜的切削加工性能等。

压力加工特殊黄铜的牌号用"H+主加合金元素符号+铜的平均质量分数+合金元素平均质量分数"表示。例如 HPb59-1 表示平均 w_{Cu} =59%、w_{Pb} =1%,其余为锌的铅黄铜。

(3)铸造黄铜　牌号用"Z+铜和合金元素符号+合金元素平均质量百分数"表示。例如,ZCuZn38 表示平均 w_{Zn} =38%,其余为铜的铸造普通黄铜;ZCuZn16Si4 表示平均 w_{Zn} =16%、w_{Si} =4%,其余为铜的铸造硅黄铜。

常用黄铜的牌号、化学成分、力学性能及用途见表 5-3。

2. 青铜

除黄铜和白铜(铜镍合金)以外的所有铜合金统称为青铜。根据主要加入元素分别称为锡青铜、铝青铜、硅青铜、铍青铜等。

加工青铜的代号用"Q+主加元素符号及平均含量(质量分数×100)+其他元素的平均含量(质量分数×100)"表示,例如:QSn4-3 表示含 w_{Sn} =4%、w_{Zn} =3%的锡青铜。

铸造青铜的牌号表示方法与铸造黄铜相同,如 ZCuSn5Zn5Pb5 表示含 w_{Sn} =5%、w_{Zn} =5%、w_{Pb} =5%的铸造锡青铜。

(1)锡青铜　以 Sn 为主加元素的铜合金称为锡青铜。锡青铜具有耐蚀、耐磨、强度高、弹性好、铸造性能好等特点,特别适合于铸造形状复杂的铸件,如青铜鼎(图 5-11)、青铜剑(图 5-12)等。

表 5-3 常用黄铜的牌号、成分、性能及用途

组别	牌号	化学成分（质量分数,%）		力学性能（≥）		主要用途
		Cu	其他	R_m/MPa	A(%)	
普通黄铜	H90	89.0~91.0	Zn	245/390	35/3	双金属片、供水和排水管、证章、艺术品
	H68	67.0~70.0	Zn	290/410	40/10	冷凝管、散热器及导电零件、轴套等
	H62	60.5~63.5	Zn	290/410	35/10	机械、电器零件，铆钉、螺母、垫圈、散热器及焊接件、冲压件
特殊黄铜	HSn62-1	61.0~63.0	Sn：0.7~1.1 Zn：余量	295/390	35/5	与海水和汽油接触的船舶零件
	HMn58-2	57.0~60.0	Mn：1.0~2.0 Zn：余量	380/585	30/3	船舶零件及轴承等耐磨零件
	HPb59-1	57.0~60.0	Pb：0.8~1.9 Zn：余量	340/440	25/5	热冲压及切削加工零件，如销、螺钉、轴套等
铸造黄铜	ZCuZn38	60.0~63.0	余量 Zn	295/295	30/30	一般结构件，如螺杆、螺母、法兰、阀座、日用五金等
	ZCuZn31Al2	66.0~68.0	Al：2.0~3.0 Zn：余量	295/390	12/15	压力铸造件，如电机、仪表等以及造船和机械制造中的耐蚀零件
	ZCuZn40Mn2	57.0~60.0	Mn：1.0~2.0 Zn：余量	345/390	20/25	在空气、淡水、海水、蒸汽（<300℃）和各种液体、燃料中工作的零件

注：力学性能中分母的数值，对于加工黄铜，是指加工硬化状态的数值；对于铸造黄铜，是指金属型铸造时的数值；分子的数值，对于加工黄铜，为退火状态的数值，对于铸造黄铜，为砂型铸造时的数值。

图 5-11 青铜鼎

图 5-12 青铜剑

工业上常用锡青铜有 QSn4-3、QSn6.5-0.1、ZCuSn10P1 等，主要用于制造弹性元件、轴承等耐磨零件、抗磁及耐蚀零件。汽车上常用锡青铜制造发动机摇臂衬套（图 5-13）、活塞销衬套等。

（2）铝青铜 以 Al 为主加元素的铜合金称为铝青铜。铝青铜的强度、硬度、耐磨性、耐热性、耐蚀性都高于黄铜和锡青铜，但其铸造性能、焊接性能较差，还具有冲击时不产生火花等特性。常用铝青铜有 QAl7、QAl9-2 等，主要用于制造机械、化工、造船及汽车工业中的轴套、齿轮、蜗轮、管路配件等零件。

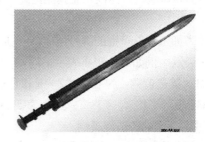

图 5-13 摇臂衬套

（3）铅青铜 以 Pb 为主加元素的铜合金称为铅青铜。铅青铜减摩性好，疲劳强度高，并有良好的热传导性，是一种重要的高速重载滑动轴承合金。常用的铅青铜有 ZCuPb30、ZCuPb10Sn10、ZCuPb15Sn8 等，主要用于制造高压、高速条件下工作的耐磨零件。

（4）铍青铜 以 Be 为主加元素的铜合金称为铍青铜，一般铍的质量分数为 1.7% ~ 2.5%（现行国家标准中将铍青铜编入高铜合金，牌号中的代号为"T"）。铍青铜具有很高的强度、硬度、疲劳强度和弹性极限，而且耐蚀、耐磨、无磁性，导电和导热性好，铸造性能好，受冲击无火花等。常用的铍青铜有 TBe2、TBe1.7 等。主要用于制造高级精密的弹性元件，如弹簧、膜片、膜盘等；特殊要求的耐磨零件，如钟表的齿轮和发条、压力表游丝；高速、高温、高压下工作的轴承、衬套及矿山、炼油厂用的冲击不带火花的工具。铍青铜价格较贵，所以应用受到限制。

常用青铜的牌号、性能及用途见表 5-4。

表 5-4 常用青铜的牌号、性能及用途

类别	牌号	化学成分（质量分数,%）		状态	力学性能（≥）			用途
		主加元素	其他		R_m/MPa	A(%)	HBW	
锡青铜	QSn4-3	Sn：3.5~4.5	Zn：2.7~3.3 Cu：余量	T	290	40	60	弹性元件、化工设备的耐蚀零件、抗磁零件
				L	540	3	160	
	QSn7-0.2	Sn：6.0~8.0	P：0.10~0.25 Cu：余量	T	295	40	75	中等负荷、中等滑动速度下承受摩擦的零件，如轴套、蜗轮等
				L	540	8	180	
	ZCuSn10P1	Sn：9.0~11.5	P：0.8~1.1 Cu：余量	S	220	3	80	高负荷和高滑动速度下工作的耐磨件，如轴瓦等
				J	310	2	90	
铝青铜	ZCuAl9Mn2	Al：8.0~10.0 Mn：1.5~2.5	Cu：余量	S	390	20	85	耐磨、耐蚀零件，形状简单的大型铸件和要求气密性高的铸件
				J	440	20	95	
	QAl7	Al：6.0~8.5	Cu：余量	L	635	5	157	重要用途弹簧和弹性元件
铅青铜	ZCuPb30	Pb：27.0~33.0	Cu：余量	J			25	要求高滑动速度的双金属轴承、减摩零件等
铍青铜	TBe2	Be：1.8~2.1	Ni：0.2~0.5 Cu：余量	T	500	40	90	重要的弹簧及弹性元件，耐磨零件及在高速、高压下工作的轴承
				L	850	4	250	

注：T—退火状态；L—冷变形状态；S—砂型铸造；J—金属型铸造。

3. 白铜

白铜是以 Ni 为主要加入元素的铜合金。白铜分为普通白铜和特殊白铜。

（1）普通白铜 即 Cu-Ni 二元合金，具有较高的耐蚀性、抗腐蚀疲劳性能及优良的冷热加工性能。普通白铜牌号用"B+镍的平均含量（质量分数×100）"表示。如 B5，表示含 $w_{Ni}=5\%$ 的普通白铜。

常用牌号有 B5、B19 等，用于在蒸汽和海水环境下工作的精密机械、仪表零件及冷凝器、蒸馏器、热交换器等。

（2）特殊白铜 是在普通白铜基础上添加 Zn、Mn、Al 等元素形成的，分别称为锌白铜、锰白铜、铝白铜等。其耐蚀性、强度和塑性高，成本低。特殊白铜的牌号表示形式是"B+第二合金元素符号+镍的含量+第二合金元素含量"，数字之间以"-"隔开，如 BMn3-12 表示含 $w_{Ni}=3\%$、$w_{Mn}=12\%$、$w_{Cu}=85\%$ 的锰白铜。

常用牌号如 BMn40-1.5（康铜）、BMn43-0.5（考铜），用于制造精密机械、仪表零件及医疗器械等。

5.3 滑动轴承合金

轴承是重要的机械零件，有滚动轴承和滑动轴承两类。滑动轴承合金是制造滑动轴承的轴瓦及内衬的材料。汽车发动机中的曲轴轴承、连杆轴承、凸轮轴轴承等都采用滑动轴承。滑动轴承中直接和轴颈接触的是轴瓦和轴套，做成瓦状的半圆柱形的称为轴瓦（图 5-14），做成完整的圆筒形的称为轴套。在汽车上，曲轴轴承和连杆轴承都采用轴瓦，凸轮轴轴承则采用轴套。轴承合金作为内衬浇铸在轴瓦或轴套上面。常见的轴瓦结构如图 5-15 所示。

图 5-14 轴瓦

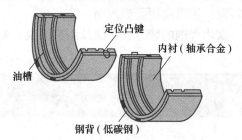

图 5-15 常见的轴瓦结构

5.3.1 滑动轴承合金的特点及分类

1. 滑动轴承合金的特点与要求

（1）特点 当轴在轴承中旋转时，轴承表面不仅要承受一定的交变载荷，而且还与轴发生强烈的摩擦。为了减少轴的磨损，保证轴承正常工作，滑动轴承合金应具有以下性能：①足够的强度、硬度和耐磨性；②足够的塑性和韧性；③较小的摩擦系数和高度磨合能力；④良好的导热性、耐蚀性和低的膨胀系数等。

（2）要求 为了满足使用要求，滑动轴承合金理想的组织应该是软基体上分布硬质点，或者在硬基体上分布软质点。若组织是软基体上分布硬质点，当轴运转时软基体受磨损而凹陷，硬质点将凸出于基体而支撑着轴颈，使轴和轴瓦的接触面积减小，而凹坑能储存润滑油，降低轴和轴瓦之间的摩擦，减少轴和轴承的磨损。另外，软基体能承受冲击和振动，使轴和轴瓦能很好地

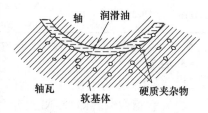

图 5-16 轴承合金的组织示意图

磨合，还能起嵌藏外来硬质点的作用，以保证轴颈不被擦伤。图 5-16 所示为滑动轴承合金的组织示意图。

2. 滑动轴承合金的分类及牌号

常用的滑动轴承合金有锡基轴承合金、铅基轴承合金、铝基轴承合金、铜基轴承合金等。滑动轴承合金一般在铸态下工作，其牌号以"铸"字汉语拼音首字母"Z"开头，表示方法为"Z+基体元素符号+主加元素符号+主加元素含量+辅加元素符号+辅加元素含量"。例如：ZSnSb12Pb10Cu4 表示 $w_{Sb}=12\%$、$w_{Pb}=10\%$、$w_{Cu}=4\%$ 的锡基轴承合金。

5.3.2　常用滑动轴承合金

1. 锡基轴承合金（锡基巴氏合金）

锡基轴承合金也称为锡基巴氏合金，是以锡为基体元素，加入适量的锑、铜、铅等元素而形成的一种软基体上分布硬质点类型的滑动轴承合金。最常用的牌号是 ZSnSb11Cu6。

锡基轴承合金的摩擦系数和膨胀系数小，塑性和导热性好，适于制造重要的轴承，如汽轮机、发动机和压气机等大型机器的高速轴瓦。但锡基轴承合金的疲劳强度较低，许用温度也较低（不高于 150℃）。

2. 铅基轴承合金

铅基轴承合金也称为铅基巴氏合金，是以铅为基体元素，加入锑、铜、锡等元素而形成的一种软基体上分布硬质点类型的滑动轴承合金。常用牌号是 ZPbSb16Sn16Cu2。

这种合金的铸造性能和耐磨性较好（但比锡基轴承合金低），价格较便宜，可用于制造中、低载荷的轴瓦，如汽车、拖拉机曲轴的轴承等。

3. 铜基轴承合金

铜基轴承合金包括铅青铜、锡青铜等，常用合金牌号为 ZCuPb30、ZCuSn10P1 等。

ZCuPb30 是硬基体上分布软质点的轴承合金，润滑性能好，摩擦系数小，耐磨性好；铅青铜还具有良好的耐冲击能力和抗疲劳性能，并能长期工作在较高的温度（250～320℃）下，导热性优异，常用于高载荷、高速度的滑动轴承，如航空发动机、高速柴油机轴承等。铅青铜的强度较低，实际使用时也常和铅基巴氏合金一样在钢轴瓦上浇铸成内衬，以进一步发挥其特性。

ZCuSn10P1 是在软基体上分布硬质点的轴承合金。这类合金具有高强度，耐磨性好，适宜制造中速及受较大固定载荷的轴承，如电动机、泵、机床用轴瓦，也可用于高速柴油机轴承。

4. 铝基轴承合金

铝基轴承合金是以铝为基体元素，加入适量的锑、铜、锡等元素组成的合金。铝基轴承合金分为高锡铝基轴承合金、低锡铝基轴承合金和铝镁锑轴承合金等，其中 20 高锡铝基轴承合金是目前汽车上广泛应用的轴承合金，它是以铝为基体，加入质量分数为 20%的锡和 1%的铜组成的合金，是一种新型的减摩材料，具有较高的承载能力、良好的耐磨性和导热性、价格较低等优点，可以替代锡基轴承合金用于制造曲轴轴瓦和连杆轴瓦。但它的线膨胀系数大，运行时容易与轴咬合，装配时应留较大的间隙，以防止轴颈被擦伤。

常用轴承合金的牌号及用途见表 5-5。

表 5-5　常用轴承合金的牌号及用途

类　别	牌　号	用　途
锡基轴承合金	ZSnSb12Pb10Cu4	一般机械的主轴轴承，但不适于在高温下工作
	ZSnSb11Cu6	2000 马力以上的高速蒸汽机、500 马力的蜗轮压缩机用的轴承
	ZSnSb8Cu4	一般大机器轴承及轴衬，重载、高速汽车发动机、薄壁双金属轴承
	ZSnSb4Cu4	蜗轮内燃机高速轴承及轴衬

（续）

类　别	牌　号	用　途
铅基轴承合金	ZPbSb16Sn16Cu2	工作温度<120℃、无显著冲击载荷、重载高速轴承
	ZPbSb15Sn5Cu3Cd2	船舶机械、功率小于250kW的电动机轴承
	ZPbSb15Sn10	中等压力的高温轴承
	ZPbSb15Sn5	低速、轻压力条件下工作的机械轴承
	ZPbSb10Sn6	重载、耐蚀、耐磨用轴承

5.4　硬质合金

硬质合金是以碳化钨、碳化钛等高熔点、高硬度的碳化物粉末为主要成分，并加入钴或镍作为黏结剂，通过混料、加压、烧结成型的一种粉末冶金材料。依据 GB/T 18376.1—2008，常用硬质合金分为三个部分，即切削工具用硬质合金、矿山工具用硬质合金和耐磨零件用硬质合金，这里主要介绍切削工具用硬质合金。

5.4.1　硬质合金的性能及应用

1. 硬质合金的性能特点

1）硬质合金的硬度高、热硬性高、耐磨性好，可切削 50HRC 左右的硬质材料。在常温下硬质合金的硬度可达86~93HRA（相当于69~81HRC），热硬性可达900~1000℃。与高速工具钢相比，硬质合金刀具的切削速度、耐磨性及使用寿命都有显著提高，其切削速度比高速工具钢高约4~7倍，使用寿命则高5~80倍。

2）硬质合金的抗压强度高，可达 6000MPa，但抗弯强度低，只有高速工具钢的 1/3~1/2，韧性为淬火钢的 30%~50%。

3）在大气、酸、碱等介质中具有良好的耐蚀性及抗氧化性。

2. 硬质合金的应用

硬质合金的硬度很高，脆性大，除电加工（电火花、线切割等）及磨削外，不能用一般的切削加工方法成形，因此形状复杂的刀具，如拉刀、滚刀就不能用硬质合金来制造。冶金厂常将硬质合金制成一定规格的刀片供应，使用前用焊接（图 5-17）、粘接或机械紧固（图 5-18）的方法将其固定在刀体或模具体上使用。硬质合金主要用来制造高速切削及加工高硬度材料的刀具，也可用于制造某些冷作模具、量具及不受冲击、振动的高耐磨零件（如

图 5-17　硬质合金焊接刀具

图 5-18　硬质合金机械夹持刀具

磨床顶尖等）。

5.4.2　硬质合金的牌号

切削工具用硬质合金牌号按使用领域不同分成 P、M、K、N、S、H 六类。各个类别为满足不同的使用要求，以及根据切削工具用硬质合金材料的耐磨性和韧性的不同，分成若干个组，用 01、10、20……两位数字表示组号，必要时可在两个组号之间插入一个补充组号，用 05、15、25……表示。切削工具用硬质合金的牌号由类别代码、分组号、细分号（需要时使用）组成，如 P201 中，P 为类别代码，20 为按使用领域细分的分组号，"1"为细分号。

常用切削工具用硬质合金各组别的使用领域、基本成分及力学性能见表 5-6。

表 5-6　常用切削工具用硬质合金各组别的使用领域、基本成分及力学性能（GB/T 18376.1—2008）

组　　别			基本成分	力学性能（≥）		
类别	使用领域	分组号		洛氏硬度 HRA	维氏硬度 HV_3	抗弯强度 R_{tr}/MPa
P	长切屑材料的加工，如钢、铸钢、长切屑可锻铸铁等的加工	01	以 TiC、WC 为基，以 Co（Ni+Mo，Ni+Co）作黏结剂的合金/涂层合金	92.3	1750	700
		10		91.7	1680	1200
		20		91.0	1600	1400
		30		90.2	1500	1550
		40		89.5	1400	1750
M	通用合金，用于不锈钢、铸钢、锰钢、可锻铸铁、合金钢、合金铸铁等的加工	01	以 WC 为基，以 Co 作黏结剂，添加少量 TiC（TaC、NbC）的合金/涂层合金	92.3	1730	1200
		10		91.0	1600	1350
		20		90.2	1500	1500
		30		89.9	1450	1650
		40		88.9	1300	1800
K	短切屑材料的加工，如铸铁、冷硬铸铁、短切屑可锻铸铁、灰铸铁等的加工	01	以 WC 为基，以 Co 作黏结剂，添加少量 TaC、NbC 的合金/涂层合金	92.3	1750	1350
		10		91.7	1680	1460
		20		91.0	1600	1550
		30		89.5	1400	1650
		40		88.5	1250	1800
N	非铁金属、非金属材料的加工，如铝、镁、塑料、木材等的加工	01	以 WC 为基，以 Co 作黏结剂，或添加少量 TaC、NbC 或 TiC 的合金/涂层合金	92.3	1750	1450
		10		91.7	1680	1560
		20		91.0	1600	1650
		30		90.0	1450	1700
S	耐热和优质合金材料的加工，如耐热钢、含镍、钴、钛的各类合金材料的加工	01	以 WC 为基，以 Co 作黏结剂，或添加少量 TaC、NbC 或 TiC 的合金/涂层合金	92.3	1730	1500
		10		91.5	1650	1580
		20		91.0	1600	1650
		30		90.5	1550	1750

（续）

组　别			基本成分	力学性能（≥）		
类别	使用领域	分组号		洛氏硬度 HRA	维氏硬度 HV₃	抗弯强度 R_{tr}/MPa
H	硬切削材料的加工，如淬硬钢、冷硬铸铁等材料的加工	01	以 WC 为基，以 Co 作黏结剂，或添加少量 TaC、NbC 或 TiC 的合金/涂层合金	92.3	1730	1000
		10		91.7	1680	1300
		20		91.0	1600	1650
		30		90.5	1520	1700

注：1. 洛氏硬度和维氏硬度中任选一项。

　　2. 表中数据为非涂层硬质合金要求，涂层产品可按对应的维氏硬度下降 30～50。

【案例分析】铝具有比强度高、耐蚀、适合多种成形方法等优点，是汽车工业应用较多的金属材料，特别是能源、环境、安全等方面对汽车轻量化的要求越来越迫切，使用轻量化材料是实现汽车轻量化的重要途径，而铝是应用比较成熟的轻量化材料。欧洲铝协公布的材料表明：汽车重量每降低 100kg，每百公里可以节约 0.6L 燃油。

拓展知识

形状记忆合金——具有记忆功能的金属材料

1932 年，瑞典人奥兰德在金镉合金中首次观察到"记忆"效应，即合金的形状被改变之后，一旦加热到一定的转变温度时，它又可以魔术般地变回到原来的形状，人们把具有这种特殊功能的合金称为形状记忆合金。由于其在各领域的特别应用，正广为世人所瞩目，被誉为"神奇的功能材料"。

1963 年，美国海军军械研究所的研究人员在工作中发现，在高于室温较多的某温度范围内，把一种镍钛合金丝绕成弹簧，然后在冷水中把它拉直或加工成正方形、三角形等形状，再放在 40℃ 以上的热水中，该合金丝就恢复成原来的弹簧形状。后来陆续发现，某些其他合金也有类似的功能。这一类合金被称为形状记忆合金。每种以一定元素按一定重量比组成的形状记忆合金都有一个转变温度，在这一温度以上将该合金加工成一定的形状，然后将其冷却到转变温度以下，人为地改变其形状后再加热到转变温度以上，该合金便会自动地恢复到原先在转变温度以上加工成的形状。

1969 年，镍钛合金的"形状记忆效应"首次在工业上被应用。人们采用了一种与众不同的管道接头装置。为了将两根需要对接的金属管连接，选用转变温度低于使用温度的某种形状记忆合金，在高于其转变温度的条件下，做成内径比待对接管子外径略微小一点的短管（用作接头），然后在低于其转变温度下将其内径稍加扩大，再把连接好的管道放到该接头的转变温度中时，接头就自动收缩而扣紧被连接管道，形成牢固紧密的连接。美国在某种喷气式战斗机的油压系统中便使用了一种镍钛合金接头，从未发生过漏油、脱落或破损故障。

1969 年 7 月 20 日，美国宇航员乘坐"阿波罗 11 号"登月舱在月球上首次留下了人类的脚印，并通过一个直径数米的半球形天线在月球和地球之间传输信息。这个庞然大物般的天线是怎么被带到月球上的呢？就是用一种形状记忆合金材料，先在其转变温度以上按预定要求做好，然后降低温度再把它压成一团，装进登月舱。天线放置于月球后，在阳光照射下，达到该合金的转变温度，天线"记"起了自己的本来面貌，变成一个巨大的半球。

科学家在镍钛合金中添加其他元素，进一步研究开发了钛镍铜、钛镍铁、钛镍铬等新的镍钛系形状记忆合金，除此以外，还有其他种类的形状记忆合金，如铜镍系合金、铜铝系合金、铜锌系合金、铁系合金（Fe-Mn-Si、Fe-Pd）等。

形状记忆合金在生物工程、医药、能源和自动化等方面也都有广阔的应用前景。由于形状记忆合金具有许多优异的性能，因而广泛应用于航空航天、机械电子、生物医疗、桥梁建筑、汽车工业及日常生活等多个领域。

本章小结

1. 非铁金属具有特殊的电、磁、热性能和耐蚀性，高的比强度（强度/密度），在工业领域尤其是高科技领域具有极为重要的作用。

2. 铝合金是在纯铝中加入适量的硅、铜、镁、锰等合金元素制成的。不仅保持了纯铝密度小、导热性和导电性好的优点，其强度和硬度也得到了大大改善。铝合金常用于制造质轻、强度要求较高的零件，如活塞、散热器、轮毂等。

3. 铜合金是在纯铜中加入适量的锌、锡、铝、锰、镍等制成的。它除具有纯铜的优良性能外，还具有较高的强度和硬度。主要用于制造散热器、电器元件以及各种接头、配件等。

4. 滑动轴承合金具有承载能力高、抗振性能好、工作平稳可靠、噪声小、检修方便等优点，是机床、汽车和拖拉机的重要零部件材料。常用于制造发动机中曲轴轴承、连杆轴承和凸轮轴轴承等。

5. 硬质合金具有硬度高、热硬性高、耐磨性好的特点，主要用来制造高速切削及加工高硬度材料的刀具，也可用于制造某些冷作模具、量具及不受冲击、振动的高耐磨零件。

技 能 训 练 题

一、名词解释

1. 纯铝　2. 铝合金　3. 变形铝合金　4. 铸造铝合金　5. 普通黄铜　6. 特殊黄铜
7. 滑动轴承合金

二、填空题

1. 根据铝合金的成分和工艺特点，可将其分为＿＿＿＿＿＿＿和＿＿＿＿＿＿＿两大类。

2. 纯铜牌号用＿＿＿＿加数字表示，数字越大则纯度越＿＿＿＿。

3. H68 表示的材料为＿＿＿＿，68 表示＿＿＿＿的平均含量（质量分数）为 68%。HPb59-1 表示特殊黄铜，其中 59 表示＿＿＿＿的含量（质量分数）为 59%、1 表示＿＿＿＿的含量（质量分数）为 1%。

4. 黄铜是_____合金，白铜是_____合金，_____是除黄铜和白铜以外的所有铜合金。

5. 硬质合金按成分与性能特点可分为_____类、_____类和钨钛钽（铌）类硬质合金三种。

三、简答题

1. 纯铝的性能有何特点？铝合金一般分哪几类？

2. 变形铝合金分哪几类？说明其牌号的表示方法。

3. 铸造铝合金主要有哪几种？说明其代号的表示方法。

4. 铜合金分哪几类？各有何特点？

5. 对滑动轴承合金有哪些性能要求？常用的滑动轴承合金有哪些？

第 **6** 章

非金属材料

知识目标

1. 了解非金属材料的种类。
2. 掌握非金属材料的基本性能、组成及其应用。

能力目标

能够结合生活中接触到的塑料、橡胶、陶瓷和复合材料制品，进一步了解不同非金属材料的特性及其用途。

【案例引入】金属材料、高分子材料和陶瓷材料并称为三大工程材料。它们各有优缺点，而通过复合工艺将几种不同材料组合而成的复合材料，既保留了原组成材料的优点，同时又克服了各自的缺点。因此，复合材料是一种新兴的具有广阔发展前景的工程材料。

金属材料具有力学性能好，热稳定性好，导电、导热性好等优点，因此在机械制造中被广泛使用。但金属材料也存在密度大、耐蚀性差、电绝缘性差等缺点，无法满足某些生产的需求。而非金属材料有着金属材料所不及的性能，如耐蚀、电绝缘性好、减振效果好、密度小等，因此越来越多的非金属材料在生产领域得到了应用。

非金属材料是指除金属材料以外的其他材料，包括塑料、橡胶、陶瓷和复合材料等。

6.1 塑料

塑料是目前机械工业中应用最广泛的高分子材料，它是以合成树脂为基本原料，再加入一些用于改善使用性能和工艺性能的添加剂后，在一定温度和一定压力下制成的高分子材料。

6.1.1 塑料的组成和分类

1. 塑料的组成

塑料由合成树脂和添加剂两大部分组成。

（1）合成树脂 合成树脂是从煤、石油和天然气中提炼出来的高分子化合物。合成树脂是塑料的主要成分，它决定了塑料的基本性能，并起着黏合剂的作用。大多数塑料是以所加合成树脂的名称来命名的，如聚氯乙烯塑料就是以聚氯乙烯树脂为主要成分的塑料。有些合成树脂可以直接用作塑料，如聚乙烯、聚苯乙烯等。在工程塑料中，合成树脂约占 40% ~ 100%。

（2）添加剂　添加剂主要用于改善塑料的使用性能和工艺性能，常用的添加剂有填充剂、增塑剂、稳定剂、固化剂、润滑剂和阻燃剂等。

填充剂主要起强化作用，也能改善或提高塑料的某些性能。如加入二氧化硅可提高塑料的硬度和耐磨性，加入云母、石棉粉可以改善塑料的电绝缘性和耐热性，加入铝粉可提高塑料对光的反射能力及防止塑料老化等。通常塑料中填充剂的用量可达 20% ~ 50%，填充剂的加入可节约树脂用量，降低塑料制品的成本。增塑剂可以提高塑料的可塑性和柔软性，如在聚氯乙烯树脂中加入邻苯二甲酸二丁酯，可使塑料变得柔软而富有弹性。稳定剂可以提高塑料在光和热作用下的稳定性，以延缓塑料的老化。固化剂可以促使塑料在加工过程中硬化。此外，还可加入润滑剂、阻燃剂、着色剂、抗静电剂等，以优化塑料的各种特定性能。

2. 塑料的分类

塑料的品种很多，分类方法也不同，常见的有以下两种分类方法。

（1）按合成树脂的热性能可分为热塑性塑料和热固性塑料

1）热塑性塑料。热塑性塑料是指受热时软化，冷却后变硬，再加热又软化，冷却又变硬，可反复多次加热塑制的塑料。这类塑料加工成型方便，力学性能较好，生产周期短，可回收再利用；但耐热性较差，容易变形。热塑性塑料数量很大，约占全部塑料的 80%，常用的有聚乙烯、聚氯乙烯、聚苯乙烯、聚酰胺（尼龙）、ABS 塑料等。

2）热固性塑料。热固性塑料是指经一次固化后，不再受热软化，只能塑制一次的塑料。这类塑料的耐热性能好，受热不易变形；但生产周期长，力学性能不高，且废旧塑料不能回收利用。常用的热固性塑料有酚醛树脂、氨基树脂、环氧树脂、有机硅树脂等。

（2）按使用范围可分为通用塑料和工程塑料

1）通用塑料。通用塑料是指产量大、用途广、通用性强、价格低的塑料。主要有聚乙烯、聚丙烯、聚氯乙烯、聚苯乙烯、酚醛塑料和氨基塑料等。这类塑料的产量占塑料总产量的 75% 以上，可以用来制作日常生活用品、包装材料以及一般机械零件。

2）工程塑料。工程塑料是指用于工程构件和机械零件的塑料。这类塑料的力学性能较好，耐热性、耐蚀性较好，可用来替代金属材料制造某些结构件。工程塑料主要有聚酰胺（尼龙）、聚碳酸酯、聚甲醇和 ABS 塑料等。

6.1.2　塑料的主要特性

（1）质量轻　一般塑料的密度在 $0.83 \sim 2.2 \mathrm{g/cm^3}$ 之间，仅是钢铁的 1/8 ~ 1/4。因此用塑料制造汽车零部件，可大幅度减轻汽车的整车装备质量，降低汽车自重，从而减少油耗。

（2）耐蚀性好　一般的塑料对酸、碱、盐和有机溶剂都有良好的耐蚀性，特别是聚四氟乙烯，除了能抵抗熔融的碱金属作用外，其他化学药品包括"王水"对其也难以腐蚀。因此，在腐蚀介质中工作的零件可采用塑料制作，或采用在表面喷塑的方法提高其耐蚀能力。

（3）比强度高 尽管塑料的强度比金属低些，但由于塑料的密度小、质量轻，因此以等质量相比，其比强度要高。如用碳素纤维强化的塑料，其比强度要比钢材高2倍左右。

（4）电绝缘性能好 塑料几乎都有良好的电绝缘性，可与陶瓷、橡胶和其他绝缘材料相媲美。因此，汽车电器零件广泛采用塑料作为绝缘体。

（5）吸振性和消声性良好 塑料具有吸收和减少振动和噪声的性能。因此，用塑料制作汽车保险杠、仪表板和方向盘等，可以增强缓冲作用，提高车辆的安全些和舒适性。

（6）耐磨性和减摩性优良 大多数塑料的摩擦系数较小，耐磨性好，能在半干摩擦甚至完全无润滑条件下良好地工作，所以可以用于制作齿轮、密封圈、轴承、衬套等要求耐磨的零件。

（7）容易加工成型 塑料通常一次注塑成型，可成型复杂形状的异形曲面，如汽车仪表板等，适合批量生产，加工成本低。

塑料除了具有以上优点外，也存在一些缺点。如与钢相比其力学性能较低；耐热性较差，一般只能在100℃以下长期工作；导热性差，其导热系数只有钢的$1/600 \sim 1/200$。此外，塑料还有易老化、易燃烧、温度变化时尺寸稳定性差等缺点。

6.1.3 常用塑料

1. 聚乙烯（PE）

聚乙烯是乙烯经聚合制得的一种热塑性树脂，无嗅、无毒，手感似蜡，具有优良的耐低温性能，最低使用温度可达$-70 \sim -100$℃；化学稳定性好，能耐大多数酸、碱的侵蚀，常温下不溶于一般溶剂，吸水性小，电绝缘性能优良。

图6-1 聚乙烯药瓶

根据合成方法不同，可分为高压、中压和低压3种。高压聚乙烯的相对分子量、结晶度和密度较低，质地柔软，常用来制作塑料薄膜、软管和塑料瓶（图6-1）等。低压聚乙烯质地刚硬，耐磨性、耐蚀性及电绝缘性较好，常用来制作塑料管、板材、绳索以及承载不高的零件，如齿轮、轴承等。

聚乙烯产品的缺点是强度、刚度、硬度等力学性能低，热变形温度低，耐热性差，且容易老化。

2. 聚氯乙烯（PVC）

聚氯乙烯是最早工业生产的塑料产品之一，产量仅次于聚乙烯，广泛用于工业、农业和日用制品。具有较高的强度和较好的耐蚀性。可用于制作化工、纺织等工业的废气排污排毒塔、气体或液体输送管（图6-2），还可代替其他耐蚀材料制作储槽、离心泵、通风机和接头等。

图6-2 聚氯乙烯管

PVC适宜的加工温度为150~180℃，使用温度一般为$-15 \sim 55$℃。其突出的优点是耐化学腐蚀，不燃烧，且成本低，易于加工；但其耐热性差，抗冲击强度低，还有一定的毒性。通过工艺方法改进，也可制成用于食品和药品包装的无毒聚氯乙烯产品。

当增塑剂加入量达30%~40%时，便制得软质聚氯乙烯，其延伸率高，制品柔软，并且具有良好的耐蚀性和电绝缘性，常制成薄膜，用于工业包装、农业育秧和日用雨衣、台布等，还可用于制作耐酸或耐碱软管、电缆外皮、导线绝缘层等。

3. 聚苯乙烯（PS）

聚苯乙烯的产量仅次于PE和PVC，具有刚度大、耐蚀性好、电绝缘性好的特点，其透光性仅次于玻璃。其缺点是抗冲击性差，易脆裂，耐热性不高。可用于制作纺织工业中的纱管、纱锭、线轴，电子工业中的仪表零件、设备外壳，化学工业中的储槽、管道、弯头，车辆上的灯罩、透明窗，以及电工绝缘材料等。

4. ABS塑料

ABS塑料是丙烯腈、丁二烯和苯乙烯的三元共聚物，具有"硬、韧、刚"的特性，综合力学性能良好，同时尺寸稳定性好，容易电镀，易于成型，耐热性较好，在-40℃的低温下仍有一定的强度。

ABS塑料在机械、电气、纺织、化工、汽车、日用品方面得到了广泛的应用，可用于制作齿轮、轴承、把手、管道、储槽内衬、电机外壳、仪表壳、蓄电池槽、水箱外壳、座椅（图6-3）等。近年来，ABS塑料在汽车零件上的应用发展很快，如用于制作挡泥板、扶手及小轿车车身等。

5. 聚酰胺（PA）

聚酰胺又称尼龙，有尼龙610、尼龙66、尼龙6等多个品种。尼龙具有突出的耐磨性和自润滑性能；良好的韧性，强度较高；耐油、耐蚀、隔声、减振；抗霉、抗菌、无毒；成型性能好。常用来代替金属（尤其是铜）作减摩、耐磨材料，如用于制作齿轮、叶轮、蜗轮、阀体、电器外壳、船用轴承和螺母（图6-4）等。

图6-3 ABS座椅

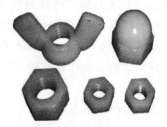

图6-4 尼龙螺母

6. 聚碳酸酯（PC）

聚碳酸酯被誉为"透明金属"，具有优良的综合性能：其冲击韧性和延展性突出，在热塑性塑料中是最好的；弹性模量较高，不受温度影响；抗蠕变性能好，尺寸稳定性高；透明度高，可染成各种颜色；吸水性小；绝缘性能优良。利用其优良的综合性能可制作精密齿轮、蜗轮、齿条等；利用其高的电绝缘性能，可制作垫圈、垫片、套管、电容器等绝缘件。由于透明性好，聚碳酸酯是一种不可缺少的制作信号灯、挡风玻璃、座舱罩、帽盔等的重要材料。

7. 聚四氟乙烯（F-4）

聚四氟乙烯是氟塑料中的一种，俗称"塑料王"，具有很好的耐高、低温及耐蚀等性能。聚四氟乙烯几乎不受任何化学药品的腐蚀，它的化学稳定性超过了玻璃、陶瓷、不锈钢，甚至金和铂。由于聚四氟乙烯的使用范围广，化学稳定性好，介电性能优良，自润滑和防粘性好，所以在国防、科研和工业中占有重要地位。

8. 聚甲基丙烯酸甲酯（PMMA）

聚甲基丙烯酸甲酯俗称"有机玻璃"或"亚克力"。有机玻璃的透明度比无机玻璃还高，透光率达92%，是目前最好的透明材料。其密度也只有后者的一半，为 $1.18g/cm^3$。其冲击韧性比普通玻璃高7~8倍（厚度为3~6mm时），不易破碎，耐紫外线和防老化性能好。但其硬度低，耐磨性、耐有机溶剂腐蚀性、耐热性、导热性差，使用温度不能超过180℃。主要用于制作各种窗体、罩、光学镜片（图6-5）和防弹玻璃等零件。

图 6-5　"亚克力"光学镜片

9. 聚甲醛（POM）

聚甲醛具有优良的综合性能，抗拉强度在70MPa左右，并有较高的冲击韧性、耐疲劳性和刚性，还具有良好的耐磨性和自润滑性，摩擦系数低且稳定，在干摩擦条件下尤为突出。其使用温度为-50~110℃，可在170~200℃的温度下成型，如注射、挤出、吹塑等。

聚甲醛主要用作工程塑料，广泛用于制作齿轮、轴承、凸轮、阀门、仪表外壳、化工容器、叶片、运输带等。

10. 酚醛塑料（PF）

酚醛塑料俗称"电木"，是一种热固性塑料。酚醛塑料具有一定的强度和硬度，耐磨性好，绝缘性良好，耐热性较高，耐蚀性优良。其缺点是性脆，抗冲击性差。

酚醛塑料可与木粉混合得到酚醛压缩粉，俗称胶木粉，是常用的酚醛塑料。以纸片、棉布或玻璃布作为填料的层压酚醛塑料，力学性能更高。酚醛塑料广泛用于制作插头、开关和插座（图6-6）、电话机、仪表盒、汽车刹车片、内燃机曲轴带轮、纺织机和仪表中的无声齿轮、化工用耐酸泵、日用零件（图6-7）等。

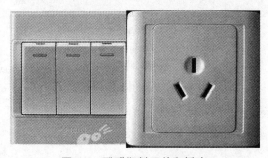

图 6-6　酚醛塑料开关和插座

图 6-7　酚醛塑料旋钮

11. 环氧塑料（EP）

环氧塑料为环氧树脂加入固化剂后形成的热固性塑料。环氧塑料的强度较高、韧性较好、尺寸稳定性高，具有优良的绝缘性能，耐热、耐寒，化学稳定性高，成型性能好。其缺点是有某些毒性。环氧树脂是很好的黏合剂，对各种材料（金属及非金属）都有很强的黏合能力，有"万能胶"之称。环氧塑料用于制作塑料模具、精密量具、汽车涂料、油船涂料、罐头涂料、印制电路板。

常用塑料的主要特性及应用见表6-1。

表 6-1 常用塑料的主要特性及应用

种类	化学名称	代号	主 要 特 性	应 用
热塑性塑料	聚乙烯	PE	无嗅、无毒，耐低温，耐蚀性和绝缘性优良； 缺点是力学性能低，耐热性差，容易老化	高压聚乙烯用来制作塑料薄膜、软管和塑料瓶等；低压聚乙烯用来制作塑料管、板材、绳索以及承载不高的零件，如齿轮、轴承等
	聚氯乙烯	PVC	强度较高，化学稳定性、绝缘性较好，耐油性、抗老化性也较好，不燃烧且成本低。但耐热性差，抗冲击强度低，有一定的毒性	可用于制作化工、纺织等工业的废气排污排毒塔、气体或液体输送管，还可代替其他耐蚀材料制作储槽、离心泵、通风机和接头等。 制成的薄膜，可用于工业包装、农业育秧和日用雨衣、台布等，还可用于制作耐酸或耐碱软管、电缆外皮、导线绝缘层等
	聚苯乙烯	PS	刚度大、耐蚀性好、电绝缘性好，透光性仅次于玻璃。缺点是抗冲击性差，易脆裂，耐热性不高	可用于制作纺织工业中的纱管、纱锭、线轴，电子工业中的仪表零件、设备外壳，化学工业中的储槽、管道、弯头，车辆上的灯罩、透明窗，电工绝缘材料等
	丙烯腈-丁二烯-苯乙烯	ABS	综合力学性能良好，尺寸稳定性好，容易电镀，耐热性较好，易于成型	可用于制作齿轮、轴承、把手、管道、储槽内衬、电机外壳、仪表壳、蓄电池槽、水箱外壳等；也可用于制作挡泥板、扶手、小轿车车身等汽车零件
	聚酰胺	PA	具有突出的耐磨性和自润滑性能；良好的韧性，强度较高，耐油、耐蚀、隔声、减振、抗霉、抗菌，无毒，成型性能好	常用来代替金属（尤其是铜）作减摩、耐磨材料，如齿轮、叶轮、蜗轮、阀体、电器外壳、船用轴承等
	聚碳酸酯	PC	透明度高，力学性能优良，尺寸稳定性好，吸水性小，绝缘性能优良；但疲劳强度低，耐磨性不高	利用其优良的综合性能制作精密齿轮、蜗轮、齿条等；利用其高的电绝缘性能，制作垫圈、垫片、套管、电容器等绝缘件；由于透明性好，可制作信号灯、挡风玻璃、座舱罩、帽盔等
	聚四氟乙烯	F-4	具有很好的耐高、低温，耐蚀等性能。几乎不受任何化学药品的腐蚀，其化学稳定性超过了玻璃、陶瓷、不锈钢，甚至金和铂	在国防、科研和工业中占有重要地位
	聚甲基丙烯酸甲酯	PMMA	透明度高，冲击韧性比普通玻璃高，不易破碎，耐紫外线和防老化性能好；但硬度低，耐磨性、耐有机溶剂腐蚀性、耐热性、导热性差，使用温度不能超过 180℃	主要用于制作各种窗体、罩、光学镜片和防弹玻璃等零件
	聚甲醛	POM	综合力学性能优良，尺寸稳定性好，耐磨性、自润滑性、耐油性、耐老化性好，吸水性小	用于制作齿轮、轴承、凸轮、阀门、仪表外壳、化工容器、叶片、运输带等

（续）

种类	化学名称	代号	主 要 特 性	应　用
热塑性塑料	聚苯醚	PPO	抗冲击性能优良，耐磨性、绝缘性、耐热性好，吸水率低，尺寸稳定性好，但耐老化性差	汽车格栅、车头灯框、仪表板、装饰件、小齿轮、轴承、水泵零件等
热固性塑料	酚醛塑料	PF	强度、硬度高，耐热性好，绝缘性、化学稳定性、尺寸稳定性好；但质地较脆，抗冲击性差	用于制作插头、开关、电话机、仪表盒、汽车刹车片、内燃机曲轴皮带轮、纺织机和仪表中的无声齿轮、化工用耐酸泵、日用零件等
	环氧塑料	EP	强度较高，韧性较好，尺寸稳定性高，绝缘性能优良，耐热、耐寒，化学稳定性高，成型性能好；缺点是具有某些毒性	用于制作塑料模具、精密量具、汽车涂料、黏合剂、玻璃钢构件等

6.2　橡胶

橡胶是一种具有高弹性的高分子材料。由于它具有高弹性，优良的伸缩性、吸振性、耐磨性、隔声性，因此在汽车制造和维修中广泛用于制造轮胎、风扇传动带、各种皮管、油封、门窗密封胶条、制动皮碗等。

6.2.1　橡胶的组成和分类

1. 橡胶的组成
橡胶是以生胶为主要原料，并添加适量的配合剂制成的高分子材料。

（1）生胶　生胶是橡胶制品的主要组成物，其性能决定了橡胶制品的性能。生胶的耐热性、耐磨性差，强度低，一般不能直接用于制造橡胶制品，大多只作为橡胶的原料。

（2）配合剂　配合剂是为了改善和提高橡胶制品的性能而加入的物质。主要有硫化剂、硫化促进剂、填充剂、增塑剂和防老剂等。

硫化剂的作用是改善橡胶的分子结构，提高橡胶制品的弹性、强度、耐磨性、耐蚀性和抗老化能力，常用的硫化剂是硫黄、碲、硒等。硫化促进剂起加速硫化过程、缩短硫化时间的作用，常用的有氧化锌、氧化镁等。填充剂的作用是提高橡胶制品的强度、硬度，减少生胶用量、降低成本和改善加工工艺性能，常用的有炭黑、滑石粉、二氧化硅、陶土、碳酸盐等。增塑剂的作用是提高橡胶制品的塑性，改善黏附力，并能降低橡胶制品的硬度，提高耐寒性，常用的增塑剂有硬脂酸、精致蜡、凡士林，以及一些油类和脂类。防老剂主要是延缓和防止橡胶老化。

2. 橡胶的分类
按照原料的来源，橡胶分为天然橡胶、合成橡胶和再生橡胶。

（1）天然橡胶　天然橡胶是从橡胶树上采集的胶乳，经凝固、干燥、加压等工序制成的片状生胶。它具有优良的弹性，较高的强度、耐磨性、耐寒性、防水性、绝热性、电绝缘性及良好的加工性能。其缺点是耐老化性和耐候性差，耐油性和耐溶剂性较差，易溶于汽油和苯类溶剂，易受强酸侵蚀，且易自燃。

天然橡胶广泛应用于制造轮胎、胶带、胶管、胶鞋及医疗卫生制品等。

（2）合成橡胶 合成橡胶是用石油、天然气、煤等为原料，通过化学合成的方法制成的与天然橡胶性能相似的高分子材料。合成橡胶的原料来源丰富、价格低廉，其产量已超过了天然橡胶。

根据性能和用途，合成橡胶可分为通用合成橡胶和特种合成橡胶两大类。凡是性能与天然橡胶接近，物理、力学和加工性能较好，可以用于制造轮胎和一般橡胶配件的，称为通用合成橡胶；而具有特殊性能，专供耐油、耐热、耐寒、耐化学腐蚀等制品使用的，称为特种合成橡胶。

合成橡胶的弹性和拉伸强度不如天然橡胶，但耐磨性、耐热性优良，用作各种轮胎、传动带、胶管、衬垫材料等。

（3）再生橡胶 再生橡胶是利用废旧橡胶制品经再加工而制成的橡胶材料。再生橡胶的拉伸强度较低，但有良好的耐老化性，且加工方便、价格低廉。汽车行业中常用于制造橡胶地垫、各种封口胶条等，也可用于制造胶管、胶带、胶鞋的鞋底等。

6.2.2　橡胶的基本性能

（1）极高的弹性 这是橡胶独特的性能。橡胶的伸长率可达 100%～1000%。橡胶在开始受负荷时变形量很大，随着外力的增加，抵抗变形的力也迅速增加，起到一种缓冲的作用。因此，橡胶可以用于制作减轻碰撞、敲击和吸收振动的零件，如发动机支架软垫等。

（2）良好的热可塑性 橡胶在一定温度下失去弹性而具有可塑性，称为热可塑性。橡胶处于热可塑状态时，容易加工成各种形状和尺寸的制品，而且当加工外力去除后，仍能保持该变形下的形状和尺寸。根据这一特性，可把橡胶加工成不同形状的制品。

（3）良好的黏着性 黏着性是指橡胶与其他材料粘成整体而不易分离的能力。橡胶特别容易与毛、棉、尼龙等牢固地粘接在一起，如汽车轮胎就是利用橡胶与棉、毛、尼龙、钢丝等牢固地粘接在一起而制成的。

（4）良好的绝缘性 橡胶大多数是绝缘体，常用作电线、电缆等导体的绝缘材料。

此外，橡胶还具有良好的耐蚀性、密封性和耐寒性等。但橡胶的导热性差，拉伸强度低，尤其容易老化。

橡胶的老化是指橡胶随着时间的增加，出现变色、发黏、变硬、变脆和龟裂等现象。为减缓橡胶老化、延长橡胶制品使用寿命，在橡胶制品使用过程中应避免与酸、碱、油及有机溶剂接触，尽量减少受热、日晒和雨淋等。

6.2.3　常用橡胶

1. 丁苯橡胶（SBR）

丁苯橡胶具有较好的耐磨性、耐热性、耐老化性，价格便宜。主要用于制造轮胎、胶带、胶管及生活用品。

丁苯橡胶在高温下可抗老化，耐蚀性、耐水性及气密性好，但弹性、抗拉裂性和黏着性不如天然橡胶。一般它与天然橡胶掺和使用，主要用于制造船用货舱盖橡胶密封条及角接头、电绝缘材料等。

2. 顺丁橡胶（BR）

顺丁橡胶的弹性、耐磨性、耐热性、耐寒性均优于天然橡胶，是制造轮胎的优良材料。其缺点是强度较低，加工性能差，抗撕裂性差。主要用于制造轮胎、胶带、减振部件和电绝缘零件。

3. 氯丁橡胶（CR）

氯丁橡胶的力学性能和天然橡胶相似，但耐油性、耐磨性、耐热性、耐燃烧性、耐溶剂性、耐老化性均优于天然橡胶，所以被称为"万能橡胶"。它既可作为通用橡胶，又可作为特种橡胶。但氯丁橡胶的耐寒性较差（-35℃），生胶稳定性差，成本较高。主要用于制造输送带、风管、电缆和输油管等。

4. 丁腈橡胶（NBR）

丁腈橡胶以其优异的耐油性及对有机溶液的耐蚀性而著称，有时也被称为耐油橡胶。此外，丁腈橡胶有较好的耐热性、耐磨性和耐老化性。但其耐寒性和电绝缘性较差，加工性能也不好。主要用于制造耐油制品，如输油管、耐油及耐热密封圈、储油箱等。

5. 氟橡胶

氟橡胶具有很高的化学稳定性，它在酸、碱、强氧化剂中的耐蚀能力居各类橡胶之首，其耐热性也很好；其缺点是价格昂贵，耐寒性差，加工性能不好。主要用于制造高级密封件、高真空密封件及化工设备中的衬里，火箭、导弹的密封垫圈。

常见橡胶制品如图 6-8 所示，常用橡胶的性能及用途见表 6-2。

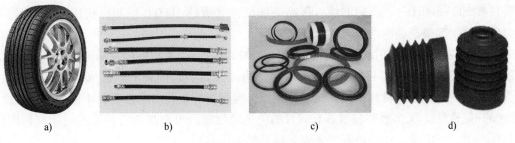

图 6-8　常见橡胶制品

a）轮胎　b）胶管　c）密封圈　d）变速杆防尘套

表 6-2　常用橡胶的性能及用途

种类	代号	拉伸强度 R_m/MPa	伸长率 A（%）	硬度 HBW	使用温度/℃	主 要 特 性	用 途 举 例
天然橡胶	NR	25～30	650～950	65	-50～120	高强度、绝缘、防振	制造轮胎、胶带、胶管胶鞋及医疗卫生制品等
丁苯橡胶	SBR	15～20	500～800	80	-50～140	耐磨、耐热、耐老化	制造轮胎、胶带、胶管及生活用品
顺丁橡胶	BR	18～25	450～800	—	-70～120	耐磨、耐热、耐寒	制造轮胎、胶带、减振部件和电绝缘零件
氯丁橡胶	CR	25～27	800～1000	70	-35～130	耐酸、碱，阻燃	制造输送带、风管、电缆和输油管、汽车门窗嵌条等

(续)

种类	代号	拉伸强度 R_m/MPa	伸长率 A(%)	硬度 HBW	使用温度/℃	主 要 特 性	用 途 举 例
丁腈橡胶	NBR	15~30	300~800	80	-10~175	耐油、耐蚀、耐热、耐磨、耐老化	制造耐油制品,如输油管、耐油及耐热密封圈、储油箱等
乙丙橡胶	EPM	10~25	400~800	—	-50~150	耐水、气密	制造汽车零件绝缘体
硅橡胶	Q	4~10	50~500	70	-70~275	耐热、绝缘	制造耐高温零件
氟橡胶	FPM	20~22	100~500	75	-50~300	耐酸、碱及强氧化剂腐蚀	制造高级密封件、高真空密封件及化工设备中的衬里

6.3　陶瓷

传统意义上的陶瓷是陶器和瓷器的总称。现代陶瓷的概念是指以天然硅酸盐或人工合成化合物为原料,经过制粉、配料、成型和高温烧结而制成的无机非金属材料。

6.3.1　陶瓷的基本性能

(1)力学性能　陶瓷最突出的性能特点是高硬度(一般为1000~5000HV,而淬火钢的硬度只有500~800HV)、高耐磨性、极高的热硬性(可达1000℃)和高抗压强度,但其抗拉强度和韧性都很低、脆性很大。

(2)热性能　陶瓷的熔点很高(一般为2000℃左右),有很好的高温强度,其高温抗蠕变能力强,1000℃以上也不会氧化,故可用作耐高温材料。陶瓷的热膨胀系数小,导热性差,是优良的高温绝缘材料,但其抗热振性差,温度剧烈变化时易破裂,不能急热和骤冷。

(3)电性能　大多数陶瓷都具有较好的电绝缘性能,可直接作为传统的绝缘材料使用。尤其在高温、高电压工作条件下,陶瓷是唯一的绝缘材料。

(4)化学性能　陶瓷的化学稳定性好,对酸、碱、盐具有良好的耐蚀性,无老化现象。

6.3.2　陶瓷的分类

按原料不同,陶瓷分为普通陶瓷和特种陶瓷两大类。

1. 普通陶瓷

普通陶瓷是以黏土($Al_2O_3 \cdot 2SiO_2 \cdot 2H_2O$)、石英($SiO_2$)、长石($K_2O \cdot Al_2O_3 \cdot 6SiO_2$)等天然硅酸盐为原料,经粉碎、成型、烧制而成的产品。其特点是坚硬而脆,绝缘性和耐蚀性极好,制造工艺简单,成本低廉。主要用于日用、建筑、卫生陶瓷制品以及工业上应用的高/低压电瓷(图6-9a)、耐酸及过滤陶瓷等。

2. 特种陶瓷

特种陶瓷是采用纯度较高的金属氧化物、氮化物、碳化物和硼化物等化工原料,沿用普通陶瓷的成型方法烧制而成的陶瓷制品。特种陶瓷具有一些独特的力学性能、物理性能及化学性能。

（1）氧化铝陶瓷 氧化铝陶瓷是应用最广的工程陶瓷，其主要成分是 Al_2O_3，又称为刚玉瓷。它具有高硬度（1500℃时硬度为 80HRA，仅次于金刚石等材料而居第 5 位），高强度（比普通陶瓷高 2~3 倍），良好的耐磨性、绝缘性和化学稳定性，是理想的耐高温材料，但抗热振性能差，不能承受温度的突变及冲击载荷。主要用于制造刀具（图 6-9b）、坩埚、热电偶的绝缘套等。汽车上常用于制造火花塞绝缘体（图 6-9c）、发动机活塞、气缸套、凸轮轴、柴油机喷嘴等零件。

图 6-9 陶瓷制品
a）高/低压电瓷 b）刀具 c）汽车火花塞绝缘体

（2）氮化硅陶瓷 氮化硅陶瓷具有极高的化学稳定性，除氢氟酸外，能耐各种酸、碱腐蚀，也可抵抗熔融金属的侵蚀；同时具有优异的电绝缘性及很高的硬度、良好的耐磨性和减摩性。常用于制造在腐蚀介质下工作的机械零件，如耐蚀水泵密封环、高温轴承、冶金容器和管道、炼钢生产中的铁液流量计等。

（3）碳化硅陶瓷 碳化硅陶瓷是目前高温强度最高的陶瓷，在 1400℃时抗弯强度仍能达到 500~600MPa，其热稳定性、耐蚀性和耐磨性很好。主要用于制造热电偶套管、火箭尾喷嘴，以及高温轴承、高温热交换器、密封圈和核燃料的包封材料等。

（4）硼化物陶瓷 硼化物陶瓷具有高硬度和较好的化学稳定性。硼化物陶瓷的熔点范围为 1800~2500℃。与碳化物陶瓷相比，硼化物陶瓷具有较高的抗高温氧化能力，使用温度达 1400℃。主要用于制造高温轴承、内燃机喷嘴、各种高温器件等。

6.4 复合材料

复合材料是由两种或两种以上性质不同的材料通过人工组合而成的固体材料。它不仅综合了各组成材料的优点，而且还具有单一材料无法达到的优越的综合性能。因此，复合材料在各个领域都得到了广泛应用。例如：钢筋混凝土是钢筋、水泥和沙石组成的人工复合材料；现代汽车中的玻璃纤维挡泥板，是脆性的玻璃和韧性的聚合物复合而成的；先进的 B2 隐形战略轰炸机的机身和机翼，则大量使用了石墨和碳纤维复合材料。

6.4.1 复合材料的性能特点

（1）比强度和比模量高 比强度（强度/密度）和比模量（弹性模量/密度）是衡量汽车材料承载能力的重要指标。复合材料的比强度和比模量比金属材料的高得多，如碳纤维-环氧树脂复合材料的比强度是钢的 7 倍，比模量是钢的 5.6 倍。因此，将复合材料用于要求强度高、重量轻的动力设备可大大提高动力设备的效率。与使用钢材制造的汽车相比，由复合材料制成的汽车要轻 1/3~1/2，这对提高整车的动力性能、降低油耗和增加负载非常有益。

（2）抗疲劳性能好 多数金属的疲劳极限是抗拉强度的 40%~50%，而碳纤维增强复合材料的则可达 70%~80%。这是由于纤维复合材料（特别是纤维树脂复合材料）对缺口、应力集中敏感性小，而且纤维和基体能够阻止和改变裂纹扩展方向，因此复合材料具有较高的抗疲劳性能。

（3）耐高温性能好 由于复合材料增强纤维的熔点均很高，一般都在 2000℃ 以上，而且在高温条件下仍然可保持较高的高温强度，故用它们增强的复合材料具有较高的高温强度和弹性模量，特别是金属基复合材料更显出其优越性。例如：一般铝合金在 400℃ 时，弹性模量接近于零，强度值也从 500MPa 降至 30~50MPa；而碳纤维或硼纤维增强的铝材，在 400℃ 时强度和弹性模量可保持接近室温时的水平。

（4）减振性能好 许多机器和设备（如汽车、动力机械等）的振动问题十分突出，而复合材料的减振性能好。原因是纤维增强复合材料的比模量大，则自振频率高，可避免产生共振而引起的早期破坏。另外，纤维与界面吸振能力强，故振动阻尼性好，即使发生振动也会很快衰减。

除以上几点外，许多复合材料都具有良好的断裂安全性、化学稳定性、减摩性、隔热性及良好的成型性能。

复合材料也有其不足之处，比如其伸长率较小，抗冲击性低，横向拉伸和层间抗剪强度较低，尤其是生产成本比其他工程材料高得多。但是，由于复合材料具有上述特性，因此在航空航天等国民经济及尖端科学技术领域都有较广泛的应用。

6.4.2 常用复合材料的种类

复合材料一般由基体相和增强相组成。基体相起形成几何形状和粘接作用，有金属基体和非金属基体两大类；增强相起提高强度和韧性的作用。按增强相的物理形态，可分为纤维增强复合材料、层叠复合材料和颗粒复合材料。

1. 纤维增强复合材料

纤维增强复合材料是复合材料中发展最快、应用最广的一类。纤维增强复合材料中承受载荷的主要是增强相纤维。而增强相纤维处于基体之中，彼此隔离，其表面受到基体的保护，因而不易损伤。塑性和韧性较好的基体能阻止裂纹的扩展，并对纤维起粘接作用，复合材料的强度因而得到很大的提高。纤维的种类很多，但用于现代复合材料的纤维主要是高强度、高弹性模量的玻璃纤维、碳纤维、石墨纤维及硼纤维等。

（1）玻璃纤维增强塑料（GFRP） 这种复合材料是以树脂为基体、以玻璃纤维增强的复合材料，俗称玻璃钢。玻璃纤维是由玻璃熔化后以极快的速度抽制而成，直径多为 5~9μm，柔软如丝，单丝的抗拉强度达到 1000~3000MPa，且具有很好的韧性，是目前复合材料中应用最多的增强纤维材料。玻璃钢的力学性能优良，抗拉强度和抗压强度都超过一般钢和硬铝，而比强度更为突出，因而广泛用于制造各种机器护罩、复杂壳体、车辆、船舶、仪表、化工容器、管道等。许多新建的体育馆、展览馆、商厦的巨大屋顶都是由玻璃钢制成的，它不仅质量轻、强度高，而且透光性好。

玻璃钢用作汽车零部件材料，可减轻汽车自重，提高汽车性能。目前常用于制造汽车通风和空调系统元件、空气滤清器外壳（图 6-10a）、仪表板、发动机罩（图 6-10b）、行李舱盖和座椅架（图 6-10c）等。

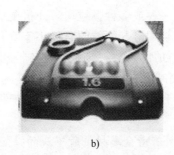

a)　　　　　　　　　　　b)　　　　　　　　　　　c)

图 6-10　汽车上的玻璃纤维增强塑料

a）空气滤清器外壳　b）发动机罩　c）座椅架

（2）碳纤维增强塑料（CFRP）　碳纤维增强塑料是以碳纤维为增强材料、以工程塑料为基体的复合材料。它不仅保持了玻璃钢的众多优点，而且许多性能高于玻璃钢。其强度和弹性模量均超过铝合金，甚至接近高强度钢，而密度比玻璃钢小，是目前比强度和比模量最高的复合材料。同时具有较高的疲劳强度、优良的耐磨性、减摩性及自润性、耐蚀性和耐热性等。其主要缺点是比较脆，碳纤维比玻璃纤维更光滑，因此与树脂的黏结力较差。主要用于制造要求比强度、比模量高的耐磨件、耐蚀件等。

碳纤维增强塑料将是汽车工业大量使用的增强材料。目前汽车耗油量要求逐年下降，要使汽车轻量化、发动机高效化，都要求有质轻和一材多用的轻型结构材料，而碳纤维增强塑料则是比较理想的材料。碳纤维增强塑料在汽车上主要用于底盘系统中的悬置件、弹簧片、框架、散热器等；传动系统中的传动轴、离合器片、加速装置等；发动机系统中的推杆、连杆、摇杆、水泵叶轮；车体上的车顶内、外衬，地板，侧门等，图 6-11 所示为碳纤维增强塑料的应用。

a)　　　　　　　　　b)　　　　　　　c)　　　　　　　　d)

图 6-11　碳纤维增强塑料的应用

a）汽车底盘零部件　b）尼康 D5300 相机外壳　c）网球拍　d）登山杖

2. 层叠复合材料

层叠复合材料是用两层或两层以上不同的板材经热压胶合而成。根据复合形式可分为夹层结构的复合材料、双层金属复合材料、塑料-金属多层复合材料。夹层复合材料已广泛应用于制造飞机机翼、船舶、火车车厢、运输容器、安全帽、滑雪板等。将两种膨胀系数不同的金属板制成的双层金属复合材料可用于制造测量和控制温度的简易恒温器。

3. 颗粒复合材料

颗粒增强复合材料是由一种或多种颗粒均匀分布在基体材料内所形成的复合材料。一般颗粒的尺寸越小，增强效果越明显。颗粒的直径小于 $0.01\sim0.1\mu m$ 时，称为弥散强化材料。不同颗粒起着不同的作用，如加入银粉、铜粉可提高导电、导热性能；加入 Fe_3O_4 磁粉可提高导磁性；加入 MoS_2 可提高减摩性；而陶瓷颗粒增强的金属基复合材料具有高的强度、硬度，良好的耐磨性、耐蚀性和较小的膨胀系数，可用于制作高速切削刀具、重载轴承及火焰喷嘴等高温工作零件。

【案例分析】非金属材料有着金属材料所不及的性能，如耐蚀、电绝缘性好、减振效果好、密度小等，因此越来越多的非金属材料在生产领域得到了应用。

拓展知识

港珠澳大桥背后的新材料

2018年10月24日，正式通车的港珠澳大桥（图6-12）刷爆了朋友圈。这项东接香港，西接广东珠海和澳门，总长约55km的超大型跨海交通工程被评为"新世界七大奇迹之一"。港珠澳大桥是世界最长的跨海大桥，也是中国第一例集桥、双人工岛、隧道为一体的跨海通道，该工程筹备了6年，建设了9年。

图6-12 港珠澳大桥

"超级工程"背后少不了科技力量的驱动。它有着非常多的科技创新，新材料、新工艺、新设备、新技术层出不穷，仅专利就达400项之多。当然，其中也包含了创新型功能复合材料的使用。

1. 超高分子量聚乙烯纤维

为使桥体更牢固，港珠澳大桥采用高性能绳索吊起，该绳索是由中石化南京化工研究院有限公司和中国纺织科学研究院耗时十多年研发成功的超高分子量聚乙烯纤维制成的，由14万根高强度纤维丝组成的吊带在海上吊装起了重达6000t的钢筋混凝土预制件。这种超高分子量聚乙烯纤维，粗细仅有头发丝直径的1/10，但做成缆绳后，比钢索强度还高，承重力能达到35kg。超高分子量聚乙烯纤维的商品名为"力纶"。与碳纤维、芳纶并称为三大高性能纤维，是目前世界上比强度和比模量最高的纤维，在国防军工和民用领域都有广泛的应用。

2. 新型高分子塑料模板

在建造人工岛的环岛跃浪沟时，有一款由国内公司研发的新型高分子塑料模板就发挥了相当大的作用。该塑料模板采用热塑长纤维增强的高分子复合材料制成，$1m^2$ 塑料模板的重量约 10kg，仅为同体积钢模板的 1/7，同时还具有耐磨损、耐蚀、强度高等特点。塑料模板采用统一的组合构件，可以进行灵活、快速、模块化组装，同时施工时不存在模板出现残钉、尖刺等问题，可大幅度减少施工安全隐患。

3. OVM 桥梁隔震技术

根据特殊的工况需求，港珠澳大桥需要能够抵抗 16 级以上台风，这是目前对抗风要求最严苛的国内桥梁工程。经过多番调试，大桥采用了柳州东方工程橡胶制品有限公司自主研发、生产的铅芯隔震橡胶支座和高阻尼隔震橡胶支座两种类型的支座。铅芯隔震橡胶支座由铅芯棒、橡胶层、钢板等叠层粘接而成，铅芯棒可增大支座的阻尼，吸收外力传来的能量；钢板可提高支座的竖向刚度，有效支撑建筑结构；橡胶层则赋予支座高弹性变形及复位和承载的功能。

港珠澳大桥因地质条件复杂，要同时面临台风、海啸、船撞等多重考验。株洲时代新材料科技股份有限公司制造的"超大高阻尼橡胶隔震支座"长 1.77m、宽 1.77m，设计使用寿命 120 年，能有效降低直接袭向建筑物的冲击力。港珠澳大桥还安装了该公司研发的防船撞装置。其防撞护舷采用纤维增强塑料复合材料，通过真空灌注一体成型。当船舶撞击桥墩时，不仅能够减轻桥墩承受的撞击力，还能保护撞桥船只的安全。

港珠澳大桥为钢构桥，有不少拼装项目，拼装处的加固材料尤为重要。加固材料选用了湖南固特邦土木技术发展有限公司的产品，该公司生产的加固材料具有高电阻，抗冲击，耐疲劳，抗老化性及耐酸、耐碱性好等特点。桥墩防撞技术是大桥设计的重中之重。江苏宏远科技工程有限公司根据港珠澳大桥桥墩形式，采用固定式复合材料柔性消能护舷。该护舷由复合材料迎撞面、增强连接板、消能柱、耗能闭孔泡沫材料组成。耗能闭孔泡沫材料等通过真空导入，一体成型，呈"7"字形，成为港珠澳大桥的"防护服"，可有效减轻船只撞桥带来的破坏力，提高航运安全性。

港珠澳大桥工程项目，从科研阶段到开工建设，科技创新的理念贯穿始终，国内开发生产的一系列新材料、新构件，不仅打破了国外技能壁垒，满足了大桥建造的特别需求，还对我国交通建设行业的自主创新、技术进步起到引领作用。

本 章 小 结

1. 塑料是一种高分子材料，具有密度小、化学稳定性好、比强度高、电绝缘性好等优良性能，其缺点是刚性差、强度低、耐热性差、有老化现象。可用于制造工程结构、机械零件、工业容器和设备、日常生活用品、电器壳体、开关及插座等。

2. 橡胶是一种在使用温度下处于高弹性状态的高分子材料，具有低的弹性模量、高的伸长率、优良的伸缩性和好的积储能量的能力，还有高的拉伸强度、疲劳强度及良好的耐磨性、隔声性，不透水、不透气，耐酸、碱和电绝缘性等性能。常用来制造汽车轮胎、胶带、胶管、密封圈、减振块等。

3. 现代陶瓷是指以天然硅酸盐或人工合成化合物为原料，经过制粉、配料、成型和高温烧结而制成的无机非金属材料。其力学性能方面具有突出的硬而脆的特点。在热性能方面具有高熔点、高热强性、高抗氧化性、高耐蚀性和绝缘性，是有发展前景的高温材料。

普通陶瓷主要用于日用、建筑、卫生陶瓷制品以及工业上应用的高/低压电瓷、耐酸及过滤陶瓷等。特种陶瓷可用于制造刀具、坩埚、热电偶的绝缘套、高温轴承、内燃机喷嘴等。

4. 复合材料是由两种或两种以上性质不同的材料组合而成的多相材料。性能上最突出的优点是比强度高，抗疲劳性能好、减振能力强、耐高温性能好、断裂安全性好等。其缺点是断裂伸长率较小、抗冲击性低、横向拉伸和层间抗剪强度较低，尤其是成本高。复合材料可用于制造飞机机翼、船舶、火车车厢、运输容器、安全帽、滑雪板、高速切削刀具、重载轴承及火焰喷嘴等高温工作零件。

技 能 训 练 题

一、名词解释

1. 塑料 2. 橡胶 3. 陶瓷 4. 复合材料

二、填空题

1. 塑料是由_____和_____两大部分组成。

2. PE 是_____的代号。

3. 聚氯乙烯塑料的代号是_____。

4. 塑料座椅适合选用_____塑料制造。

5. 橡胶是以_____为主要原料，并添加适量的配合剂制成的高分子材料。

6. 普通陶瓷是以_____、_____、_____等天然硅酸盐为原料，经粉碎、成型、烧制而成的产品。

7. 复合材料一般由_____相和_____相组成。

三、判断题

1. 尼龙是一种工程塑料。 （　　）

2. 天然橡胶是从橡胶树上采集的胶乳制成，因而不适宜制作汽车轮胎。 （　　）

3. 陶瓷最突出的性能特点是高硬度、高耐磨性、极高的热硬性和高抗压强度，但其抗拉强度和韧性都很低，脆性很大。 （　　）

4. 复合材料是由两种或两种以上性质相同的材料通过人工组合而成的固体材料。

（　　）

5. 大多数陶瓷都具有较好的电绝缘性能，可直接作为传统的绝缘材料使用。 （　　）

四、简答题

1. 尼龙、透明金属、塑料王、有机玻璃、电木分别指的是哪种塑料？各有何特点？

2. 什么是橡胶？其性能如何？举出橡胶在生产、生活中的应用实例。

3. 什么是陶瓷？其性能如何？举出陶瓷在生产、生活中的应用实例。

4. 什么是复合材料？其性能如何？举出复合材料在生产、生活中的应用实例。

第 2 篇　热加工基础

金属零件的加工过程，其实质就是零件的成形过程。金属零件的成形方式主要有热加工成形方法（铸造、锻压、焊接）和冷加工成形方法（切削加工）。通常，材料不同，零件所选择的加工方法也不同。零件的成形一般是由原材料通过热加工先制成毛坯，再对毛坯进行切削加工，最后形成零件。常见的机械零件制造过程为金属原材料 $\xrightarrow[\text{焊接}]{\text{铸造、锻压}}$ 毛坯 $\xrightarrow[\text{或热处理}]{\text{切削加工}}$ 零件 $\xrightarrow{\text{装配}}$ 部件或总成。

本篇主要介绍金属热加工（铸造、锻压、焊接）的基础知识。

第 7 章

铸　造

 知识目标

1. 了解合金的铸造性能及砂型铸造、特种铸造的基本原理、工艺特点及应用范围。
2. 掌握砂型铸造的工艺过程及铸件的结构工艺性的基本知识。

 能力目标

1. 具有砂型铸造手工造型的能力。
2. 具有合理选择毛坯或零件铸造方法的能力。

【案例引入】在金属材料成形工艺的发展过程中，铸造在我国已有 6000 多年的悠久历史，从气势雄伟的后母戊鼎、精美绝伦的四羊方尊（图 7-1），到气势磅礴的战国编钟（图 7-2），这些造型精美、形状各异的文化艺术杰作，都是通过铸造方法成型的。

铸造是将液态金属浇注到与零件形状相适应的铸型型腔中，待其冷却凝固后，获得零件或毛坯的成型工艺，如图 7-3 所示。

铸造概述

图 7-1　四羊方尊

图 7-2　战国编钟

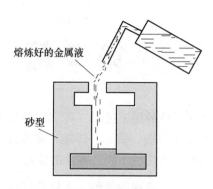

熔炼好的金属液

砂型

图 7-3　铸造示意图

铸造成型具有适应范围广、成本低等特点。

1）铸造成型适应的形状和尺寸范围广。铸造是依靠液态金属的流动成型的，可以生产各种形状（图 7-4）、各种尺寸的毛坯，特别是具有复杂内腔的毛坯，如铸铁暖气片、泵体、阀体等。汽车发动机的缸体，通过铸造工艺获得毛坯，然后局部切削加工后进行装配，是唯一经济可行的制造方案。

2）铸造成型适应的材料范围广。工业中常用的金属材料，如碳钢、合金钢、铸铁、青铜、黄铜、铝合金等，都可用于铸造，其中应用最广的是铸铁。

3）铸造所用的原材料来源广泛，价格低廉，设备投资小，因此铸件成本较低。

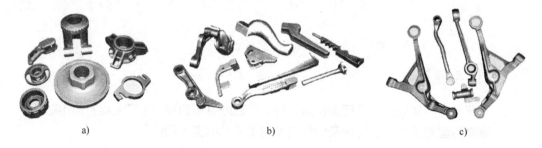

图 7-4　各种形状的铸件

a）油田产品系列　　b）摩托车配件系列　　c）车辆配件系列

但由于铸造生产环节多，容易产生多种铸造缺陷，且一般铸件的晶粒粗大、组织疏松，力学性能不如锻件，因此铸件一般不适宜制作受力复杂和受力大的重要零件，而主要用于制作受力不大或受简单静载荷的零件，如箱体、床身、支架、机座等。

随着铸造技术的发展，新材料、新工艺、新技术和新设备的推广和使用，铸件的质量和铸造生产率得到很大提高，劳动条件也得到显著改善，因此铸造生产已成为制造具有复杂结构金属件最灵活、最经济的成型方法，在工业生产中得到广泛应用。据统计，在机床、内燃机、重型设备中，铸件占 70%～90%，在汽车、拖拉机中占 45%～70%。图 7-5 所示为常见铸件。

铸造生产的方法很多，有砂型铸造、金属型铸造、压力铸造、熔模铸造、离心铸造等，其中最基本、最常用的铸造方法是砂型铸造。

图 7-5 常见铸件

7.1 合金的铸造性能

铸造性能是指合金在铸造过程中所表现出来的工艺性能，是金属在铸造成型过程中容易获得优质铸件的能力。合金的铸造性能对铸件质量、铸造工艺及铸件结构影响很大。通常用合金的流动性、收缩性、氧化性、吸气性、偏析和热裂倾向等来衡量。

7.1.1 合金的流动性

液态金属充满铸型型腔的能力称为流动性。流动性好的合金容易获得形状完整、尺寸准确、轮廓清晰的铸件，不仅易于成型薄壁和形状复杂的铸件，而且有利于液态金属在铸型中凝固收缩时得到补缩，也有利于气体和非金属夹杂物从液态金属中排出。相反，流动性不好的合金铸件容易产生浇不足、冷隔、气孔、夹渣和缩松等缺陷。

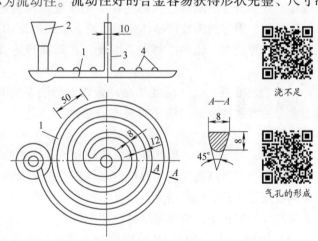

浇不足

气孔的形成

图 7-6 合金流动性测定
1—浇注试样 2—浇口 3—冒口 4—试样凸点

1. 流动性的测定

合金的流动性通常是以螺旋形试样的长度来衡量的，如图 7-6 所示。在测定合金流动性时，将液态金属浇注到螺旋形标准试样所形成的铸型中，待其冷却凝固后，测出浇注试样的实际螺旋形长度。显然，在相同铸型及浇注条件下，浇出的螺旋形试样越长，表示该合金的流动性越好。常用合金的流动性见表 7-1。

表 7-1 常用合金的流动性

合　　金	化学成分（%）	铸 型 种 类	浇注温度/℃	螺旋形试样长度/mm
灰铸铁	$w_{(C+Si)} = 6.2$	砂型	1300	1500
	$w_{(C+Si)} = 5.9$	砂型	1300	1300
	$w_{(C+Si)} = 5.2$	砂型	1300	1000
	$w_{(C+Si)} = 4.2$	砂型	1300	600

（续）

合　金	化学成分（%）	铸型种类	浇注温度/℃	螺旋形试样长度/mm
铸钢	$w_C = 0.4$	砂型	1600	100
			1640	200
铝硅合金		金属型（300℃）	680~720	700~800
锡青铜	$w_{Sn} = 9~11$，$w_{Zn} = 2~4$	砂型	1040	420
硅黄铜	$w_{Si} = 1.5~4.5$	砂型	1100	1000

2. 影响流动性的因素

合金流动性的大小与合金的种类、化学成分、浇注条件和铸型特点等因素有关。

（1）合金的种类和化学成分　不同种类合金的熔点、导热性、合金液的黏度等物理性能不同，因此具有不同的流动性。由表7-1可见，在常用的铸造合金中，灰铸铁、硅黄铜的流动性好，铸钢的流动性较差，铝合金居中。

在同种合金中，成分不同的铸造合金由于具有不同的结晶特点，对流动性的影响也不相同。其中纯金属和共晶成分的合金流动性最好。这是因为它们是在恒温下进行结晶的，结晶从表面开始向中心逐层凝固，结晶前沿较为平滑，对尚未凝固的金属流动阻力小，因而流动性较好。其他合金的凝固过程都是在一定温度范围内进行的，在这个温度范围内同时存在固、液两相，固态的树枝状晶体会阻碍液态金属的流动，从而使合金的流动性变差。合金的结晶温度范围越大，流动性越差。因此，在选择铸造合金时，应尽量选择靠近共晶成分的合金。

（2）浇注条件　浇注温度越高，金属保持液态的时间越长，液态金属的黏度越小，则液态合金的流动性越好。浇注时液态合金的压力越高，流速越大，则越有利于液态合金的流动。

生产中，对于薄壁、形状复杂的铸件和流动性差的合金，常采用提高浇注温度、增大液态合金的压力和提高浇注速度等措施来提高液态金属的充型能力。但浇注温度过高时，会使合金的吸气量和总收缩量增大，铸件容易产生缩孔、缩松、粘砂和气孔等缺陷。因此在保证合金流动性的前提下，应尽量降低浇注温度。

（3）铸型特点　铸型中凡能增加合金流动阻力和冷却速度、降低流动速度的因素，均能降低合金的流动性。例如：型腔过窄、型砂水分过多或透气性不好、铸型材料导热性过大等，都会降低合金的流动性。

7.1.2　合金的收缩

铸造合金从浇注、凝固直至冷却到室温，其体积或尺寸缩小的现象，称为收缩。收缩是铸件产生缩孔、缩松、变形、裂纹和应力的基本原因。

1. 收缩的3个阶段

合金从液态冷却到室温的过程中要经历3个相互联系的收缩阶段：

（1）液态收缩　从浇注温度到凝固开始温度（即液相线温度）之间的收缩。浇注温度越高，液态收缩越大。

（2）凝固收缩　从凝固开始温度到凝固终止温度（即固相线温度）之间的收缩。结晶温度范围越大，凝固收缩越大。

（3）固态收缩　从凝固终止温度冷却到室温之间的收缩。

液态收缩和凝固收缩表现为液面的降低，通常用体收缩率表示，它是铸件产生缩孔和缩松的主要原因。固态收缩表现为各个方向尺寸的缩小，常用线收缩率表示，是铸件产生内应力、变形和裂纹等缺陷的主要原因。

2. 影响收缩的因素

影响收缩的因素主要有化学成分、浇注温度、铸件结构和铸型条件。

（1）化学成分　不同种类、不同成分的合金，其收缩率也不同。在常用铸造合金中，铸钢的收缩最大，灰铸铁的收缩最小。

（2）浇注温度　浇注温度越高，液态收缩越大，一般浇注温度每提高100℃，体积收缩将会增加1.6%左右。

（3）铸件结构和铸型条件　铸件在凝固和冷却过程中并不是自由收缩，而是受阻收缩。这是由于铸件在铸型中各部位的冷却速度不同，彼此之间相互制约，对其收缩产生阻力；同时，铸型和型芯对铸件收缩产生机械阻力，因此铸件的实际收缩率比自由收缩时要小，所以在设计模样时，必须根据合金的种类、铸件的形状、尺寸等因素，选取合适的收缩率。

3. 收缩对铸件质量的影响

液态金属在铸型内凝固的过程中，如果收缩得不到补充，将在铸件最后凝固的部位形成孔洞，这种孔洞称为缩孔。缩孔可分为集中缩孔和分散缩孔两类。通常所说的缩孔，主要指集中缩孔，而分散缩孔一般称为缩松。

（1）缩孔　缩孔集中在铸件上部或最后凝固的部位，并且容积较大。缩孔多呈倒圆锥形，内表面粗糙，通常隐藏在铸件内层，有时也暴露在铸件的上表面，呈明显的凹坑。

缩孔的形成过程如图 7-7 所示。在液态合金充满铸型后，由于散热开始冷却，并产生液态收缩。在浇注系统尚未凝固期间，所减少的液态金属可以从浇口处得到补充，液面不下降，仍保持充满状态，如图 7-7a 所示。随着热量不断散失，靠近型腔表面的金属液很快就降低到凝固温度，并凝固成一层硬壳，如图 7-7b 所示。温度继续下降，铸件除产生液态收缩和凝固收缩外，还有已凝固的外壳产生的固态收缩，由于硬壳的固态收缩比壳内液态合金的收缩小，所以液面下降并与硬壳顶面分离，如图 7-7c 所示。温度继续下降，外壳继续加厚，待内部完全凝固，则在铸件上部形成了一个倒圆锥形的缩孔，如图 7-7d 所示。已经形成缩孔的铸件自凝固终止温度冷却到室温，因固态收缩使其外形尺寸减小，如图 7-7e 所示。

纯金属及共晶成分的合金，因其结晶温度范围较窄，流动性好，易于形成集中缩孔。

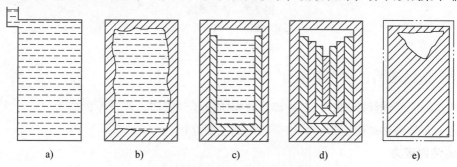

a)　　　　b)　　　　c)　　　　d)　　　　e)

图 7-7　缩孔的形成过程示意图

（2）缩松 缩松的形成过程如图 7-8
所示。当浇注结晶温度区间较大的铸造
合金时，液态金属首先从表面开始凝固，
凝固前沿呈树枝状结晶，表面凹凸不平，
如图 7-8a 所示。先形成的树枝状晶体彼
此相互交错，将液态金属分割成许多小
的封闭区域，如图 7-8b 所示。在封闭区
域内的液态金属凝固时的收缩由于得不
到及时补充，就会形成许多分散的缩孔，
即缩松，如图 7-8c 所示。

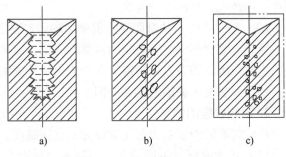

图 7-8 缩松的形成过程示意图

铸造合金的结晶温度范围越大，树枝状晶体越容易将液态金属分隔，铸件越容易产生缩松。

（3）缩孔和缩松的预防 缩孔与缩松不仅使铸件的力学性能显著下降，还会影响铸件
的致密性、物理性能和化学性能。缩孔和缩松是铸件的严重缺陷，必须根据铸件的技术要
求，采取适当的工艺措施予以防止。防止铸件产生缩孔和缩松的措施如下：

1）合理选择铸造合金。生产中应尽量采用接近共晶成分或结晶温度范围窄的合金。

2）采用顺序凝固的原则。所谓顺序凝固，是指铸件按"薄壁—厚壁—冒口"的顺序进
行凝固的过程。对于凝固收缩大或壁厚差别较大、易产生缩孔的铸件，通过增设冒口或冷铁
等一系列措施，使铸件远离冒口的部位先凝固，然后靠近冒口的部位凝固，最后冒口本身凝
固，使铸件各个部位的凝固收缩均能得到液态金属的充分补缩，最后将缩孔转移到冒口中。
冒口为铸件的多余部分，在铸件清理时切除，即可得到没有缩孔的铸件。图 7-9 所示为冒口
补缩进行的顺序凝固。

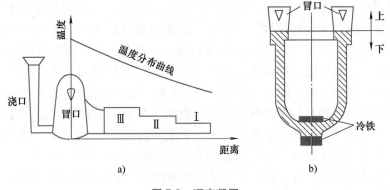

图 7-9 顺序凝固
a）定向凝固 b）冷铁的应用

7.1.3 铸造内应力、变形和裂纹

铸件在凝固后继续冷却时，若在固态收缩阶段受到阻碍，则产生内应力，此应力称为铸
造内应力。它是铸件产生变形、裂纹等缺陷的主要原因。

1. 铸造内应力

铸造内应力可分为热应力、固态相变应力和收缩应力 3 种。热应力是指铸件各部分因冷

却速度不同，造成在同一时期内铸件各部分收缩不一致而产生的应力；固态相变应力是指铸件由于固态相变，各部分体积发生不均衡变化而引起的应力；收缩应力是指铸件在固态收缩时因受到铸型、型芯、浇冒口等外力的阻碍而产生的应力。

减小和消除铸造应力的方法有以下几种：

1）采用同时凝固原则，通过设置冷铁、布置浇口位置等工艺措施，使铸件各部分在凝固过程中的温差尽可能小。

2）提高铸型温度，使整个铸件缓冷，以减小铸型各部分的温度差。

3）改善铸型和型芯的退让性，避免铸件在凝固后的冷却过程中受到机械阻碍。

4）进行去应力退火，这是一种消除铸造应力最彻底的方法。

2. 变形

当铸件中存在内应力时，如果内应力超过合金的屈服强度，将使铸件产生变形。为防止变形，铸件设计时应力求壁厚均匀、形状简单而对称。对于细而长、大而薄等易变形的铸件，可将模样制成与铸件变形方向相反的形状，待铸件冷却后变形正好与相反的形状抵消，此方法称为反变形法。

3. 裂纹

当铸件的内应力超过合金的抗拉强度时，铸件便会产生裂纹。裂纹是铸件的严重缺陷。防止裂纹的主要措施是：①合理设计铸件结构；②合理选用型砂和芯砂的黏结剂与添加剂，以改善其退让性；③大的型芯可制成中空的或内部填以焦炭；④严格限制钢和铸铁中硫的含量；⑤选用收缩率小的合金。

7.2 砂型铸造

砂型铸造是指用型砂紧实成型的铸造方法。由于砂型铸造的造型材料来源广泛，成本低廉，所用设备简单，操作方便、灵活，不受铸造合金种类、铸件形状和尺寸的限制，适合于各种规模的铸造生产，因此是最常用的铸造方法。目前我国砂型铸造生产的铸件占铸件总产量的80%。

7.2.1 砂型铸造工艺过程

砂型铸造工艺过程如图7-10所示，主要包括以下几个工序：制作模样和型芯盒→配制型砂和芯砂→造型、造芯→合金熔炼→合型、浇注→落砂、清理→检验入库。

1. 模样与型芯盒

模样与型芯盒是用来造型和造芯的基本工艺装备。模样用于形成铸型的型腔，它和铸件的外形相适应。模样是根据零件图的形状和尺寸，同时考虑铸造工艺需要，如加工余量、铸造圆角、起模斜度等制作的，常用的有木模、金属模、塑料模等。型芯盒用于制造型芯，其内腔与型芯的形状和尺寸相适应。型芯是用于形成铸件内腔和局部外形的，它是以铸造用硅砂为基础，添加黏结剂和附加物而成。

2. 型砂和芯砂

型（芯）砂由原砂、黏结剂、附加物、水、旧砂按一定比例混合而成。型砂应具有足够的强度、较高的耐火性、良好的透气性和较好的退让性。由于型芯的周围被高温金属液所

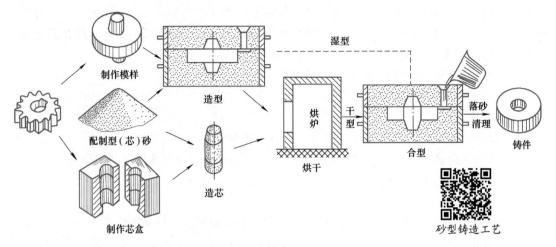

图 7-10 砂型铸造工艺过程

包围，故芯砂的上述性能要求比型砂更高。

3. 造型与造芯

（1）造型 造型是砂型铸造中最基本的工序。它是用模样和型砂制成与铸件形状和尺寸相适应的铸型的过程，通常分为手工造型和机器造型两大类。

1）手工造型。手工造型是指全部用手工或手动工具完成各造型工序的方法。手工造型具有操作灵活、适应性强、工艺装备简单、生产准备时间短、成本低等优点，但也存在铸件质量较差、生产率低、劳动强度大、对工人技术水平要求高等缺点，因此手工造型主要用于单件、小批量生产，特别是重型和形状复杂的铸件。

根据铸件的结构特点，常用手工造型方法可分为整模造型、分模造型、挖砂造型、活块造型、三箱造型和刮板造型等，常用造型方法的特点及应用见表 7-2。

表 7-2 常用造型方法的特点及应用

造型方法	简　图	主要特点	应　用
整模造型		模样为整体，分型面为平面，型腔在同一砂箱中，不会产生错型缺陷，操作简单	用于最大截面在一端且为平面的铸件，应用较广
分模造型		模样在最大截面处分开，型腔位于上、下型中，操作较简单	用于最大截面在中部的铸件，常用于回转体类铸件

（续）

造型方法	简　图	主要特点	应　用
挖砂造型		模样是整体的，分型面为曲面，为了能取出模样，造型时用手工挖去阻碍起模的型砂。对工人的操作技术要求高，生产率低	用于单件小批生产、分型面不是平面的铸件
活块造型		将妨碍取模的部分做成活动的模块，取出模样主体部分后，再小心将活块取出，其造型费工时，要求工人的技术水平高	用于单件、小批生产带有凸起部分、难以起模的铸件
刮板造型		用刮板代替木模造型。它可大大降低木模成本，节省木材，缩短生产周期；但生产率低，要求工人的技术水平高	用于有等截面的大中型轮类、管类铸件的单件、小批生产
三箱造型		用上、中、下 3 个砂型，有两个分型面，中箱高度有一定要求，操作复杂	用于中间截面小，两端截面大的铸件单件、小批生产

现以图 7-11 所示轴承座为例，简要介绍整模造型过程。

① 把模样放在底板上→套下箱→放砂→春砂→紧实→刮平（图 7-11a、b）。

② 翻转下箱→修光→撒分型砂（图 7-11c）。

③ 套上箱→放浇口棒→放砂→春砂→紧实→扎通气孔（图 7-11d）。

④ 开起上箱→从下箱取出模样（图 7-11e）。

⑤ 开横浇道→修型→合型→造型完成（图 7-11f）。

2）机器造型。机器造型是将紧实和起模等主要工序实现机械化操作的造型方法。机器造型的生产率高、劳动条件好，铸件的尺寸精度和表面质量较高，加工余量小。但机器造型需要的设备、模板、专用砂型及厂房等投资较大，生产准备时间较长，因此适用于成批或大批量生产的中小型铸件。

（2）造芯　型芯的主要作用是形成铸件的内腔和局部外形。由于型芯的表面被高温金属液所包围，受到的冲刷及烘烤比砂型更严重，因此要求型芯要有更高的强度、透气性、耐火度和退让性。为了提高型芯的强度，造芯时在砂芯中放入铸铁或铁丝芯骨；为了提高型芯的透气性，可用通气针扎通气孔或在型芯内埋入蜡线；在型芯表面刷一层涂料，可以提高其耐高温性能。

4. 合型、浇注

（1）合型　合型是将铸型的各个组元（上型、下型、型芯等）组成一个完整铸型的过程。合型时，应检查铸型型腔是否清洁，型芯的安装是否准确、牢固，砂箱的定位是否准确、牢固。

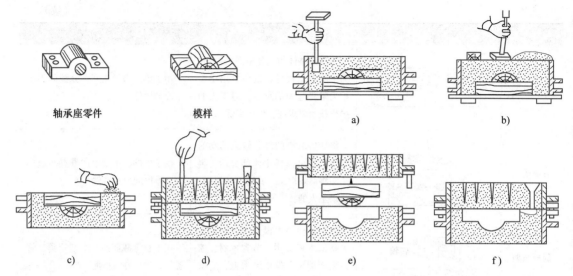

图 7-11 整模造型

a) 将模样置于砂箱制造下型　b) 用砂春锤平，用刮板刮去余砂　c) 翻转下箱，修光，撒分型砂
d) 放浇口棒，造上型，扎通气孔　e) 开箱起模　f) 开横浇道，修型，合型

（2）浇注　将液态金属注入铸型的操作称为浇注。浇注时金属液的温度和浇注速度对铸件的质量有很大影响，如掌握不当，将会产生各种缺陷。通常铸铁的浇注温度一般为1280~1350℃。浇注速度是先快后慢，浇注时中途不得断流，同时应防止飞溅和满溢。

5. 落砂、清理

落砂和清理是指铸件冷凝后，从铸型中取出，并清除表面粘砂、冒口及飞边的操作。单件或小批的落砂，可用手工进行，大批量生产一般用落砂机清砂。落砂和清理后，铸件还要进行检验，以确定是否存在缺陷。

7.2.2　砂型铸造工艺设计

砂型铸造工艺设计是指在铸造生产前，根据零件的结构特点、生产批量及生产条件等因素，设计浇注位置、分型面、铸造工艺参数、浇注系统和冒口，以及绘制铸造工艺图等内容。

1. 浇注位置的选择

浇注位置是指浇注时铸件在铸型中所处的空间位置。选择浇注位置时，应以保证铸件的质量为前提。浇注位置的选择原则如下：

1）铸件的重要加工面或主要工作面应位于型腔的下面或侧面。在浇注过程中，液态金属中密度较小的砂粒、熔渣和气体等易浮在金属液的上部，因此在铸件上表面的位置容易产生气孔、夹渣等缺陷。另外上部还容易产生缩孔、缩松等缺陷，所以铸件的上部质量较差。而铸件底部和侧面组织比较致密、缺陷少，质量较高。例如：生产机床床身铸件时，导轨面是重要的工作面，要求组织致密均匀，不允许有任何缺陷，因此通常将导轨面朝下进行浇注，如图7-12所示。又如起重机卷扬筒，因其周围表面质量要求高，不允许有铸造缺陷，若采用卧浇（轴线水平），圆周朝上的表面难以保证质量；若采用立浇（轴线垂直），由于全部圆周表面均处于侧立位置，其质量均匀一致，较易获得合格铸件，如图 7-13 所示。

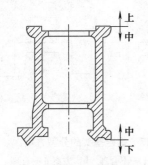

图 7-12　机床床身的浇注位置

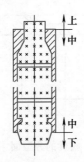

图 7-13　卷扬筒的浇注位置

2）铸件的薄壁部分应设置在铸型的下面、侧面或倾斜。这样可以增加薄壁处液态金属的浇注压力，提高金属液的流动性，防止薄壁部分产生浇不足或冷隔等缺陷。同时，厚壁、宽大部分处于铸型上部也便于在铸件厚壁处直接安置冒口，以利于补缩，从而实现自下而上的顺序凝固，如图 7-14 所示。

3）铸件上的宽大平面应位于型腔的下面。这是因为浇注时液态金属对型腔上表面烘烤严重，容易引起型腔拱起或开裂，使铸件产生气孔、夹砂等缺陷，如图 7-15 所示。

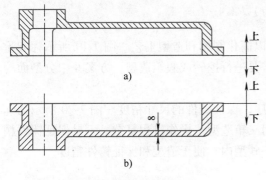

图 7-14　薄壁件的浇注位置
a) 不合理　b) 合理

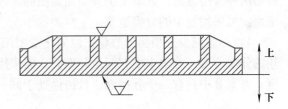

图 7-15　宽大平面的浇注位置

2. 铸型分型面的选择

铸型的分型面是指铸型组元间的接合面。分型面的选择合理与否，对铸件质量及制模、造型、造芯、合型、清理等工序有很大影响。选择分型面时，在保证铸件质量的前提下应尽量简化工艺。分型面的选择原则如下：

1）尽可能使铸件的全部或大部分放在同一砂型中，以保证铸件的尺寸精度，防止产生错型、飞边等缺陷。图 7-16 中分型面 A 是合理的，它有利于合型，又可防止错型，保证了铸件质量；分型面 B 是不合理的。图 7-17 所示为螺栓塞头的分型方案，方案 Ⅱ 是合理的，因为铸件的上部方头是切削外圆螺纹的基准，它们处于同一砂型，可以避免错型、保证铸件质量。

2）分型面一般要选在铸件最大截面处，以保证模样能从型腔中顺利取出，但应注意不要使模样在一个砂型内过高，如图 7-18 所示。

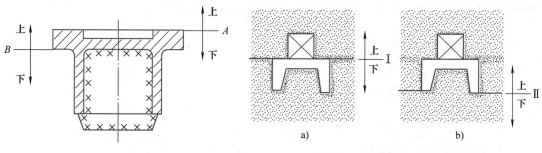

图 7-16　铸件的分型面

图 7-17　螺栓塞头的分型方案
a）方案Ⅰ—不合理　b）方案Ⅱ—合理

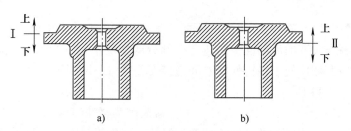

图 7-18　铸件的分型方案
a）方案Ⅰ—不合理　b）方案Ⅱ—合理

3）应尽量选用平直的分型面，少用曲面，以简化制模和造型工艺。图 7-19 所示为起重臂的两种分型方案，方案Ⅰ中分型面为曲面，需要进行挖砂或假箱造型；方案Ⅱ中分型面为平面，可采用简单的分模造型。

4）尽量减少分型面的数量，以简化造型工序，保证铸件的尺寸精度。图 7-20 所示为绳轮的分型方案，方案Ⅰ中有两个分型面，需采用三箱造型，操作过程复杂，不易保证铸件精度；方案Ⅱ中只有一个分型面，且铸件处于同一砂型内，便于造型和保证铸件精度。

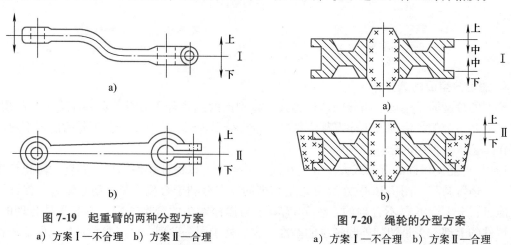

图 7-19　起重臂的两种分型方案
a）方案Ⅰ—不合理　b）方案Ⅱ—合理

图 7-20　绳轮的分型方案
a）方案Ⅰ—不合理　b）方案Ⅱ—合理

5）应尽量使型腔及主要型芯位于下型，以便造型、下芯、合型和检验铸件壁厚。但型腔也不宜过深，并尽量避免使用吊芯。图 7-21 所示为机床支柱的分型方案，方案Ⅰ和方案

Ⅱ都便于下芯时检查铸件壁厚，防止偏芯缺陷，但方案Ⅱ中的型腔及型芯大部分位于下型，可减少上型的高度，有利于起模及翻箱操作，故较为合理。

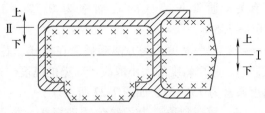

图 7-21　机床支柱的分型方案
方案 Ⅰ—不合理　方案 Ⅱ—合理

在实际生产中，分型面的选择有时难以完全符合上述要求。为保证铸件质量，一般都是先确定铸件的浇注位置，再确定分型面。在确定铸件的分型面时，有可能使之与浇注位置相一致，尽量避免合型后翻转砂箱，以防止因铸型翻动引起偏芯、错型等缺陷。

3. 铸造工艺参数的确定

在绘制铸造工艺图时，还应考虑铸件的加工余量、铸造收缩率、起模斜度、铸造圆角、型芯头、最小铸出孔和槽等工艺参数。

（1）加工余量　为保证铸件的尺寸和精度，在铸件加工表面上留出的、准备切削的金属层厚度称为加工余量。加工余量过大，会浪费金属材料，增加切削加工工时，提高生产成本；余量过小，则不能完全去除铸件表面的缺陷，甚至露出铸件表皮，达不到应有的尺寸和表面粗糙度要求，会使零件报废。

加工余量的具体数值与铸件生产批量、合金种类、铸件的尺寸、造型方法、加工面与基准面的距离及加工面在浇注时的位置等有关。大量生产时多采用机器造型，铸件精度高，余量小；手工造型时，误差大，余量应加大些。灰铸铁表面平整，加工余量小；铸钢表面粗糙，加工余量应大些。铸件的尺寸越大或加工面与基准面的距离越大，加工余量也应随之加大。浇注时朝上的表面因产生缺陷的概率大，其加工余量应比底面和侧面大。表 7-3 列出了灰铸铁的加工余量。

表 7-3　灰铸铁的加工余量　　　　　　　　　　（单位：mm）

铸件最大尺寸	浇注时的位置	加工面与基准面的距离					
		<50	50~120	120~260	260~500	500~800	800~1250
<120	顶面	3.5~4.5	4.0~4.5				
	底面、侧面	2.5~3.5	3.0~3.5				
120~260	顶面	4.0~5.0	4.5~5.0	5.0~5.5			
	底面、侧面	3.0~4.0	3.5~4.0	4.0~4.5			
260~500	顶面	4.5~6.0	5.0~6.0	6.0~7.0	6.5~7.0		
	底面、侧面	3.5~4.5	4.0~4.5	4.5~5.0	5.0~6.0		
500~800	顶面	5.0~7.0	6.0~7.0	6.5~7.0	7.0~8.0	7.5~9.0	
	底面、侧面	4.0~5.0	4.5~5.0	4.5~5.5	5.0~6.0	6.5~7.0	
800~1250	顶面	6.0~7.0	6.5~7.5	7.0~8.0	7.5~8.0	8.0~9.0	8.5~10.0
	底面、侧面	4.0~5.5	5.0~5.5	5.0~6.0	5.5~6.0	5.5~7.0	6.5~7.5

注：加工余量数值中下限用于大批量生产，上限用于单件小批量生产。

（2）铸造收缩率　由于合金的线收缩，铸件冷却后的尺寸将比型腔尺寸略为缩小，为保证铸件的应有尺寸，模样尺寸必须比铸件大。铸造收缩率通常以模样与铸件的长度差除以模样长度的百分比表示。合金的收缩率与合金的种类、铸件的结构形状、复杂程度及尺寸因素有关。通常灰铸铁的收缩率为 0.7% ~ 1.0%，铸钢为 1.6% ~ 2.0%，非铁金属为 1.0% ~ 1.5%。

（3）起模斜度　为方便起模，在模样、芯盒的起模方向留有一定斜度，以免损坏砂型或砂芯。起模斜度的大小取决于立壁的高度、造型方法、模样材料等因素。对于木模，起模斜度通常为 15′ ~ 3°，如图 7-22 所示。

（4）铸造圆角　为了避免铸型损坏，防止铸件产生缩孔及由于应力集中而引起裂纹，在模样转角处要做成圆弧过渡，这种圆弧称为铸造圆角。铸造圆角的半径一般为 3 ~ 10mm。

（5）型芯头　型芯头是指伸出铸件以外不与液态金属接触的型芯部分。其作用是定位和固定型芯，使型芯在铸型中有准确的位置。按其在铸型中的位置可分为垂直型芯头和水平型芯头两种形式，如图 7-23 所示。

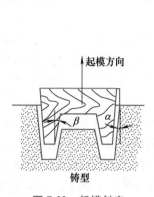

图 7-22　起模斜度

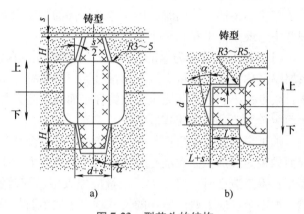

图 7-23　型芯头的结构
a）垂直型芯头　b）水平型芯头

垂直型芯头一般都有上、下芯头，但短而粗的型芯也可不留上芯头。芯头必须有一定的斜度，下芯头的斜度一般为 5° ~ 10°，上芯头的斜度一般为 6° ~ 15°；型芯头的高度 H 取决于型芯头的直径 d。水平芯头的长度 L 取决于型芯的直径 d 和型芯的长度。为了便于铸型的装配，芯头与芯座之间应留有 1 ~ 4mm 的间隙。

（6）最小铸出孔和槽　机械零件上往往有许多孔，一般应尽可能铸出，这样既可节约金属，减少机械加工的工作量，又可使铸件壁厚比较均匀，减少形成缩孔、缩松等铸造缺陷的倾向。但是，当铸件上孔的尺寸太小时，会增加铸造难度。为了铸出小孔，必须采用复杂而且难度较大的工艺措施，而采取这些措施不如机械加工孔更为方便和经济；有时由于孔距要求很精确，铸孔很难保证质量，因此，一般小孔都不铸出，而采用机械加工。铸件的最小铸出孔参见表 7-4。

表 7-4　铸件的最小铸出孔

生产批量	最小铸出孔直径/mm	
	灰铸铁件	铸钢件
大量生产	12 ~ 15	
成批生产	15 ~ 30	30 ~ 50
单件小批生产	30 ~ 50	50

4. 浇注系统和冒口

（1）浇注系统 浇注系统是为了引导液态金属顺利进入型腔和冒口而在铸型中设计的一系列通道，如图7-24所示。其作用是承接和导入液态金属，控制液态金属的流动方向和速度，使液态金属平稳地充满型腔，并调节铸件各部分的温度分布，阻挡熔渣和夹杂物等进入型腔。

（2）冒口 冒口是在铸型中储存供补缩铸件用熔融金属的空腔，其主要作用是补缩，同时还可起到排气和集渣的作用。冒口一般设在铸件的最高和最厚处。

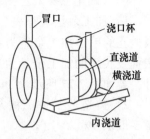

图 7-24　浇注系统和冒口

5. 绘制铸造工艺图

铸造工艺图是按照规定的符号或文字，把制造模样和铸型所需的资料用红、蓝色线条绘在零件图上的图样。图样中包括铸件的浇注位置、铸型分型面、加工余量、收缩率、起模斜度、铸造圆角、型芯的数量、形状及其固定方法、最小铸出孔和槽、浇注系统、冒口、冷铁的尺寸和布置等。铸造工艺图是指导模样设计、生产准备、铸型制造和铸件检验的基本工艺文件。

6. 砂型铸造工艺设计实例

图 7-25 所示为连接法兰零件图，ϕ60mm 内孔和 ϕ120mm 端面质量要求较高，不允许有铸造缺陷，铸件材料为 HT200，大批量生产，故选用机器造型。

（1）浇注位置的选择 浇注位置有两种方案：方案Ⅰ是铸件轴线呈垂直位置，铸件为顺序凝固，补缩效果好，气体、熔渣易于上浮，且 ϕ120mm 端面和 ϕ60mm 内孔分别处于铸型的底面和侧面，容易保证质量；方案Ⅱ是铸件轴线呈水平位置，容易使处于上部的 ϕ120mm 端面和 ϕ60mm 内孔产生砂眼、气孔和夹渣等缺陷。故方案Ⅱ不合理，应选方案Ⅰ。

（2）分型面的选择 分型面的选择有两种方案，如图7-26所示。方案Ⅰ为轴向对称分型，此方案采用分模两箱造型，内腔较浅，双支点水平型芯稳定性好，造型、下芯方便，铸件尺寸较精确；但分型面通过铸件轴线位置，会使圆柱面产生飞边、错型等缺陷，影响 ϕ60mm 内孔和 ϕ120mm 端面质量。方案Ⅱ为径向分型，此方案采用整模两箱造型，分型面选在法兰盘的上表面处，使铸件全部位于下箱，便于保证铸件质量和精度，合型前便于检查型芯是否稳固、壁厚是否均匀等，且分型面在铸件一端，不会发生错型缺陷；直立型芯的高度不大，稳定性尚可，同时浇注位置与铸型位置一致。综合分析，方案Ⅱ（整模造型）较为合理。

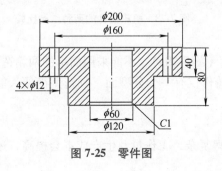

图 7-25　零件图

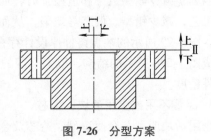

图 7-26　分型方案

（3）确定主要工艺参数

1）加工余量。查表7-3，上表面及内孔的单边加工余量为4mm，外圆表面及底面的加工余量为3.5mm，尺寸公差如图7-27所示。

2）铸造收缩率。按灰铸铁的收缩率取1.0%。

3）不铸出的孔。为简化铸造工艺过程，四个φ12mm的小孔不铸出。

（4）绘制铸造工艺图 将浇注位置、分型面、工艺参数、型芯结构和尺寸等内容标注在零件图上，其铸造工艺图如图7-27所示。

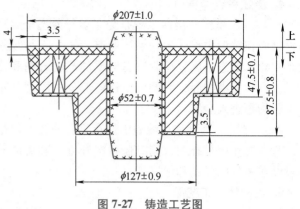

图 7-27 铸造工艺图

7.3 铸件的结构工艺性

铸件的结构工艺性是指所设计铸件的形状与尺寸，除了要保证零件使用性能外，还要有利于保证铸件的质量和便于进行铸造生产。

7.3.1 砂型铸造工艺对铸件结构的要求

铸件结构应尽可能使制模、造型、造芯、合型等生产过程简化，以节约工时，减少废品，并为实现机械化生产创造条件。因此在进行铸件结构设计时应考虑以下因素。

1. 铸件外形应力求简单

铸件外形应避免不必要的曲面、内凹等，尽量采用直线、平面，以便于制模、造型和简化铸造生产工序。图7-28所示为机床铸件的两种结构比较，图7-28a所示 A—A 截面两侧设计成凹坑，必须使用两个较大的外型芯才可以取模，若改成图7-28b所示结构，将凹坑扩展成直通底部的凹槽，则可省去外型芯。

2. 要尽量减少和简化分型面

铸件分型面的数量应尽量减少，且尽量为平面，以利于减少砂型数量和造型工时，而且能简化造型工艺，减少错型、偏芯等缺陷，从而提高铸件

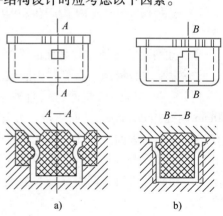

图 7-28 机床铸件的两种结构比较

精度。图7-29所示的端盖铸件原设计存在法兰凸缘（图7-29a），不能采用简单的两箱造型；若改成图7-29b所示的结构，取消上部的凸缘，使铸件仅有一个分型面，则造型简便，能提高铸件精度。

3. 尽量不用或少用活块、型芯

采用活块或型芯会使造型、造芯及合型过程变得复杂，工作量及生产成本会提高，还容

易产生铸件缺陷。图 7-30 所示为悬臂支架的结构设计,采用图 7-30a 所示的结构时,其内腔需用悬臂型芯成型,该型芯难以固定和定位,同时排气不畅,不便清理。改为图 7-30b 所示结构时,不仅省掉了型芯,而且造型简单,容易保证铸件质量。图 7-31 所示为不用或少用活块的设计。

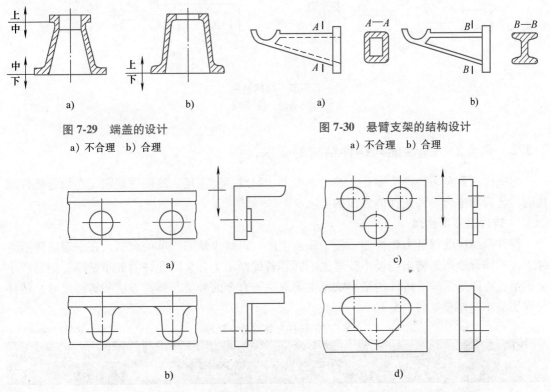

图 7-29　端盖的设计
a) 不合理　b) 合理

图 7-30　悬臂支架的结构设计
a) 不合理　b) 合理

图 7-31　凸台的设计

4. 要有利于型芯的定位、固定、排气和清理

铸型中的型芯必须支撑牢固、便于排气,以免铸件产生偏芯、气孔等缺陷。图 7-32 所示为轴承支架的结构设计,采用图 7-32a 所示结构时,需要两个型芯,并需用型芯撑使型芯固定,且型芯排气不畅,清理困难;若采用图 7-32b 所示结构,可使用一个整体型芯,型芯的稳定性增加,且排气性较好,便于清理。

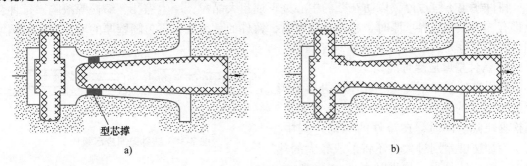

图 7-32　轴承支架的结构设计
a) 不合理　b) 合理

5. 铸件应有一定的结构斜度

在铸件平行于起模方向上的非加工表面应设计出一定的斜度，即结构斜度，如图 7-33 所示。结构斜度可使起模方便，不易损坏型腔，有利于提高铸件精度。一般高度越低，斜度越大；内壁斜度应大于外壁斜度。

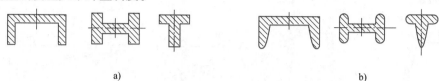

图 7-33　结构斜度
a）不合理　b）合理

7.3.2　合金的铸造性能对铸件结构的要求

为减少或避免铸件产生缩孔、缩松、变形、裂纹、浇不足、冷隔等缺陷，在设计铸件结构时，还应考虑合金铸造性能方面的要求。

1. 铸件壁厚要合理

铸件壁厚应能保证力学性能，便于铸造生产，以减少缺陷，节约金属。在一定的铸造条件下，不同合金所能铸出的最小壁厚也不同。若壁厚小于合金所允许的最小壁厚，则易产生浇不足、冷隔等缺陷。铸件的最小壁厚主要取决于合金的种类、铸造方法和铸件尺寸。铸件允许的最小壁厚参见表 7-5。

表 7-5　铸件允许的最小壁厚　　　　　　　　　　　　（单位：mm）

铸造方法	铸件尺寸（长×宽）	合金的种类					
		铸钢	灰铸铁	球墨铸铁	可锻铸铁	铝合金	铜合金
砂型铸造	<200×200	6~8	5~6	6	4~5	3	3~5
	200×200~500×500	10~12	6~10	12	5~8	4	6~8
	>500×500	18~25	15~20	—	—	5~7	—
金属型铸造	<70×70	5	4		2.5~3.5	2~3	3
	70×70~150×150	—	5		3.5~4.5	4	4~5
	>150×150	10	6		—	5	6~8

铸件壁也不宜过厚，以防在壁的中心处形成粗大晶粒，产生缩孔、缩松等缺陷。每种合金都有一个最大临界壁厚时，超过此壁厚时，铸件的承载能力不再随壁厚的增加而成比例增加。临界壁厚大约是最小壁厚的 3 倍。

2. 铸件壁厚应尽可能均匀

如果铸件壁厚不均匀，在厚壁处容易形成金属聚集的热节，致使厚壁处产生缩孔、缩松等缺陷。同时，在铸件的冷却过程中，由于冷却速度差别过大，还将形成较大的热应力，致使铸件薄、厚壁连接处产生裂纹，如图 7-34 所示。

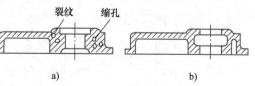

图 7-34　铸件壁厚应尽量均匀
a）不合理　b）合理

3. 铸件壁的连接应采用圆角和平缓过渡

在铸件壁的连接处或转角处容易产生应
力集中、缩孔、缩松等缺陷，设计时应避免尖角和壁厚突变，如图 7-35、图 7-36 和图 7-37
所示。

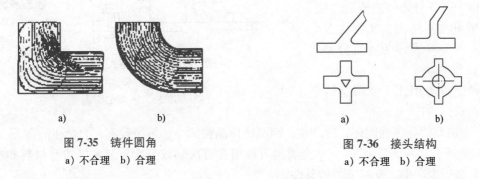

图 7-35　铸件圆角
a）不合理　b）合理

图 7-36　接头结构
a）不合理　b）合理

4. 设计铸件的筋、轮辐时，应尽量使其能自由收缩

铸件收缩受阻是产生内应力、变形和裂纹的根本原因。在设计铸件结构时，应尽量使铸
件自由收缩，以减少内应力，减小变形，避免产生裂纹。图 7-38 所示为轮辐设计方案，若
采用图 7-38a 所示的偶数直轮辐，虽然制
模方便，但轮辐在冷却过程中产生的收
缩力相互对抗，容易在轮辐处产生裂纹；
若改为图 7-38b 或 7-38c 所示结构，收缩
时可借弯曲轮辐或奇数轮辐轮缘的微量
变形减少铸造内应力，防止铸件开裂。

图 7-37　薄壁和厚壁之间的连接
a）不合理　b）合理

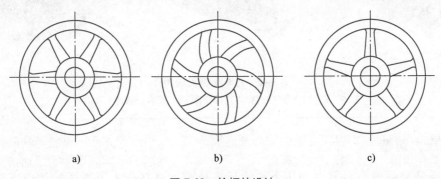

图 7-38　轮辐的设计
a）不合理　b）合理　c）合理

7.4　特种铸造

除砂型铸造以外，所有其他铸造方法都称为特种铸造。与砂型铸造相比，特种铸造具有
良好的铸件精度和表面质量，较高的生产率和较好的劳动条件等优点。目前常用的特种铸造

方法有金属型铸造、压力铸造、熔模铸造和离心铸造等。

7.4.1　金属型铸造

金属型铸造是将液态金属浇入金属铸型中而获得铸件的铸造方法。因金属型可重复使用，又称为永久型铸造。图 7-39 所示为垂直分型式金属型。

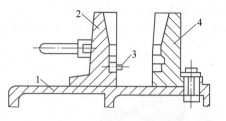

特种铸造

图 7-39　垂直分型式金属型

1—底座　2—活动半型
3—定位销　4—固定半型

与砂型铸造相比，金属型铸造有以下特点：

1）金属型的导热性能好，冷却快，因而铸件晶粒细小、组织致密，力学性能高。

2）实现了"一型多铸"，一个金属型可使用几百次到数万次，节省了造型材料和造型工时，提高了生产率，改善了劳动条件。

3）金属型的尺寸精度高，表面光洁，大大提高了铸件的尺寸精度和表面质量。

4）金属型的制造成本高，生产周期较长，不适于单件小批量生产。同时，由于金属型不透气、没有退让性，铸件容易产生浇不足、冷隔、气孔、裂纹等缺陷。

金属型铸造主要用于非铁金属的大批量生产，典型的产品有汽车发动机的气缸盖（图 7-40a）、排气管（图 7-40b）、活塞（图 7-40c）、轮毂等。

a)　　　　　　　　　　b)　　　　　　　　　c)

图 7-40　汽车上常见的铸件

a）铝合金气缸盖　b）排气管　c）铝合金活塞

7.4.2　压力铸造

压力铸造是将液态金属在高压下快速压入铸型，并在压力下凝固的铸造方法，简称"压铸"。

压力铸造使用的压铸机如图 7-41a 所示，由定型、动型、压室等组成。首先使动型与定型合紧，用上边的活塞将压室中的熔融金属压射到型腔，凝固后打开铸型并顶出铸件，用下边的活塞将余料推出压室，完成压铸全过程。

压力铸造有以下特点：

1）由于金属液是在高压、高速下被充填进金属型腔，提高了合金的充型能力，因此可压铸出形状复杂的薄壁件。如压力铸造可直接铸出零件上的各种孔眼、螺纹、齿形、花纹、

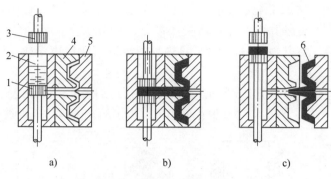

图 7-41　压力铸造

a）合型浇注　b）压射　c）开型顶件

1、3—活塞　2—压室　4—定型　5—动型　6—工件

图案等；采用压力铸造，锌合金的最小壁厚可达 0.3mm，铝合金则可达 0.5mm。

2）由于压力铸造保留了金属型铸造的一些特点，合金又是在压力下结晶的，所以铸件晶粒细小、组织致密，强度较高。

3）压力铸造件的尺寸精度及表面质量高，实现了少切屑或无切屑加工，因此省工、省料、省设备，降低了零件的生产成本。

4）压力铸造的主要缺点是压铸机造价高；压铸型结构复杂，制造费用较高，生产周期长；金属液充型速度大，凝固快，补缩困难，铸件中容易产生气孔和缩孔等缺陷。

压力铸造主要用于低熔点的非铁金属的小型、薄壁、复杂铸件的大批量生产，如汽车发动机的气缸体、气缸盖，轮毂，叶轮等。图 7-42 所示为铝合金压铸件。

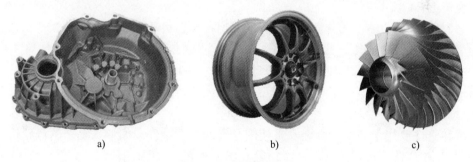

图 7-42　铝合金压铸件

a）压力铸造铝合金变速器前壳　b）压力铸造轮毂　c）压力铸造叶轮

7.4.3　熔模铸造

用易熔材料（如蜡料）制成模样，再在模样上包覆若干层耐火材料制成蜡壳，待模样熔化流出后经高温焙烧即可浇注的铸造方法，称为熔模铸造，也称失蜡铸造。熔模铸造的工艺过程如图 7-43 所示。

（1）制造蜡模　如图 7-43a~f 所示，首先根据铸件的形状和尺寸，用钢、铜或铝合金制成压型；然后把熔化成糊状的蜡质材料（常用 50%石蜡+50%硬脂酸）压入压型中，制成单个蜡模，再把多个蜡模与浇注系统焊粘成蜡模组，形成铸件的模样。

（2）制造型壳 如图 7-43g 所示，将蜡模组浸入以水玻璃与石英粉配制的耐火材料中，取出后再撒上石英砂并在氯化铵溶液中硬化，重复数次，直到结成 5~10mm 厚的型壳。待型壳干燥后，将其放在 85~90℃ 的热水中浸泡，使蜡模熔化并经浇口流出，形成铸型的型腔。

（3）焙烧、浇注 如图 7-43h 所示，为了提高铸型的强度、排除残蜡和水分，将型壳在 850~950℃ 的炉内焙烧，然后将铸型放在砂箱内，周围填充干砂，即可进行浇注。

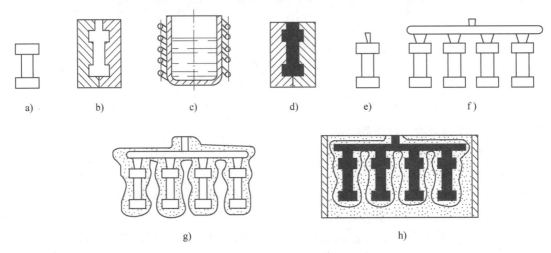

图 7-43 熔模铸造的工艺过程

a）制造母模 b）压型 c）熔蜡 d）制造蜡模 e）蜡模 f）蜡模组 g）结壳、脱蜡 h）填砂、浇注

熔模铸造有以下特点：

1）铸型是一个整体，无分型面，可以制作出各种形状复杂的零件。

2）铸件的尺寸精度高、表面质量好，可实现少切屑或无切屑加工。

3）熔模铸造的工艺过程较复杂，生产周期长（4~15 天），铸件成本较高。

4）由于型壳强度的限制，不适宜成型尺寸较大的铸件，一般为几十克至 25kg，最大重量不超过 80kg。

熔模铸造主要用于高熔点合金及难切削合金的小型铸件。如形状复杂的汽轮机叶片和叶轮、复杂的刀具、阀体（图 7-44a）等。图 7-44b、c 所示钢板支架和摇臂均为熔模铸件。

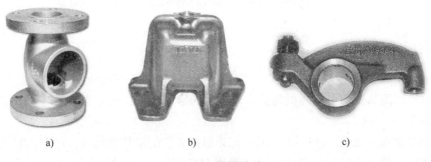

图 7-44 熔模铸件

a）阀体 b）钢板支架 c）摇臂

7.4.4 离心铸造

离心铸造是将液态金属浇入高速旋转的铸型中，使金属液在离心力的作用下凝固成铸件的铸造方法。

离心铸造是在离心铸造机上进行的，根据铸型旋转轴位置的不同，离心铸造机可分为立式和卧式两大类，如图7-45、图7-46所示。

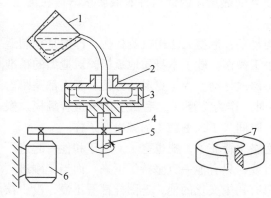

图7-45 圆环件的立式离心铸造示意图
1—浇包 2—铸型 3—金属液 4—传送带和带轮
5—轴 6—电动机 7—铸件

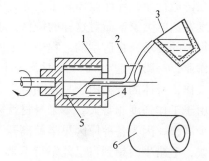

图7-46 圆筒件的卧式离心铸造示意图
1—铸型 2—浇注槽 3—浇包 4—端盖
5—金属液 6—铸件

离心铸造有以下特点：

1）金属液在离心力作用下成型，组织致密，铸件力学性能好，且内部不易产生缩孔、气孔、夹渣等缺陷。

2）金属液的充型能力强，便于铸造流动性差的合金及薄壁铸件。

3）便于生产双金属铸件，如钢套镶铜轴承，其结合面牢固，可节省许多贵重金属。

4）离心铸造的缺点是铸件内表面质量较差，尺寸不够精确，所以应加大内孔的加工余量。

离心铸造多用于生产圆形中空铸件，如各种管子、缸套、轴套、圆环等。图7-47所示为离心铸造成型的汽车上的气缸套。

图7-47 汽车上的气缸套

【案例分析】铸造是依靠液态金属的流动成形的，因此可以生产各种形状、各种尺寸的毛坯，特别是具有复杂内腔的毛坯。

拓展知识

大国工匠毛腊生——我用砂子铸神剑

导弹和砂子，二者风马牛不相及，然而，有这样一位技工，他的工作是铸造导弹的舱体，但是他却和砂子打了一辈子的交道。这位给导弹铸造衣服的人，就是中国航天科工首席技师——毛腊生。

铸造，俗称"翻砂"，是一门传统的工艺。砂型铸造，由于成本低、生产周期短，是目前应用最广泛的一种铸造方法，在全球的铸件生产中，70%的铸件是用砂型生产的。将调配好的砂子做成铸件的形状，之后浇灌金属熔液，冷却后打开铸型就可以得到最终的铸件。在这个过程中，配制砂子是至关重要的一道工序，它的质量最终决定铸件的成败，毛腊生干这行已经39年了，和砂子打了一辈子交道，不管什么样的砂子，他抓一把就知道好坏。

砂子调配好之后，就要进行造型了，这也是整个铸造过程最考验功力的环节，毛腊生的工作就是造型、修型。他所在车间是为导弹铸造舱体的，这就相当于给导弹做一件外衣。由于导弹在高速飞行过程中，与空气摩擦会产生很高的热量，因此这件衣服要求耐得住高压、抗得住高温，任何一点瑕疵都会埋下重大的隐患。

在铸造行业，导弹舱体属于大件，内部结构复杂，造型无法用机器替代，即便是在制造业高度发达的国家，面对这样的铸件，也只能手工操作。砂子本身质地疏松，对造型的精准度有很高的要求，在造型的过程中，工人还要不停地移动。为了更灵活方便，工人都是蹲着完成作业，一蹲就是7、8个小时甚至十几个小时。作为造型工，毛腊生还承担着翻模、搬模等工作，身体的着力由于总是朝着一个方向，时间久了，毛腊生的鞋也变了样。

由于工作强度非常大，本来身材就矮小的毛腊生背驼了，腿也弯了，当年和他一起进厂的不少同事，因为各种原因早早就离开了这个行业，只有他一直坚持了下来。而当年刚进厂的时候，毛腊生没想到自己能坚持下来，因为只有初中文化的他，连图样都看不懂，没少挨师傅的骂。

师傅炉火纯青的技艺让毛腊生感慨，凭着不服输的干劲，他终于成为厂里公认的技术能手。然而一次他做的砂模造型浇铸出来的竟然是废件，这让他百思不得其解，后来发现这是熔液里混入了其他材料导致的。毛腊生意识到，铸造是一个团队合作的行业，哪个环节出问题，都会让所有人的努力前功尽弃，从那以后，毛腊生开始了对铸造全工艺流程的钻研。

2006年，毛腊生所在的工厂与中南大学合作，为国家某重点型号导弹共同开发舱体，在实验室试验成功的技术，可到了实际操作中却出现了问题。试验了20多次全部失败。

就在大家都一筹莫展的时候，有人提出，让毛腊生来试一试。带着干粮和一节废件，毛腊生住进了实验室。当时大家都在怀疑，专家教授都解决不了的问题，一个普通工人能行吗？两天两夜过去，当毛腊生红着眼睛走出来的时候，大家知道，问题终于解决了。

出现在2015年大阅兵上的红旗12导弹的舱体就出自毛腊生之手，这已经是他制造的产品第4次出现在共和国的阅兵庆典上了，然而，随着新材料、新工艺在军品生产中的不断出现，毛腊生在自豪的同时也感到压力越来越大。毛腊生不停地学习新技术，有空就钻进书堆里，在外人眼中，他就是一个不爱说话、不善沟通的人。即便是对家里人，毛腊生也不善于表达。

毛腊生曾说："无聊的时候就跑到车间里，和砂子玩一玩，把砂子弄成各种各样的形状。砂子不和我交流，但是它听话啊，我让它成什么形状它就成什么形状，它就是比较听话，像个小孩子一样。"

毛腊生相貌平平，语不惊人，39年来，他只做了一件事——读懂砂子，铸好导弹。在一些人看来，这是个老实人，在另一些人看来，这个人木讷，然而，当你为国之利器喝彩时，当你为祖国强大欢呼时，你可曾知道，支撑这强大国防的力量，正是千千万万如毛腊生一样的普通工人。

不忘初心，方得始终。朱自清散文中，父亲的那个背影令无数人动容，而镜头中毛腊生的背影同样让我们感受到了一种平凡之中蕴藏的伟大。

本 章 小 结

1. 铸造是制造毛坯的主要方法之一，在机械制造中占有极其重要的地位。形状复杂、受力不大的一般结构件，如箱体、机床床身、支架、机座等，多以铸件为毛坯。

2. 铸造性能是指合金在铸造过程中所表现出来的工艺性能。通常用流动性、收缩性、氧化性、吸气性、偏析和热裂倾向等衡量。

3. 砂型铸造是铸造生产中最基本、应用最广泛的方法。主要包括制作模样和型芯盒、配制型砂和芯砂、造型（造芯）、合金熔炼及浇注、落砂、清理、检验等工序。

4. 铸件的结构工艺性是指所设计铸件的形状与尺寸，除了要保证零件的使用性能外，还要有利于保证铸件的质量和便于进行铸造生产。

5. 特种铸造介绍了砂型铸造以外的其他铸造成型方法、工艺特点及适用范围。

6. 本章内容的学习，应与实习实训或生产现场相结合，增加感性认识。

技 能 训 练 题

一、名词解释

1. 铸造　2. 流动性　3. 收缩性　4. 砂型铸造　5. 特种铸造　6. 造型

二、填空题

1. 液态金属充满铸型型腔的能力称为_____。

2. 合金从液态冷却到室温的过程中要经历_____收缩、_____收缩和_____收缩三个相互联系的收缩阶段。

3. 模样用于形成铸型的型腔，它和铸件的_____相适应。

4. 型芯盒用于制造型芯，其_____与型芯的形状和尺寸相适应。

5. 型砂应具有足够的强度、较高的_____性、良好的_____性和较好的_____性。

6. 常用手工造型方法有_____造型、_____造型、_____造型、_____造型、_____和_____造型。

7. _____铸造造型材料来源广泛，成本低廉，是最常用的铸造方法。

8. 目前常用的特种铸造方法有_____、_____、_____和离心铸造等。

9. 冒口的主要作用是补缩、_____和_____。

三、简答题

1. 铸造成型的特点及其主要存在的问题是什么？

2. 零件、铸件和模样三者在形状和尺寸上有哪些区别？

3. 合金铸造性能好坏主要用什么衡量？它们对铸件质量有何影响？

4. 缩孔和缩松是怎样形成的？防止其产生的措施有哪些？

5. 为什么要规定铸件的最小壁厚？铸件壁厚是否越大越好？为什么？

6. 浇注位置和分型面的选择原则分别是什么？

7. 图 7-48 所示铸件的两种结构中哪种更合理？为什么？

8. 如何改进图 7-49 所示各铸件的结构？说明理由。

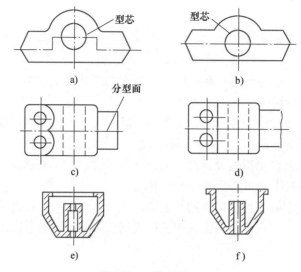

图 7-48 题图（一）

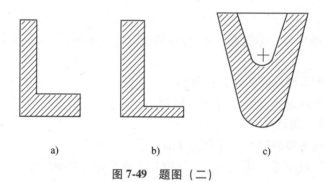

图 7-49 题图（二）

第 8 章

锻 压

 知识目标

1. 了解锻压成形的基本原理、工艺特点及应用范围。
2. 掌握自由锻和冲压的基本工序。

 能力目标

具有合理设计自由锻件、模锻件和冲压件结构的能力。

【案例引入】由于铸造生产环节多，容易产生多种铸造缺陷，且一般铸件的晶粒粗大、组织疏松，力学性能不高，因此铸件不适宜制作受力复杂的和受力大的重要零件。那么受力复杂的和受力大的重要零件应该采用什么毛坯加工方法呢？

锻压是锻造和冲压的总称，是指在外力作用下，通过工具或模具，使金属坯料产生塑性变形，从而获得具有一定形状、尺寸和力学性能的零件或毛坯的加工方法。

锻造是对加热的金属坯料施加冲击力或压力，使之产生塑性变形，从而获得所需锻件的加工方法。根据成形方式不同，锻造分为自由锻和模锻两类。

与其他加工方法相比，锻造具有以下特点：

1）锻造能改善金属组织，提高金属的力学性能。这是因为锻造可以压合铸造组织中的内部缺陷，使组织更加致密；可以将粗大的晶粒细化；可以将高合金工具钢中的碳化物击碎，并进行合理分布。

2）可以节省金属材料。由于锻造提高了金属的力学性能，因此相对缩小了同等载荷下零件的截面尺寸，减轻了零件的重量。另外，采用精密锻造时，可使锻件的尺寸精度和表面粗糙度接近成品零件，做到少切削或无屑加工。

3）具有较高的生产率。模锻成形比切削加工成形生产率高。例如：生产内六角螺钉时，用模锻成形的生产率是切削加工的 50 倍；若采用冷镦工艺制造，其生产率是切削加工成形的 400 倍以上。

由于锻件的力学性能较高，因此承受重载荷、冲击载荷和交变载荷的重要零件，如机床的主轴（图 8-1）、齿轮（图 8-2），汽车发动机的曲轴和连杆（图 8-3），起重机的吊钩（图8-4），以及各种刀具、模具等，多以锻件为毛坯。

图 8-1　机床主轴

图 8-2　机床齿轮

图 8-3　连杆

图 8-4　起重机吊钩

　　冲压是通过装在压力机上的模具对板料施加压力，使之产生分离或变形，从而获得一定形状、尺寸和性能的零件或毛坯。冲压主要用于生产强度高、刚度大、结构轻的板类零件，如日用器皿（图8-5）、仪表罩壳、汽车覆盖件（图 8-6）、车门、侧围、油箱（图 8-7）等。

图 8-5　日用器皿

　　由于锻压是以金属的塑性变形为基础的，因此用于锻压的材料必须具有良好的塑性，以便在加工时能产生较大的塑性变形而不被破坏。各种钢材和大多数非铁金属及其合金都具有一定的塑性，可以锻压成形，而铸铁、铸造铜合金、铸造铝合金等脆性材料则不能进行锻压成形。

图 8-6　汽车覆盖件

图 8-7　油箱

8.1　锻压性能

8.1.1　金属的锻压性能

金属的锻压性能是指金属材料经锻压成形获得合格制件的难易程度。锻压性能常用金属的塑性和变形抗力来综合衡量。塑性越好，变形抗力越小，则金属的锻压性能越好。金属的锻压性能取决于金属的本质和变形条件。

1. 金属的本质

（1）化学成分　纯金属比合金的强度低，塑性好，所以锻压性能好。对于碳钢，随含碳量的增加，塑性降低，锻压性能越来越差。对于合金钢，合金元素含量越多、成分越复杂，其锻压性能越差，特别是加入钨、钼、钒、钛等能提高金属高温强度的元素时，锻压性能将变得更差，因此，碳钢的锻压性能比合金钢好。

（2）金属组织　纯金属和单相固溶体的锻压性能好；金属化合物使锻压性能变差；粗晶粒组织不如细晶粒组织的锻压性能好。

2. 变形条件

（1）变形温度　在一定温度范围内，随着温度的升高，原子间的结合力减弱，金属的塑性提高，变形抗力减小，改善了金属的锻压性能。因此，适当提高变形温度对改善金属的锻压性能有利。但温度过高时，会使金属产生氧化、脱碳、过热等缺陷，所以应严格控制锻造温度。

（2）变形速度　变形速度是指单位时间内的变形量。变形速度在不同范围内对金属锻压性能的影响也不同，如图8-8所示。当变形速度小于临界速度 C 时，随着变形速度的提高，金属的再结晶由于不能及时消除变形时产生的加工硬化，使金属的塑性变差，变形抗力增加，锻压性能变差；当变形速度超过 C 时，由于变形产生的热效应使金属的温度明显升高，加快了再结晶过程，金属的塑性提高，变形抗力减小，从而改善了锻压性能。

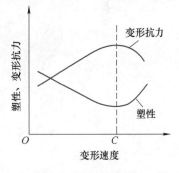

图 8-8　变形速度对金属锻压性能的影响

但是，除高速锻锤和高能成形外，各种锻造设备的变形速度都小于临界值 C，所以对于塑性较差的合金钢、高碳钢及大型锻件，宜在压力机上用较小的变形速度成形，而不是在锻锤上进行锻造，以防坯料断裂。

（3）应力状态　采用不同的方法使金属变形时，其内部所产生的应力性质、应力大小是不同的。挤压时，金属坯料内部产生 3 个方向的压应力，表现出良好的锻压性能，如图8-9a所示；拉拔时，沿坯料的径向为压应力，轴向为拉应力，锻压性能下降，如图8-9b所示；自由锻镦粗时，坯料心部受 3 个方向压应力，而在外表面层，水平方向的压应力转变为拉应力，如图8-9c所示。实践证明，3 个方向的应力中，压应力的数目越多，金属的塑性越好；拉应力的数目越多，金属的塑性越差。

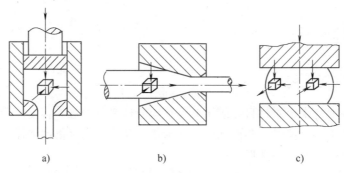

图 8-9 金属变形时的应力状态

8.1.2 锻造流线和锻造比

1. 锻造流线

锻造时，金属中的脆性杂质被打碎，并沿着金属的主要伸长方向呈碎粒状或链状分布；塑性杂质随着金属变形沿主要变形方向呈带状分布，这样锻造后的金属组织就具有一定的方向性，通常称为锻造流线。锻造流线使金属性能呈现各向异性。沿着流线（纵向）较垂直于流线方向（横向）具有较高的强度、塑性和韧性。因此，生产中若能利用流线组织纵向强度高的特点，使锻件中的流线组织连续分布并且与其受力方向一致，则会显著提高零件的承载能力。例如：吊钩采用弯曲工序成形时，就能使流线方向与吊钩受力方向一致，如图8-10a所示，从而可提高吊钩承受拉伸载荷的能力。图 8-10b 所示为锻造成形的曲轴，其流线分布是合理的。图 8-10c 所示为切削成形的曲轴，由于流线不连续，所以流线分布不合理。

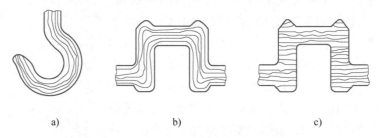

图 8-10 吊钩、曲轴中的流线分布

2. 锻造比

锻造比是锻造时金属变形程度的一种表示方法，通常用变形前后的截面比、长度比或高度比 y 表示。在一般情况下，增加锻造比对改善金属的组织和性能是有利的，但锻造比太大却是无益的。当 $y<2$ 时，随着金属内部组织的细化，锻件的力学性能明显提高；当 $y=2\sim5$ 时，锻件的力学性能开始出现各向异性，而且横向（垂直于流线方向）的塑性开始明显下降；当 $y>5$ 时，金属的组织细化已接近极限，锻件的力学性能不再提高，各向异性则进一步增加。

8.2 自由锻

自由锻是利用锻造设备的冲击力或压力，使加热的金属坯料在上、下砧间产生变形，从而获得所需锻件的加工方法。

　　自由锻分为手工锻造和机器锻造两种，手工锻造的生产率低、劳动强度大，只适合于小批量、小型锻件的生产，现代生产中主要依靠机器锻造生产。自由锻工艺灵活，所用工具、设备简单，通用性大，成本低，可锻造几克至几百吨的锻件，是生产大型锻件的唯一方法，如水轮机发电机主轴、船用柴油机曲轴、连杆等大型零件，均采用自由锻制成毛坯，经切削加工制成零件。但自由锻的尺寸精度低，加工余量大，生产率低，劳动条件差，对操作工人的技术水平要求高。

8.2.1　自由锻的基本工序

　　自由锻的基本工序有镦粗、拔长、冲孔、弯曲、错移和扭转等，其主要工序图例及应用见表 8-1。

表 8-1　自由锻主要工序图例及应用

工序名称	图　例	应　用
镦粗	整体镦粗　　局部镦粗	镦粗是减小坯料高度，增大坯料横截面的锻造工序。常用于齿轮、法兰等锻件加工，也可作为冲孔前的准备
拔长	拔长　　芯棒拔长	拔长是减小坯料横截面，增加其长度的锻造工序，也可用于扩孔。通常用于长而截面小的工件，如轴、拉杆等，也可用于制造空心件，如圆环、套筒等
冲孔	单面冲孔　　双面冲孔	冲孔是利用冲头在镦粗后的坯料上冲出通孔或不通孔的锻造工序。通常薄坯料采用单面冲孔，厚坯料采用双面冲孔。冲孔也常作为锻造圆环、套筒零件的准备工序，常用于锻造齿轮坯、环套类等空心锻件
弯曲	角度弯曲　　弧度弯曲	弯曲是将坯料弯成所需曲率或角度的锻造工序。常用于锻造角尺、弯板、吊钩等

（续）

工序名称	图 例	应 用
错移		错移是将坯料的一部分相对另一部分平行错开一段距离的锻造工序。常用于锻造曲轴类零件。错移时，先对坯料进行局部切割，然后在切口两侧分别施加大小相等、方向相反且垂直于轴线的冲击力或压力，使坯料实现错移
扭转		扭转是将坯料的一部分相对另一部分绕其轴线旋转一定角度的锻造工序。常用于锻造多拐曲轴、麻花钻和某些需要校正的锻件。对于小型坯料，在扭转角度不大时，可采用锤击方法扭转

8.2.2 自由锻工艺规程的制订

制订工艺规程，编写工艺卡片是进行自由锻生产必不可少的技术准备工作，是组织生产过程、规定操作规范、控制和检查产品质量的依据。制订自由锻工艺规程包括以下几项主要内容。

1. 绘制锻件图

锻件图是工艺规程中的核心内容，它是以零件图为基础，并考虑余块、机械加工余量和锻件公差等因素绘制而成的。

（1）余块 余块也称敷料，是为简化锻件形状，便于锻造，在锻件上某些难以直接锻出的部位（如较小的凹槽、台阶、斜面和小孔等）添加的一部分金属，如图 8-11 所示。

（2）机械加工余量 锻件上凡是需要进行切削加工的表面均应留机械加工余量，加工余量的大小与零件的形状、尺寸和生产批量有关，同时还应考虑生产条件和技术水平等因素。

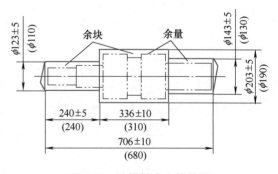

图 8-11 阶梯轴自由锻件图

（3）锻件公差 零件的公称尺寸加上机械加工余量为锻件的基本尺寸。锻件的实际尺寸与其基本尺寸之间允许有一定的偏差范围，即锻件公差。锻件公差的数值可查有关国家标准，通常为加工余量的 1/4~1/3。

绘制锻件图时，锻件形状用粗实线表示，零件的主要轮廓形状用双点画线表示。锻件的基本尺寸和公差标注在尺寸线上面，零件的公称尺寸加括号标注在尺寸线下面，以供操作者参考。图 8-11 所示为阶梯轴自由锻件图。

2. 计算坯料的质量和尺寸

（1）坯料质量的计算　坯料的质量可按下式进行计算

$$m_{坯料} = m_{锻件} + m_{烧损} + m_{料头}$$

式中　$m_{坯料}$——坯料质量；

　　　$m_{锻件}$——锻件质量；

　　　$m_{烧损}$——加热过程中，因表面氧化而烧损的质量；

　　　$m_{料头}$——在锻造过程中冲掉或被切掉的那部分金属的质量。

（2）坯料尺寸的计算　根据坯料质量和密度，可计算出坯料的体积。确定坯料尺寸时，应满足锻件的锻造比要求，并应考虑变形工序对坯料尺寸的限制。采用镦粗法锻造时，为避免锻弯，坯料的高径比 $h_0/d_0 \leq 2.5$；为下料方便，坯料的高径比 $h_0/d_0 \geq 1.25$。

3. 确定锻造工序

锻造工序是根据工序特点、锻件形状和尺寸及锻件技术要求等进行选择的，其主要内容是确定锻件成形所必需的工序、选择所用的工具、确定工序顺序和工序尺寸等。自由锻件的分类及基本工序见表 8-2。

表 8-2　自由锻件的分类及基本工序

类　别	图　例	锻造用工序	应用实例
轴杆类	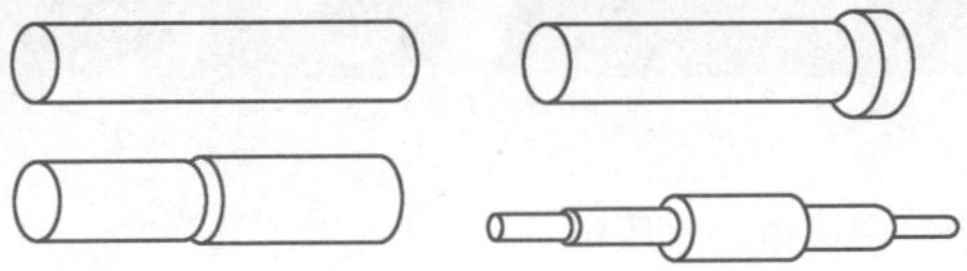	拔长（镦粗及拔长）、压肩、镦台阶、滚圆	主轴、传动轴
曲轴类	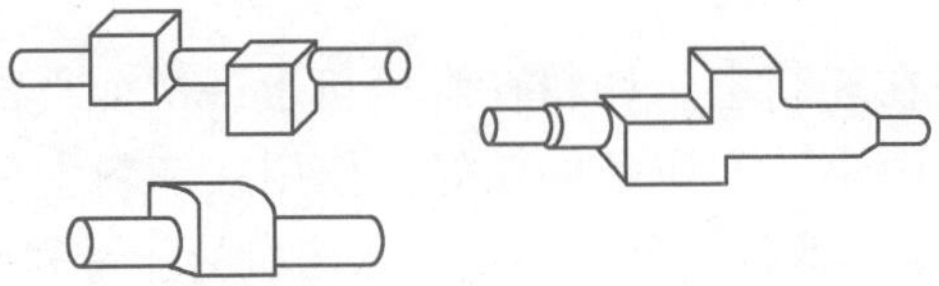	拔长（镦粗及拔长）、错移、镦台阶、切割、滚圆及扭转	曲轴、偏心轴
饼块类	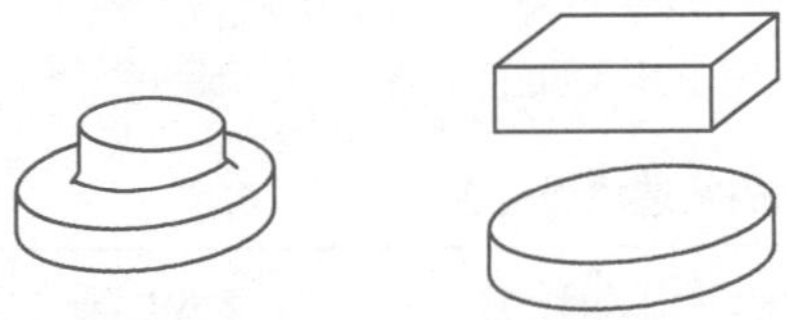	镦粗、局部镦粗	圆盘、齿轮等
空心件	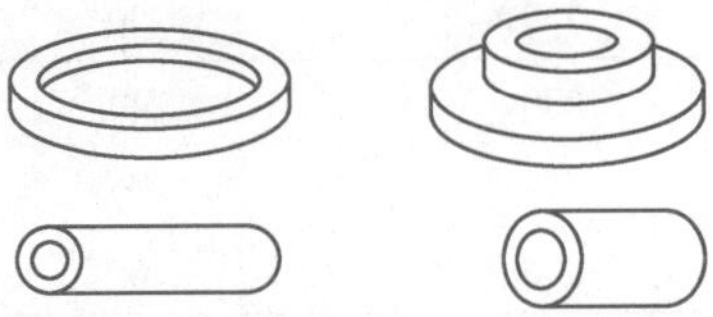	镦粗（镦粗及拔长）、冲孔、芯棒拔长	圆环、法兰、齿圈、圆筒、空心轴等
弯曲件	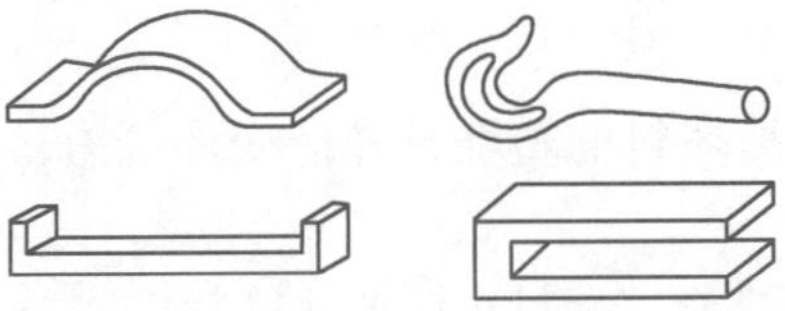	拔长、弯曲	吊钩、轴瓦盖、弯杆等

4. 选择锻造设备

锻造设备应根据材料的种类、锻件尺寸、锻造的基本工序、设备的锻造能力及工厂现有设备条件等因素进行选择。自由锻所用设备有自由锻锤和自由锻水压机两类，如图8-12所示。

（1）自由锻锤　自由锻锤是利用冲击力对坯料进行锻造的设备。金属被锤击一次变形的时间为千分之几秒。自由锻锤的规格大小（吨位）用其落下部分的质量表示。

自由锻锤主要有空气锤和蒸汽-空气锤两种。空气锤具有结构简单、工作行程短、打击速度快和价格低的优点，其吨位一般为50~1000kg，主要用于锻造质量小于100kg的小型锻件；蒸汽-空气锤利用蒸汽或压缩空气来驱动锤头，故锻锤的打击力度大为提高，其吨位一般为1~5t，适合锻造质量为50~700kg的中型锻件。

a)　　　　　　　　　　　b)　　　　　　　　　　　c)

图 8-12　自由锻锤和水压机

a）空气锤　b）蒸汽-空气锤　c）水压机

（2）水压机　水压机是以静压力作用在坯料上，坯料在水压机上一次变形的时间为一秒至几十秒。水压机工作时振动较小，噪声小，工作条件较好，作用在坯料上的压力时间长，变形速度慢，容易使坯料锻透，能够改善锻件内部的质量。水压机的能量利用率较锻锤高，压力大，可锻造1~100t的钢锭，是大型锻件的主要锻造设备。

常用自由锻设备的锻造能力范围见表8-3、表8-4和表8-5。

表 8-3　空气锤的锻造能力范围

锻锤吨位/kg		65	75	150	200	250	400	560	750
能锻工件尺寸/mm	方（边长）	65	—	130	150	—	220	270	270
	圆（直径）	85	85	145	170	175	240	280	300
能锻工件质量/kg	最大	2	2	4	7	8	18	30	40
	平均	0.5	0.5	1.5	2.0	2.5	6	9	12

5. 坯料的加热及锻件的冷却

（1）坯料的加热　加热的目的是为了提高坯料的塑性，降低变形抗力，改善金属的锻压性能。

坯料加热应在合理的温度范围内进行，保证金属坯料在加工过程中具有较好的锻压性能，

表 8-4　蒸汽-空气锤的锻造能力范围

锻锤吨位/t		1	2	3	5
能锻钢锭质量/t		0.5	1	1.5~2	2.5
能拔长毛坯直径或边长/mm		230	280	330	450
能镦粗毛坯直径/mm		350	450	500	600
能锻曲轴最大质量/kg		250	500~650	1000~1200	1600
能锻成形件质量/kg	最大	50	180	320~350	700
	平均	20	60	100~120	200

表 8-5　水压机的锻造能力范围

水压机吨位/t		500	800	1250	1600	2000	2500	3000	6000	8000	12000
能锻最大钢锭质量/t	拔长	2~3	6~7	9~13	12~14	30	40~45	45~50	130~150	140~180	270~300
	镦粗	1	2.5	4~5	5~6	8	12~24	20~32	60~80	80	140~170
能锻最大锻件质量/t		1.5	4.5	7~8	7~8	18	25~30	30	90~100	100~110	180
能锻最大环形件直径/mm		1100	1500	2000	2000	—	3000	3000	4000	4000	5000

并尽可能扩大温度范围，以提供充足的成形加工时间，从而减少加热次数，提高生产率并降低氧化损耗。这一温度范围用始锻温度和终锻温度来表示。

始锻温度即开始锻造时的温度，也就是允许加热到的最高温度。始锻温度过高，就会产生过热甚至过烧缺陷。过热是指加热温度超过一定温度时，引起晶粒急剧长大的现象。过热后的金属晶粒粗大，塑性大为降低。若温度继续升高，则晶界上低熔点杂质开始熔化，晶界发生剧烈氧化，破坏了晶粒之间的联系，使金属失去了塑性，在压力作用下被压碎，这种现象称为过烧。过热的金属可以用热处理方法消除，过烧的金属则无法挽救。

终锻温度即停止锻造时的温度。在保证加工结束前金属还具有足够的塑性及结束后能获得较好的再结晶组织的前提下，终锻温度应该低，这样就扩大了锻造加工温度范围。但终锻温度不能过低，否则金属塑性差，变形抗力大，并可能出现冷变形强化。在较低温度下锻造加工易出现裂纹。

常用金属的锻造温度范围见表 8-6。

表 8-6　常用金属的锻造温度范围

合金种类	始锻温度/℃	终锻温度/℃	合金种类	始锻温度/℃	终锻温度/℃
碳素结构钢	1150~1250	850~800	弹簧钢	1100~1150	850~800
碳素工具钢	1050~1150	850~800	高速钢	1100~1150	900~870
合金结构钢	1100~1200	850~800	铝青铜	850	700
合金工具钢	1050~1150	850~800	硬铝	470	380

（2）锻件的冷却　锻件的冷却也是锻造生产的一个重要环节。冷却时，由于表面冷却快，内部冷却慢，金属表里冷却收缩不一致而形成的温度差达到一定值时，就会使锻件产生变形、裂纹等缺陷。锻件常用的冷却方法有以下 3 种：

1）空冷。空冷是指将锻造后的锻件在空气中冷却的方法。空冷时冷却速度较快，常用

于 $w_C<0.5\%$ 的碳钢和 $w_C<0.3\%$ 的低合金钢小型锻件的冷却。

2）坑冷。坑冷是指将锻造后的锻件放在地坑或铁箱中进行缓慢冷却的方法。常用于碳素工具钢和合金钢锻件的冷却。

3）炉冷。炉冷是指将锻造后的锻件放在一定温度的加热炉中随炉进行缓慢冷却的方法。常用于大型锻件及高合金钢锻件的冷却。

6. 填写工艺卡片

将工艺规程的相关内容填入相应的锻造工艺卡片中，经校对、批准后使用。表8-7为齿轮坯的自由锻工艺卡。

表8-7 齿轮坯的自由锻工艺卡

锻件名称	齿轮坯	工艺类别	机器自由锻
材料	45钢	设备	65kg空气锤
加热火次	1	锻造温度范围	1150~800℃
锻件图		坯料图	

序号	工序名称	工序简图
1	镦粗	
2	冲孔	
3	修正外圆	
4	修正平面	

8.2.3 自由锻件的结构工艺性

自由锻一般使用的是通用、简单的工具，锻件的形状和尺寸主要靠工人的操作技术来保证，因此进行自由锻件设计时，应在满足使用性能的前提下，使其形状尽量简单，易于锻造。

1. 锻件上应尽量避免锥面或斜面

锻件上的圆锥面或斜面结构采用自由锻不易锻出，为减少专用工具、简化锻造工艺和提高生产率，尽量用圆柱面代替圆锥面，用平面代替斜面，如图 8-13 所示。

2. 避免曲面相交及椭圆形结构

曲面与曲面相交处是复杂的曲线，难以锻出，同时应避免椭圆形结构及曲线形表面，应采用简单、对称、平直的形状结构，如图 8-14 所示。

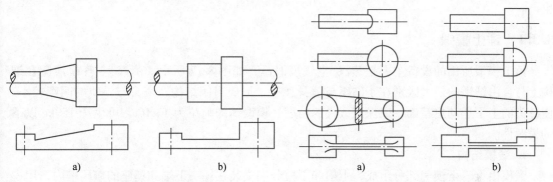

<table>
<tr><td align="center">图 8-13 避免锥面或斜面结构
a）不合理 b）合理</td><td align="center">图 8-14 避免曲面相交及椭圆形结构
a）不合理 b）合理</td></tr>
</table>

3. 避免加强筋和凸台结构

具有加强筋及表面有凸台结构的锻件，自由锻难以锻出，应采用无加强筋及凸台结构的形状，如图 8-15 所示。

4. 合理采用组合结构

对于截面尺寸相差很大和形状比较复杂的零件，可考虑将零件分成几个简单的部分分别锻造出来，再用焊接或机械连接的方式组成整体，如图 8-16 所示。

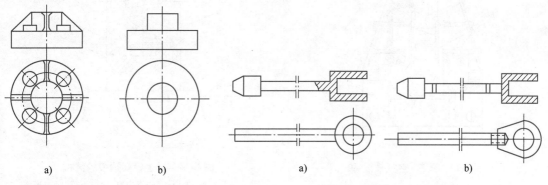

<table>
<tr><td align="center">图 8-15 避免加强筋和凸台结构
a）不合理 b）合理</td><td align="center">图 8-16 合理采用组合结构
a）不合理 b）合理</td></tr>
</table>

8.3　模锻

模锻是把加热后的金属坯料放在具有一定形状的锻模模膛内，通过施加压力或冲击力，使坯料变形并充满锻模模膛，从而获得一定尺寸及形状的锻件的工艺方法。常用的有锤上模锻和胎模锻。

与自由锻相比，模锻的优点是：①锻件的尺寸和精度比较高，加工余量小，节省加工工时，材料利用率高；②可以锻造形状复杂的锻件；③锻件内部流线分布合理；④操作简便，劳动强度低，生产率高。

模锻生产由于受到模锻设备吨位的限制，锻件质量不能太大，一般在 150kg 以下。另外，制造锻模成本很高，所以模锻不适合于单件小批量生产，而适合于中小型锻件的大批量生产。

8.3.1　锤上模锻

锤上模锻所用的设备主要是蒸汽-空气模锻锤，如图 8-17 所示。蒸汽-空气模锻锤在结构上与自由锻锤的最大区别在于砧座与锤身连接，形成封闭结构，锤头与导轨的间隙较小，使锤头的上下运动更精确，以保证锻件的精度。模锻锤的吨位为 1~16t，可生产 150kg 以下的模锻件。

1. 锻模结构

锻模由上、下模两部分组成，上模和下模分别安装在锤头下端和模座的燕尾槽内，用楔铁紧固，如图 8-18 所示。锻造时下模不动，上模随锤头一起上下运动对坯料进行锤击，锻出所需要的锻件。上、下模接触时，上、下模中间所形成的空间称为模膛。模锻的变形工步都是在相应的模膛中完成的。

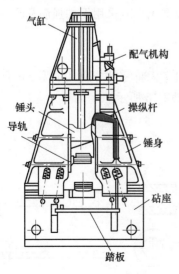

图 8-17　蒸汽-空气模锻锤

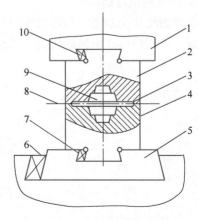

图 8-18　锤上模锻锻模的结构
1—锤头　2—上模　3—飞边槽　4—下模　5—模座
6、7、10—楔铁　8—分模面　9—模膛

2. 锻模模膛

根据模膛的功用不同，锻模模膛分为制坯模膛和模锻模膛两类。

（1）制坯模膛　对于形状复杂的锻件，先将原始坯料在制坯模膛内锻成接近于锻件的形状，然后再放到模锻模膛内进行锻造。

根据制坯工序的不同，制坯模膛又分为拔长模膛、滚压模膛、弯曲模膛和切断模膛等。

1）拔长模膛。用来减小坯料某部分的横截面积，以增加该部分的长度。当模锻件的纵向、横向截面积相差较大时，常采用这种模膛进行拔长。

2）滚压模膛。用来减小坯料某部分的横截面积，以增大另一部分的横截面积。主要是使金属按模锻件形状来分布，操作时不需翻转坯料。

3）弯曲模膛。对于弯曲的杆类模锻件，需用弯曲模膛来弯曲坯料。坯料可直接或先经其他制坯工步加工后放入弯曲模膛进行弯曲变形。

4）切断模膛。它是由上模与下模的角部组成的一对刃口，用来切断金属。单件锻造时，用它从坯料上切下锻件或从锻件上切下钳口；多件锻造时，用切断模膛将锻件分离成单个工件。

（2）模锻模膛　模锻模膛分为预锻模膛和终锻模膛两种。

1）预锻模膛。其作用是使坯料变形到接近于锻件的形状和尺寸，以保证终锻时坯料容易充满模膛而成形，减少终锻模膛磨损，从而提高锻模的使用寿命。与终锻模膛相比，预锻模膛的高度大、宽度小、容积大，无飞边槽，模锻斜度和圆角半径较大。对于形状复杂的锻件，在大批量生产时常采用预锻模膛；而形状简单或批量不大的模锻件可不设置预锻模膛。

2）终锻模膛。其作用是使坯料达到锻件的形状和尺寸要求。终锻模膛的形状与锻件形状相同，但尺寸需按锻件放大一个收缩量（钢件收缩率取 1.5%）。模膛周围设有飞边槽，以便在上、下模合拢时能容纳多余的金属，飞边槽靠近模膛处较浅，使进入飞边槽的金属先冷却，可增大模膛内金属外流的阻力，促使金属充满模膛。

根据模锻件的复杂程度不同，所需变形的模膛数量不等，可将锻模设计成单膛锻模或多膛锻模。单膛锻模即在一副锻模上只有一个终锻模膛。使用单膛锻模时，可将坯料直接放入模膛中成形，从而获得所需要的锻件。多膛锻模是在一副锻模上具有两个以上模膛的锻模。

图 8-19 所示为弯曲连杆锤上模锻示意图，该零件结构较为复杂，坯料在模膛中经拔长、

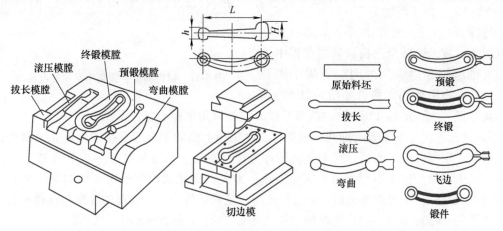

图 8-19　弯曲连杆锤上模锻示意图

滚压、弯曲3个工步，使毛坯接近于锻件，然后经预锻和终锻制成有飞边的锻件，切除飞边后即得到合格的锻件。

锤上模锻的特点是能加工形状比较复杂的锻件，锻件的表面质量高、加工余量小，可节省金属材料和加工工时，生产率高。但由于受到模锻设备的限制，锻件重量不能太大，而且制造锻模的成本较高，通常适合于小型锻件的大批量生产。

3. 模锻工艺规程的制订

模锻工艺规程包括绘制模锻件图、计算坯料尺寸、确定模锻工步、选择锻锤吨位及安排修正工序等。

（1）绘制模锻件图　模锻件图是设计和制造锻模、计算坯料及检验锻件的依据，绘制模锻件图时应考虑下面几个问题。

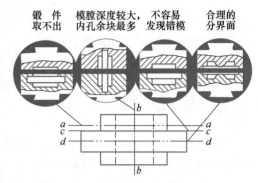

图8-20　分模面选择比较图

1）选定分模面。分模面是上、下模的分界面。确定分模面的一般原则是：①分模面通常选在模锻件最大尺寸的截面上，以方便锻件从模膛中取出；②分模面应使模膛的深度最浅，以利于金属充满模膛；③应使分模面上的上、下模膛外形一致，以便于及时发现在安装锻模和生产过程中出现的错模现象。根据以上原则，图8-20所示零件选 d—d 面作为分模面最为合理。

2）加工余量、锻件公差和余块。模锻件的尺寸精度较高，其加工余量和锻件公差比自由锻件小得多。一般余量为 $1\sim4$mm，公差为 $\pm(0.3\sim3)$mm，具体数值可查国家标准 GB/T 12362—2016《钢质模锻件　公差及机械加工余量》。模锻件均为成批生产，为节省材料，应尽量少加或不加余块。

3）确定模锻斜度。为使锻件容易从模膛中取出，在垂直于分模面的锻件表面上必须有一定斜度，如图8-21所示。外壁斜度一般取 $5°\sim10°$，内壁斜度为 $7°\sim15°$。

4）圆角半径。锻件上两个面的相交处应以圆角过渡，以减少锻模在锻造过程中外尖角处的磨损和内尖角处因应力集中而开裂，提高锻模的使用寿命，如图8-21所示。

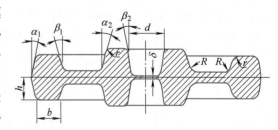

图8-21　模锻斜度、圆角半径和冲孔连皮

外圆角半径 r 一般取 $1\sim12$mm，内圆角半径 R 是外圆角半径 r 的 $2\sim3$ 倍。

5）冲孔连皮。对于具有通孔的模锻件，由于锤上模锻不可能直接锻出通孔，因此孔内必须留有一定厚度的金属层，这层金属层称为冲孔连皮，如图8-21所示。冲孔连皮锻后需在压力机上冲除。连皮不宜太薄，以免因锤击力太大而导致模膛凸出部位的滚刀磨损或压塌；连皮太厚时，不仅浪费金属，而且冲除时会造成锻件变形。连皮的厚度与孔径和孔深有关，当孔径 $d>30$mm 时，连皮的厚度为 $4\sim8$mm；当孔径 $d<30$mm 时，孔不锻出。

（2）计算坯料尺寸　步骤与自由锻相同。坯料质量包括锻件质量、飞边质量、连皮质量和烧损质量。一般飞边质量是锻件质量的 20%~25%；烧损质量是锻件和飞边质量总和的 2.5%~4%。

（3）确定模锻工步 模锻工步是根据锻件的形状和尺寸确定的。模锻件按形状可分为轮盘类锻件和长轴类锻件两类，如图 8-22 和图 8-23 所示。

轮盘类锻件如齿轮、法兰盘等，在终锻时金属沿高度和径向均产生流动。一般的轮盘类模锻件，采用镦粗和终锻工序。对于一些高轮毂、薄轮辐的模锻件，可采用镦粗—预锻—终锻工序。对于形状简单的盘类锻件，可只用终锻工序成形。

长轴类锻件如台阶轴、弯曲摇臂、曲轴、连杆等，在终锻时，金属沿长度和宽度方向流动，但长度方向流动不大。长轴类模锻件常用的锻造方案有：预锻—终锻；滚压—预锻—终锻；拔长—滚压—预锻—终锻；拔长—滚压—弯曲—预锻—终锻。

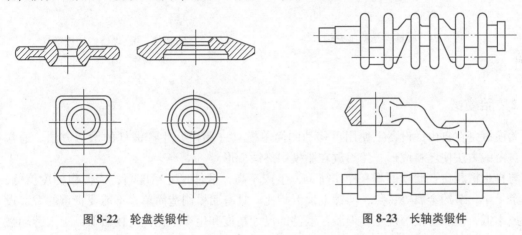

图 8-22 轮盘类锻件　　　　　　　图 8-23 长轴类锻件

（4）选择锻锤吨位 锻锤的吨位可根据模锻件的质量参照表 8-8 进行选择。

表 8-8 模锻锤吨位的选择

模锻锤吨位/t	≤0.75	1	1.5	2	3	5	7~10	16
锻件质量/kg	<0.5	0.5~5	1.5~5	5~12	12~25	25~40	40~100	>100

4. 模锻件的结构工艺性

设计模锻件时，应在确保零件使用性能的前提下，结合锻模的特点和工艺要求，使其结构符合以下原则：

1）模锻件必须具有合理的分模面，以保证模锻件易于从锻模中取出、余块最少，锻模制造容易。

2）模锻件的形状力求简单、对称、平直，避免面积差别过大、薄壁、高筋、凸起等外形结构。图 8-24a 所示模锻件凸缘太薄、太高，中间下凹过深；图 8-24b 所示模锻件过于扁薄，金属易于冷却，但不易充满模腔；图 8-24c 所示模锻件有一个高而薄的凸缘，不仅金属难以填充，锻模的制造和锻件的取出也不容易，如改成图 8-24d 所示形状，则易于锻造。

3）对于形状复杂的大型锻件，在可能的情况下，尽量选用锻-焊结构，以减少余块，简化模锻过程，如图 8-25 所示。

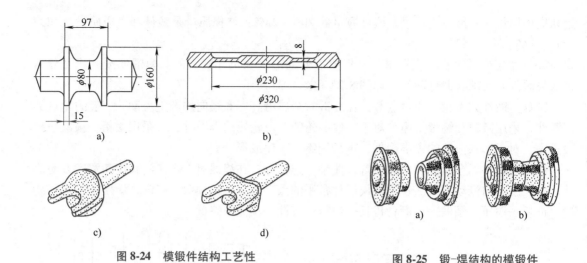

图 8-24 模锻件结构工艺性

图 8-25 锻-焊结构的模锻件
a) 锻件 b) 锻-焊组合

8.3.2 胎模锻

胎模锻是在自由锻设备上使用可移动的简单模具（胎模）生产锻件的锻造方法。通常采用自由锻方法使坯料成形，然后放在胎模中终锻成形。

与自由锻相比，胎模锻具有操作简单，生产率高，锻件尺寸精度高，表面粗糙度值低，加工余量小，节约金属等特点；与锤上模锻相比，具有胎模制造简单，不需要贵重的锻造设备，成本低，使用方便等优点。但胎模锻件的尺寸精度和生产率比锤上模锻低，工人劳动强度大，胎模使用寿命短。

胎模按其结构可分为扣模、套筒模和合模 3 种。

1. 扣模

如图 8-26 所示，扣模用来对坯料进行全部或局部变形，用于非旋转体锻件的成形或弯曲，也可以为合模锻造进行制坯。用扣模锻造时，坯料不转动，常用来生产长杆类非回转体锻件。

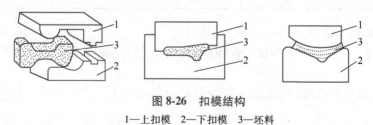

图 8-26 扣模结构
1—上扣模 2—下扣模 3—坯料

2. 套筒模

套筒模为圆筒形，如图 8-27 所示。套筒模分为开式套筒模和闭式套筒模两种：开式套筒模只有下模，上模用上砧代替，锻件的端面必须是平面；闭式套筒模由套筒、上模垫及下模垫组成，主要用于端面有凸台或凹坑的回转体类锻件的制坯或最终成形。

3. 合模

合模由上模和下模两部分组成，为了使上、下模吻合及不使锻件产生错移，常用导柱或

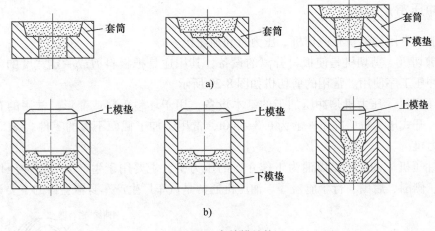

图 8-27　套筒模结构

a) 开式套筒模　b) 闭式套筒模

导锁定位, 如图 8-28 所示。合模适用于各类锻件的终锻成形, 尤其是形状复杂的回转体类锻件, 如连杆、叉形件等锻件。

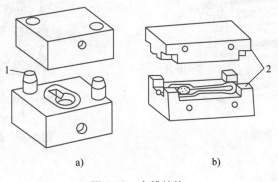

图 8-28　合模结构

1—导柱　2—导锁

8.4　冲压

冲压是利用冲模使板料分离或变形的加工方法。冲压通常是在常温下进行的, 所以又称为冷冲压。冲压的特点如下:

1) 冲压件尺寸精度高, 表面质量好, 互换性好, 材料利用率高。

2) 能生产出形状复杂的零件; 冲压件一般不再进行切削加工, 生产周期短。

3) 冲压生产率高, 零件成本低, 操作简单, 工艺过程便于实现机械化和自动化。

4) 冲模制造成本高, 只有在大批量生产时才能显示其优越性。

由于冲压也是以金属的塑性变形为基础的, 因此用于冲压的板料必须具有良好的塑性。冲压常用的金属材料有低碳钢, 低碳合金钢, 铝、铜、镁及其合金。

冲压在工业生产中有着广泛的应用, 特别是在汽车、航空航天、电器、仪表等行业占有极其重要的地位。

8.4.1 冲压常用设备

冲压加工常用的设备有剪切机、压力机和油压机。

（1）剪切机 剪切机是使板料分离的设备，其用途是把板料剪成一定宽度的条料，以供下一步冲压工序使用。常用的剪切机如图 8-29 所示。

（2）压力机 压力机是冲压加工的基本设备，用于坯料落料或变形。常用的有开式和闭式两类，开式压力机的吨位一般为 6.3~200t，常用于加工截面不大的零件。图 8-30 所示为开式压力机。

（3）油压机 油压机是以油为工作介质的压力机，主要用于生产大中型冲压件，如汽车的车门、侧围、后围、行李舱盖等。油压机通常是汽车厂生产车身覆盖件的主要设备。

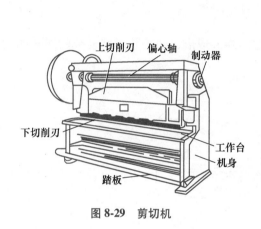

图 8-29 剪切机

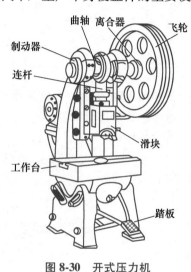

图 8-30 开式压力机

8.4.2 冲压的基本工序

冲压的基本工序可分为分离工序和变形工序两大类。

1. 分离工序

分离工序是使坯料的一部分与另一部分相互分离的工序，如剪切、冲裁（落料、冲孔）等。

（1）剪切 使板料沿不封闭轮廓进行分离的工序称为剪切。剪切多用于加工形状简单的平板工件或将板料剪成一定宽度的条料、带料，作为其他冲压加工的备料工序。

（2）冲裁 即利用冲模将板料按封闭轮廓进行分离的工序。冲孔和落料都属于冲裁，这两个工序的模具结构和变形过程都是一样的，只是用途不同。冲孔时，冲落部分为废料，留下的周边部分是成品；落料时，冲下部分为成品，留下的周边部分是废料，如图 8-31 所示。

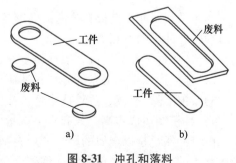

图 8-31 冲孔和落料
a）冲孔 b）落料

图 8-32 所示为冲裁时金属板料的分离过程示意图。凸模与凹模都有锋利的刃口，当凸模向下运动压住板料时，板料受到挤压产生弹性变形，进而产生塑性变形。由于加工硬化及冲模刃口对金属板料产生应力集中作用，当上、下刃口附近材料内的应力超过一定限度后，即开始产生裂纹；随着凸模继续下压，裂纹不断产生并逐渐向板料内部扩展直至汇合，板料即被分离。

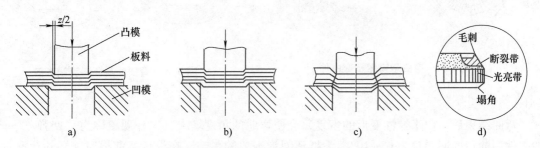

图 8-32　冲裁时金属板料的分离过程示意图
a）弹性变形　b）塑性变形　c）分离　d）落下部分的放大图

为了确保制件质量和延长模具的寿命，凸模与凹模之间要有合适的间隙，这样才能保证上、下裂纹相互重合，进而获得表面光滑略带斜度的断口。其双边间隙 z 与板料厚度 δ 的关系一般为：$z=(0.06\sim0.12)\delta$。由于间隙的存在，使用同一副冲模间隙冲压时，所得到的落料件和冲孔件的尺寸不同。设计冲孔模时，应使凸模尺寸等于孔的尺寸（$d_凸=d$），凹模尺寸等于凸模尺寸加上双边间隙；设计落料模时，应使凹模尺寸等于落料件尺寸（$D_凹=D$），凸模尺寸等于凹模尺寸减去双边间隙。

在工作过程中由于冲模有磨损，冲孔件尺寸会随凸模的磨损而减小，而落料件尺寸会随凹模刃口的磨损而增大。为了保证零件的尺寸要求，提高模具的使用寿命，冲孔时，选取凸模刃口的尺寸应选取公差范围内的最大尺寸；落料时，凹模刃口的尺寸应选取公差范围内的最小尺寸。

（3）修整　修整是利用修整模沿冲裁件外缘或内孔刮削一薄层金属，以切掉普通冲裁时在冲裁件断面上存留的断裂带和毛刺，从而提高冲裁件的尺寸精度和降低表面粗糙度值的加工方法。修整分为外缘修整和内孔修整，如图 8-33 所示。

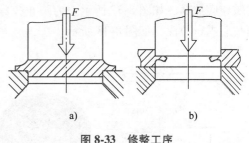

图 8-33　修整工序
a）外缘修整　b）内孔修整

2. 变形工序

变形工序是使坯料的一部分相对另一部分产生位移但不破裂的工序，如弯曲、拉深、翻边、胀形等。

（1）弯曲　弯曲是将坯料的一部分相对于另一部分弯曲成一定角度或曲率的工序，如图 8-34 所示。弯曲时，坯料内侧受到压应力；而外侧受拉应力。当外侧拉应力超过坯料的抗拉强度时，就会造成弯裂。坯料越厚，弯曲半径 r 越小，越容易弯裂。为防止弯裂，弯曲件的最小弯曲半径 $r_{min}=(0.25\sim1)\delta$（$\delta$ 为板料厚度）。坯料的塑性好，则弯曲半径可小些，同时，应尽可能使弯曲线与坯料流线方向垂直，如图 8-35 所示。

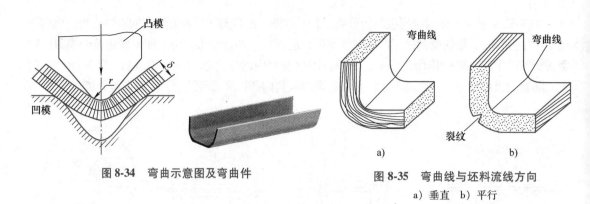

图 8-34 弯曲示意图及弯曲件

图 8-35 弯曲线与坯料流线方向
a) 垂直 b) 平行

弯曲结束后，由于弹性变形的恢复，会使弯曲的角度增大，这种现象称为"回弹"。一般零件弯曲后的回弹角为 0°～10°。为抵消回弹现象的影响，在设计弯曲模时，必须使模具的角度比成品件小一个回弹角。

（2）拉深 拉深是利用拉深模使板料毛坯变形成开口空心零件的工序，如图 8-36 所示。其变形过程为：把直径为 D 的板料放在凹模上，在凸模的作用下，板料被拉入凸模与凹模的间隙中，最终形成空心零件。拉深时，零件的底部一般不变形，只起传递拉力的作用，厚度基本保持不变。

拉深模的构造与冲裁模相似，但拉深模的工作部分不是锋利的刃口，而是做成了一定的圆角。对于钢制拉深件，凹模的圆角半径 $r_凹 = (5～15)\delta$，而凸模的圆角半径 $r_凸 = (0.6～1)r_凹$。如果圆角半径过小，则容易拉裂产品。凸模与凹模之间的单边间隙 $z = (1.1～1.5)\delta$。如果间隙过小，模具与拉深件之间的摩擦增大，容易擦伤工件表面甚至拉裂工件，同时会降低模具的使用寿命；如果间隙过大，又易使拉深件起皱，影响拉深件精度。拉深过程中常见的缺陷有起皱和底拉穿，如图 8-37 所示。为防止拉深过程中零件的变形起皱，可采用压边圈把坯料压住后进行拉深，如图 8-38 所示。

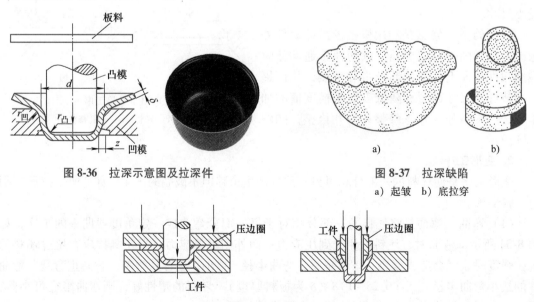

图 8-36 拉深示意图及拉深件

图 8-37 拉深缺陷
a) 起皱 b) 底拉穿

图 8-38 有压边圈的拉深

拉深过程中的变形程度一般用拉深系数 m 表示。拉深系数是拉深件直径 d 与坯料直径 D 的比值，即 $m=d/D$。拉深系数越小，表明拉深后零件的直径越小，材料的变形程度越大，坯料被拉入凹模越困难，越容易把拉深件拉穿。一般情况下，拉深系数在 0.5~0.8 范围内。如果拉深系数过小，不能一次拉深成形时，则可采用多次拉深工艺，如图 8-39 所示。在多次拉深过程中，由于会产生加工硬化现象，致使材料的变形抗力增大、塑性降低。为提高金属的塑性，防止出现拉深缺陷，在经过一两次拉深后，应安排中间退火工序，同时在多次拉深中，拉深系数应一次比一次略大些。

（3）内孔翻边　内孔翻边是带孔坯料沿孔周围获得凸缘的工序，如图 8-40 所示。图中 d_0 为坯料上孔的直径，δ 为坯料厚度，d 为凸缘的平均直径，h 为凸缘的高度。

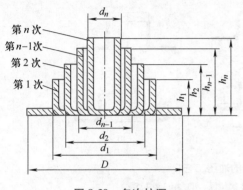

图 8-39　多次拉深

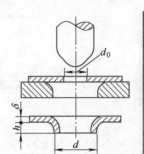

图 8-40　翻边示意图及翻边件

（4）成形　成形是利用局部变形使坯料或半成品改变形状的工序。主要用于制造刚性的加强筋，或增大半成品部分内径等。图 8-41 所示为压筋示意图及压筋产品，图 8-42 所示为胀形简图及胀形产品。

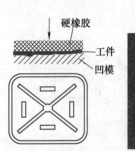

图 8-41　压筋示意图及压筋产品

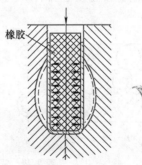

图 8-42　胀形简图及胀形产品

图 8-43 所示为汽车消声器的冲压工艺示意图，冲击工艺过程由 3 次拉深、1 次冲孔、2 次翻边和 1 次切槽共 7 道工序组成，是冲压加工较为典型的实例。

8.4.3　冲压件的结构工艺性

冲压件的设计不仅要保证零件的使用性能，同时应具有良好的工艺性能，以减少材料消耗，延长模具使用寿命，提高生产率，降低生产成本，因此在设计冲压件时应考虑以下

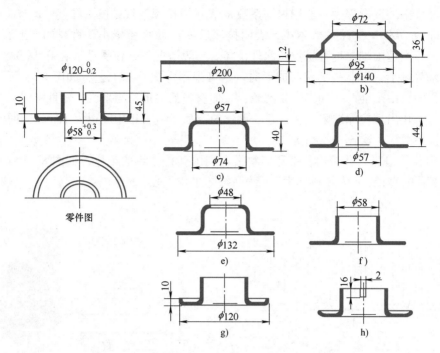

图 8-43　汽车消声器的冲压工艺

a) 坯料　b) 第1次拉深　c) 第2次拉深　d) 第3次拉深

e) 冲孔　f) 内孔翻边　g) 外缘翻边　h) 切槽

因素：

1）冲裁件的结构应力求简单、对称，尽可能采用圆形、矩形等规则形状，避免长槽与细长悬臂结构；其形状应便于排样，力求做到减少废料，提高材料利用率，如图 8-44 所示。

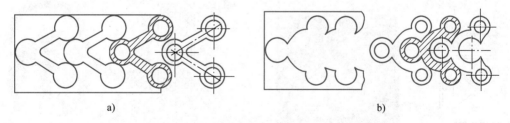

图 8-44　零件的形状与排样

a) 不合理　b) 合理

2）冲孔件或落料件上直线与直线、直线与曲线的连接处，均应采用圆弧连接，以避免尖角处因应力集中而被冲裂。

3）冲裁件上孔与零件边缘、孔与孔之间的距离，冲孔直径均不宜过小，以提高模具的使用寿命。有关尺寸限制如图 8-45 所示。

4）弯曲件的形状应尽量对称，弯曲半径不能小于材料允许的最小弯曲半径，弯曲中心与端部或孔边缘之间的距离不能太小。图 8-46 所示为弯曲件的有关尺寸限制。

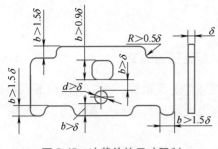

图 8-45　冲裁件的尺寸限制

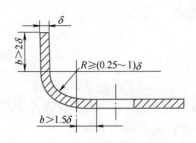

图 8-46　弯曲件的尺寸限制

5）拉深件的设计要求形状简单、对称，高度不宜过大，拉深件的圆角不能太小，否则容易产生废品，或需增加拉深次数和生产成本。拉深件的最小圆角半径可参考图 8-47 进行设计。

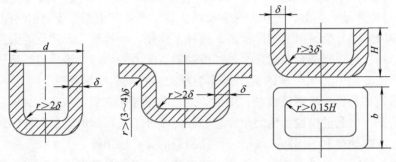

图 8-47　拉深件的圆角半径限制

6）对于形状复杂的零件，可采用冲-焊结构，即将零件分成若干个简单件并分别冲压，再焊接成组合件，如图 8-48 所示。

7）为减少组合件，可采用冲口工艺。如图 8-49a 所示，零件采用 3 个冲压件经铆接或焊接制成；现采用冲口工艺制成整体零件，可以节省材料和简化工艺过程，如图 8-49b 所示。

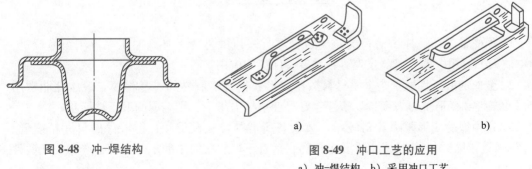

图 8-48　冲-焊结构

图 8-49　冲口工艺的应用
a）冲-焊结构　b）采用冲口工艺

【案例分析】锻造可以压合铸造组织中的内部缺陷，使组织更加致密；可以使粗大的晶粒细化；可以将高合金工具钢中的碳化物被击碎，并且合理分布。锻件具有较高的力学性能，因此锻造可以用于受力复杂和受力大的重要零件加工成形。

拓展知识

大国工匠刘伯鸣——锻造大国重器的锻工

一万五千吨水压机是名副其实的国之重器，几百吨重的大钢锭，在它的掌控下乖顺地变形为轴、辊、筒、环等各类大锻件。刘伯鸣就是这座万吨水压机的操作者，他是中国第一重型机械集团公司的一名锻工。

刘伯鸣和他的工友们几乎见证了中国超大锻件国产化、产业化的全部历程。全世界每年需要核电锻件至少几十套，可是有能力、有技术生产的企业屈指可数。即便并不太大的核电锻件，要想从国外及时买到，也要花上天价。国外非但不转让大型铸锻件的制造技术，就连提供成品锻件都要百般刁难。早期国内的核电项目，由于锻件制约严重拖期。

"核电锻件必须也一定能够国产化，我们一定能用自己亲手制造的锻件装备自己的核电站！"核电锻件生产动员会上，公司领导激奋的表情、坚定的语调，令刘伯鸣深受鼓舞。

锥形筒体因形状复杂，锻造难度极高，这种个性化、小批量、大吨位的锻件，属于核电装备的高端产品，是对制造企业锻造水平和极端制造能力的严苛考验，也是第三代百万千瓦核电装备国产化进程中必须突破的生产操作型难关。在刘伯鸣的指挥下，国内最大的首件CAP1400锥形筒体最终一次锻造成功！随后，刘伯鸣带领工友们一鼓作气，一连锻造了6件锥形筒体，全部一次通过检验，他们用智慧和毅力填补了我国核电装备制造中仿形锻造技术的一项空白，也由此登上了国际高端锻件产品制造的又一座顶峰。

如果说锥形筒体已是难关迭起，那么，核电蒸发器堪称高难度复杂部件的集大成者，其中水室封头制造更是险阻丛生。水室封头可谓异形锻件的典型代表，它不仅要满足普通锻件所必需的均匀性、纯净性和致密性要求，还要满足整体性和仿形性的特殊要求，是锻造行业的高端技术。刘伯鸣和他的团队，经过不懈地努力，一举拿下了水室封头这一最具挑战性的异形核电锻件。伴随着万吨水压机铿锵有力的坚定锤音，一批又一批优质核电锻件从富拉尔基这个东北工业重镇启程，发往九州四海，共同打造出中国核电发展之光。

本 章 小 结

1. 承受重载荷、冲击载荷的重要机械零件多以锻件为毛坯。冲压在汽车、拖拉机、航空航天、家用电器、仪器仪表等领域有着广泛的应用。

2. 金属的锻压性能是指金属材料锻压成形获得合格制件的难易程度。锻压性能常用金属的塑性和变形抗力来衡量。塑性越好，变形抗力越小，则金属的锻压性能越好。

3. 自由锻的变形阻力相对较小，故设备所需吨位较模锻小；但锻件的尺寸精度低、生产率低，对操作者的技术水平要求较高，适合于形状较简单的单件小批生产和大型锻件的生产。

4. 模锻的变形阻力较大，故设备所需吨位较大，可锻出形状比较复杂的锻件，锻件的尺寸精度、表面质量及力学性能较高，材料利用率、生产率较高；但模具费用较高，生产成本较高，主要用于中、小锻件的大批量生产。

5. 冲压所用材料为塑性较好的薄板，其变形过程分为 3 个阶段：弹性变形、塑性变形和剪裂分离阶段。冲压既可以直接冲出成品零件，也可以为后续变形工序准备坯料。冲压件的尺寸精度高，表面质量好，材料利用率、生产率也很高，但模具费用较高。

技 能 训 练 题

一、名词解释
1. 锻压 2. 自由锻 3. 模锻 4. 胎模锻 5. 冲压 6. 冲孔 7. 落料

二、填空题
1. 自由锻常用设备有空气锤和蒸汽-空气锤两种，空气锤的特点是吨位_____，广泛用于_____型锻件生产；蒸汽-空气锤吨位较大，适合锻造_____或_____锻件。

2. 自由锻的基本工序有_____、_____、_____、_____、错移和扭转等。

3. 镦粗是减少坯料_____，增大坯料_____的锻造工序。常用于齿轮、法兰等锻件的加工，也可作为冲孔前的准备。

4. 拔长是减小坯料_____，增加其_____的锻造工序。通常用于长度大而截面小的工件。

5. 落料是使板料沿封闭轮廓分离的工序，冲下来的部分为_____。

6. 冲孔是使板料沿封闭轮廓分离的工序，冲下来的部分为_____。

三、判断题
1. 用于锻造的材料必须具有良好的高温塑性，以便在加工时能产生较大的塑性变形而不被破坏。（   ）

2. 用于冲压的板料不必具有很高的塑性，因此任何材料都适合冲压成形。（   ）

3. 自由锻是生产大型锻件的唯一方法。（   ）

4. 落料和冲孔的工序方法相同，只是工序目的不同。（   ）

四、简答题
1. 什么是金属的锻压性能？锻压性能取决于哪些因素？

2. 为什么要"趁热打铁"？

3. 锻造流线的存在对金属的力学性能有何影响？在机械零件设计中应如何考虑锻造流线的问题？

4. 绘制自由锻件图时应考虑哪些因素？

5. 自由锻件的结构工艺性主要表现在哪些方面？

6. 锤上模锻时，预锻模膛起什么作用？为什么终锻模膛四周要开飞边槽？

7. 改正图 8-50 所示模锻零件结构的不合理之处。

8. 试比较自由锻、锤上模锻、胎模锻的优缺点。

9. 拉深时常见的缺陷有哪些？如何预防这些缺陷？

10. 若材料与坯料的厚度及其他条件相同，图 8-51 所示两种零件中，哪种零件的拉深更困难？为什么？

11. 生活用品中有哪些由板料冲压而成？

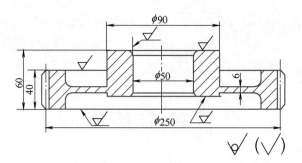

图 8-50 模锻零件图

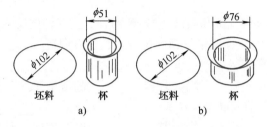

图 8-51 拉深件零件图

第9章

焊 接

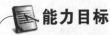

知识目标

　　1. 了解焊条电弧焊、埋弧焊、气体保护焊、气焊、电渣焊、电阻焊的工艺特点及应用范围。

　　2. 掌握焊缝的布置原则。

能力目标

　　具有根据金属材料的焊接性、工件的结构形式和厚度，选用合适的焊接方法的能力。

　　【案例引入】1930 年以前，船舶、飞机、锅炉等基本上采用铆接方法制造，即先将铆接件平整地互相重叠在一起钻孔，然后把铆钉插入孔中，通过锤击铆钉的长度余量形成永久性的连接。焊接同样是永久性连接，与铆接相比，它具有哪些优势呢？

　　焊接是用加热或加压的方式，借助于金属原子的结合和扩散，使分离金属达到结合的加工方法。

　　与其他加工方法相比，焊接具有以下特点：

　　1）节省金属材料。与铆接相比，焊接可以节省金属材料 15%～20%。由于节约了材料，金属结构的自重也减轻了。

　　2）可以制造双金属结构。不但可以焊接同种金属，还可以焊接不同的金属。

　　3）可以化大为小，拼小成大。可以用板材、型材等焊接成大型、复杂的结构件，也可以采用铸-焊、锻-焊、冲-焊复合工艺，有利于降低成本，节省材料，提高经济效益。

　　4）焊接接头密封性能好。焊接高压容器产品是其他工艺方法无法替代的。

　　5）由于焊接是一个不均匀的加热和冷却过程，所以焊接后会产生焊接应力与变形，因此焊接过程中应采取一定的工艺措施，以减轻或消除焊接应力与变形。

　　焊接主要用于制造金属构件，如锅炉、压力容器（图 9-1）、船舶（图 9-2）、桥梁、建筑、管道、车辆、起重机械等。国家体育场"鸟巢"（图 9-3）造型独特新颖，整个工程没有一颗螺钉和铆钉，100% 为焊钢结构。焊接也可用于修补铸、锻件的缺陷和局部损坏的零件。世界上主要工业国

图 9-1　压力容器

家每年生产的焊接结构约占钢产量的 45%。焊接的方法很多，按其工艺特点可分为熔焊、压焊和钎焊，如图 9-4 所示。

图 9-2 船舶

图 9-3 国家体育场"鸟巢"

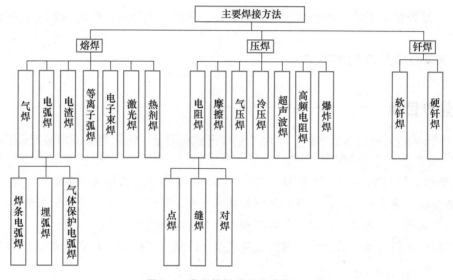

图 9-4 常用焊接方法分类框图

9.1 焊条电弧焊

焊条电弧焊

焊条电弧焊是用手工操纵焊条进行焊接的电弧焊方法，如图 9-5 所示。它利用焊条和焊件之间产生的电弧热，使焊条和焊件局部熔化，冷却后形成焊缝而获得牢固的焊接接头。

图 9-6 所示为焊条电弧焊焊缝成形过程。焊接前，先将焊机输出端分别与焊件和焊钳连接，用焊钳夹持焊条。焊接时，先在焊件与焊条之间引燃电弧，由电弧产生的热量使焊条和焊件熔化并形成熔池，随着焊条的移动，被熔化的金属迅速冷却凝固形成焊缝，使两个焊件成为一体，如图 9-7 所示。

图 9-5 焊条电弧焊

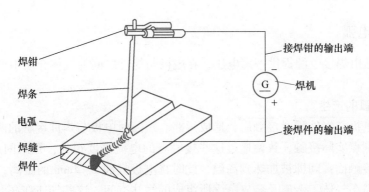

图 9-6 焊条电弧焊焊缝成形过程

焊条电弧焊设备简单，操作灵活，对不同空间位置、不同接头形式都能进行焊接，因此，焊条电弧焊是焊接生产中应用最广泛的焊接方法。但焊条电弧焊在焊接过程中会产生强烈的弧光和烟尘，劳动条件差，生产率低，对焊工的技术水平要求高，焊接质量也不够稳定，一般用于单件小批量生产中焊接碳钢、低合金结构钢、不锈钢及铸铁的焊补。

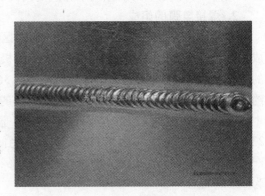

图 9-7 焊缝

9.1.1 焊条电弧焊的设备及工具

1. 焊条电弧焊设备

电弧焊的主要设备是电弧焊机，它是产生焊接电弧的电源，其作用是为焊接提供电能。焊接时可根据焊件的厚度、焊条直径及焊接方法等，选择所需要的电流。按电流种类的不同，电弧焊机有交流弧焊机和直流弧焊机两类。常用的交流弧焊机如图 9-8 所示。

2. 焊条电弧焊工具

进行焊条电弧焊时，必需的工具有夹持焊条的焊钳，保护操作者皮肤、眼睛免于灼伤的手套和防护面罩，清除焊缝表面渣壳用的清渣锤和钢丝刷等。图 9-9 所示为焊钳与面罩外形图。

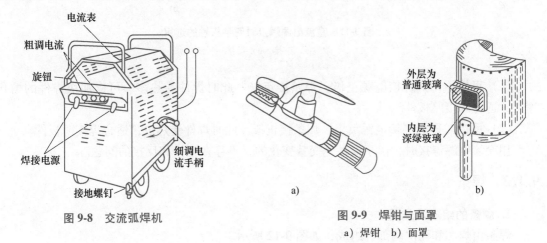

图 9-8 交流弧焊机

图 9-9 焊钳与面罩
a) 焊钳 b) 面罩

9.1.2　焊接电弧

焊接电弧是由焊接电源提供一定电压，在电极与焊件之间的气体介质中产生强烈而持久的放电现象。

1. 焊接电弧的产生

焊接时，电极与焊件瞬时接触后，造成短路。短路时电极与焊件接触的两个界面都凸凹不平，只有个别点实际接触，致使通过这些接触点的电流密度很大，短时间产生大量的热，使电极末端的接触面瞬间即被加热到高温，此时将电极提起 2~4mm 的距离，在电极与焊件之间就形成了高温气体、金属及药皮蒸汽所组成的气体空间，这些气体在高温作用下电离成正、负离子，在电场力的作用下分别向两极加速运动，发出光和热，产生电弧。

2. 焊接电弧的组成

焊接电弧由阴极区、阳极区和弧柱区 3 部分组成，如图 9-10 所示。阴极区是指靠近阴极端部很窄的区域，产生的热量约占电弧总热量的 36%，温度约为 2100℃；阳极区是指靠近阳极端部的区域，产生的热量约占电弧总热量的 43%，温度约为 2300℃；弧柱区是指阴极区和阳极区之间的部分，产生的热量约占电弧总热量的 21%，温度约为 5700℃。

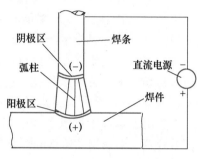

图 9-10　焊接电弧的组成

3. 焊接电弧的极性及其选用

由于阴极区和阳极区的温度和热量不同，当采用直流电源焊接时，有两种极性接法，如图 9-11 所示。

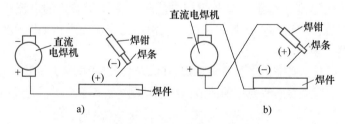

图 9-11　直流电源焊接时两种极性的选用

a）正接　b）反接

（1）正接　即焊件接电源正极，焊条接负极。此时焊件受热多，可以加快焊件的熔化速度，适合焊接厚板件。

（2）反接　即焊件接电源负极，焊条接正极。此时焊件受热少，适合焊接薄板件。

用交流电源焊接时，由于极性是交替变化的，不存在正接和反接的问题。

9.1.3　焊条

1. 焊条的组成及作用

焊条由焊芯和药皮两部分组成，如图 9-12 所示。

图 9-12 焊条

（1）焊芯 焊芯是一根具有一定直径和长度的金属丝。根据用途不同，它可由碳钢、合金钢、铸铁或非铁金属等制成。焊芯有两个作用：一是作为电极传导电流，产生电弧；二是本身熔化后作为填充金属与熔化的焊件形成焊缝。

（2）药皮 药皮是压涂在焊芯表面的涂料层，它由稳弧剂、造渣剂、脱氧剂、合金剂、黏结剂等组成。其作用是提高焊接电弧的稳定性，防止空气对熔化金属的侵害，保证焊缝金属具有符合要求的化学成分和力学性能。

焊条直径是用焊丝直径来表示的，一般为 1.6mm、2.0mm、2.5mm、3.2mm、4.0mm、5.0mm、6.0mm、8.0mm 等规格，长度为 300~450mm。

2. 焊条的种类、型号和牌号

（1）焊条的分类 国家标准将焊条按化学成分划分为若干大类，而焊条行业统一将焊条按用途分为 10 类。表 9-1 列出了两种分类有关内容的对应关系。

表 9-1 两种焊条分类的对应关系

焊条按用途分类（行业标准）			焊条按成分分类（国家标准）		
类别	名 称	代 号	国家标准编号	名 称	代 号
一	结构钢焊条	J（结）	GB/T 5117—2012	非合金钢及细晶粒钢焊条	
二	钼和铬钼耐热钢焊条	R（热）	GB/T 5118—2012	热强钢焊条	E
三	低温钢焊条	W（温）			
四	不锈钢焊条	G（铬）、A（奥）	GB/T 983—2012	不锈钢焊条	
五	堆焊焊条	D（堆）	GB/T 984—2001	堆焊焊条	ED
六	铸铁焊条	Z（铸）	GB/T 10044—2006	铸铁焊条及焊丝	EZ
七	镍及镍合金焊条	Ni（镍）	—	—	
八	铜及铜合金焊条	T（铜）	GB/T 3670—1995	铜及铜合金焊条	TCu
九	铝及铝合金焊条	L（铝）	GB/T 3669—2001	铝及铝合金焊条	TAl
十	特殊用途焊条	TS（特）			

根据熔渣化学性质的不同，焊条可分为酸性焊条和碱性焊条。

酸性焊条药皮中含有较多的 SiO_2、TiO_2、P_2O_5 等酸性氧化物，氧化性较强。焊接时合金元素烧损多，焊缝金属中含有较多的氧、氮、氢和非金属夹杂物，故焊缝的塑性和韧性较低，抗裂性差；但酸性焊条具有电弧稳定，易脱渣，飞溅小，对油、水、锈不敏感，交、直流电源均可以用等优点，因此广泛用于一般结构件的焊接。

碱性焊条药皮中含有较多的 CaO、MgO、MnO 等碱性氧化物，并含有较多的铁合金，具有足够的脱氧能力。与酸性焊条相比，其焊缝金属的含氢量较低，因此焊缝的力学性能与抗裂性能好；但碱性焊条的工艺性较差，电弧稳定性差，对油污、水、锈较敏感，抗气孔性差，一般要求采用直流电源焊接，主要用于焊接重要的结构件或合金钢结构件。

（2）焊条的型号和牌号

1）焊条型号。碳钢焊条的型号见 GB/T 5117—2012，如 E4303、E5015、E5016 等，其编制方法是："E"表示焊条；前两位数字表示熔敷金属的最小抗拉强度代号；第3位和第4位数字表示焊条的焊接位置、电流种类和药皮类型，如 E4303 表示熔敷金属最小抗拉强度为 430MPa、药皮类型为钛型、适用于全位置焊接、采用交流或直流正反接的焊条。

2）焊条牌号。焊条牌号即行业统一代号。其表示方法为：以大写拼音字母或汉字表示焊条的类别（表 9-1），后面跟 3 位数字，前两位数字表示焊缝金属抗拉强度等级（kgf/mm²）；第三位数字表示焊条药皮类型和焊接电流种类，其中 1~5 表示酸性焊条，6 和 7 表示碱性焊条；1~6 表示交直流两用，7 表示只用于直流反接。如 J422 中"J"表示结构钢焊条，"42"表示熔敷金属抗拉强度不低于 42kgf/mm²，"2"表示药皮为氧化钛钙型，交流、直流电源均可使用。

3. 焊条的选用

选用焊条时，要考虑焊缝和母材具有相同水平的使用性能。对于一般结构钢焊件，通常按"等强原则"选取相应强度等级的焊条；对于不锈钢、耐热钢焊件，则侧重考虑相同的化学成分；在普通环境下工作的一般焊件，尽量选取价格便宜的酸性焊条；受动载荷、高温、高压或低温作用的重要焊件，则应选取低氢焊条；如果现场没有直流焊机，则可选择适用于交、直流两用的稳弧低氢型焊条。

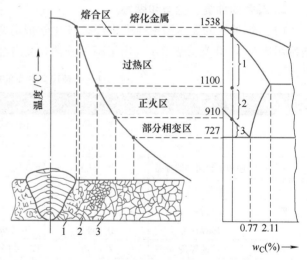

图 9-13 低碳钢焊接接头的组织变化
1—过热区 2—正火区 3—部分相变区

9.1.4 焊接接头的组织和性能

焊接接头由焊缝、熔合区和焊接热影响区组成。现以低碳钢为例，对照铁碳合金相图，分析焊接接头的组织和性能变化，如图 9-13 所示。

1. 焊缝区

焊缝是由母材和焊条熔化形成的熔池在冷却结晶后形成的结合部分。焊接热源向前移去后，熔池中的液态金属迅速冷却结晶，结晶时以熔池和母材金属交界处的半熔化金属晶粒为晶核，沿着垂直于散热方向向熔池中心生长成柱状树枝晶，最后这些柱状晶在焊缝中心相接触而停止生长，完成结晶过程，如图 9-14 所示。

由于焊缝组织是铸态组织，故晶粒粗大，成分偏析，组织不致密，塑性较差，容易产生裂纹。但由于焊条本身的杂质含量低及合金化的作用，使焊缝的化学成分优于母材，所以焊缝金属的力学性能不低于母材，尤其是强度容

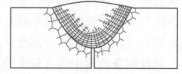

图 9-14 焊缝金属结晶示意图

易达到使用要求。

2. 熔合区

熔合区的温度处于液相线与固相线之间，是焊缝向热影响区过渡的区域，宽度只有 0.1~0.4mm。焊接时，该区内液态金属与未熔化的母材金属共存，冷却后，其组织为部分铸态组织和晶粒粗大的过热组织，化学成分和组织极不均匀，因此熔合区的强度、塑性和韧性较低，容易产生裂纹，是焊接接头中力学性能最低的部位。

3. 焊接热影响区

热影响区是指在焊接过程中，母材因受热而发生组织和力学性能变化的区域。低碳钢的热影响区按加热温度的不同，可分为过热区、正火区和部分相变区，如图 9-13 所示。

（1）过热区　过热区温度在固相线至 1100℃ 之间，宽度约为 1~3mm。由于加热温度高，奥氏体晶粒急剧长大，冷却后得到粗大的过热组织，因此该区的强度、塑性和韧性明显下降，当焊接刚度较大的结构时，容易在此区域内产生裂纹。

（2）正火区　正火区温度在 1100℃ ~ Ac_3 之间，宽度约为 1.5~2.5mm。焊后空冷使该区内的金属相当于进行了正火处理，其组织为均匀而细小的正火组织，故称为正火区。正火区的力学性能优于母材。

（3）部分相变区　部分相变区的温度在 Ac_3 ~ Ac_1 之间。受热影响，该区中珠光体和部分铁素体转变为细晶粒奥氏体，而另一部分铁素体因温度太低来不及转变，仍为原来的组织，因此已发生相变的组织和未发生相变的组织在冷却后会使晶粒大小不均，力学性能较母材差。

综上所述，熔合区和过热区是焊接接头中的薄弱部分，对焊接质量有严重的影响，应尽可能减小这两个区域的范围。

9.1.5　焊接应力与焊接变形

1. 焊接应力和焊接变形产生的原因

焊接时，由于焊件的加热和冷却是不均匀的局部加热和冷却，造成焊件的热胀冷缩速度和组织变化先后不一致，从而产生焊接应力和焊接变形，影响焊件的质量。

在焊接结构中，焊接应力和焊接变形既是同时存在，又是相互制约的。如果在焊接过程中采用焊接夹具施焊，虽然焊接变形得到控制，但焊接应力却增加了；若使焊接应力减小，就得允许焊件有一定程度的变形。通常，当焊接结构刚度较小或焊件材料塑性较大时，焊接变形较大，焊接应力小；反之，焊接变形较小，焊接应力较大。焊接变形的基本形式有弯曲变形、角变形、波浪变形和扭曲变形等，如图 9-15 所示。

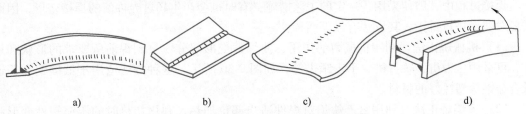

a)　　　　　　　　b)　　　　　　　　c)　　　　　　　　d)

图 9-15　焊接变形的基本形式

a) 弯曲变形　b) 角变形　c) 波浪变形　d) 扭曲变形

2. 预防焊接变形的措施

焊接变形不但影响结构尺寸的准确性和外形的美观性，严重时还将降低承载能力，甚至造成事故，所以在焊接过程中要预防焊接变形。预防焊接变形的方法有以下几种：

（1）反变形法 通过试验或计算，预先确定焊后可能发生变形的大小和方向，在焊前组装时将焊件向焊接变形相反的方向放置，以抵消焊后所发生的变形，如图9-16所示。

（2）刚性固定法 利用夹具、胎具等强制手段，将被焊工件固定夹紧，焊后变形即可大大减小，如图9-17所示。该法能有效地减小焊接变形，但会产生较大的焊接应力，所以一般只用于塑性较好的低碳钢焊件，对淬硬性较大的钢材及铸铁不能使用，以免因应力过大而产生裂纹。

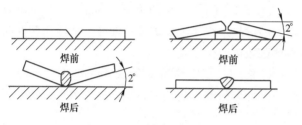

图9-16 钢板对接反变形

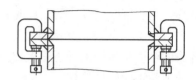

图9-17 刚性固定防止法兰角变形

（3）选择合理的焊接顺序 焊接对称截面梁时，应采用对称的焊接顺序，如图9-18所示。焊接长焊缝时，尽可能采用分段退焊或跳焊的方法进行焊接，如图9-19所示。

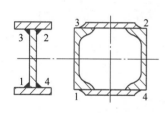

图9-18 对称截面梁
的合理焊接顺序

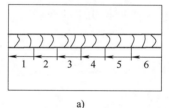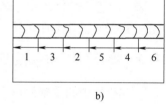

a) b)

图9-19 长焊缝的合理焊接顺序
a) 分段退焊 b) 跳焊

（4）焊前预热，焊后热处理 焊前预热可以减小焊件各部分温差，降低焊后冷却速度，减小残余应力。在允许的条件下，焊后进行去应力退火或用锤子均匀地敲击焊缝，均可有效地减小残余应力，从而减小焊件变形。

3. 焊接变形的矫正

焊接过程中，即使采用了一定的工艺措施，有时也会产生超过允许值的焊接变形，因此需要对变形进行矫正，其方法有以下两种：

（1）机械矫正法 利用机械力的作用，使焊件变形部分恢复到焊前所要求的形状和尺寸，可采用压力机、矫直机、手工锤击等，如图9-20所示。这种方法适用于低碳钢和普通低合金钢等塑性好的材料。

（2）火焰矫正法 利用氧乙炔焰对焊件适当部位加热，利用加热时的压缩塑性变形和冷却时的收缩变形来矫正原来的变形，如图9-21所示。火焰矫正法适用于低碳钢和没有淬硬倾向的普通低合金钢。

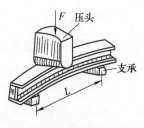

图 9-20　机械矫正法

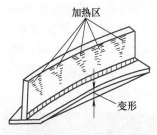

图 9-21　火焰矫正法

9.2　其他熔焊方法

9.2.1　埋弧焊

埋弧焊是电弧在焊剂层下燃烧进行焊接的方法。它是利用焊丝和焊件之间燃烧的电弧产生热量，熔化焊丝、焊剂和焊件而形成焊缝的。焊丝作为填充金属与熔化的焊件共同形成焊缝，而焊剂（相当于焊条的药皮）则对焊接区起保护和合金化作用。如果埋弧焊中的引弧、焊丝送进、移动电弧、收弧等过程由机械自动完成，则称为自动埋弧焊。

1. 埋弧焊的焊接过程

埋弧焊的焊接过程如图 9-22 所示。焊接前，在焊件接头处覆盖一层 30~50mm 厚的颗粒状焊剂，然后将焊丝插入焊剂中，使它与焊件接头处保持适当距离，并使其产生电弧。电弧产生的热量使周围的焊剂熔化成熔渣和高温气体，高温气体将熔渣排开形成一个空腔，电弧就在这一空腔中燃烧。覆盖在上面的液体熔渣和最表面未熔化的焊剂将电弧与外界空气隔离。焊丝熔化后形成熔滴，并与熔化的焊件金属混合形成熔池。随着焊丝的不断移动，熔池中的金属也随之凝固形成焊缝，同时，浮在熔池上面的熔渣也凝固成渣壳。

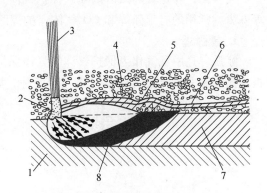

图 9-22　埋弧焊的焊接过程

1—母材金属　2—电弧　3—焊丝
4—焊剂　5—熔化的焊剂　6—渣壳
7—焊缝　8—熔池

2. 埋弧焊的特点及应用

与焊条电弧焊相比，埋弧焊具有以下特点：

1）生产率高。埋弧焊可以使用较大的电流，焊接速度快，且焊接过程可以连续进行，无须频繁更换焊条，因此生产率比焊条电弧焊高 5~10 倍。

2）焊接质量好。由于焊接过程能自动控制，各项工艺参数可以调整到最佳值，焊缝的化学成分均匀稳定，因此焊缝成形光洁平整，焊接缺陷少。

3）劳动条件好。焊接时没有弧光辐射和飞溅，烟尘较少，劳动条件得到极大改善。

4）操作不够灵活，适应性较差。由于采用颗粒状焊剂，只能在水平位置施焊，主要用于焊接长直焊缝或大直径的环形焊缝。

5）设备结构复杂，装配要求高，调整等准备工作量大。

埋弧焊主要用于焊接碳钢、低合金高强度钢和不锈钢等材料，适用于焊接较厚的大型结构件的长直焊缝和较大直径的环形焊缝，如船舶、机车车辆、飞机起落架、锅炉（图 9-23）及化工容器（图 9-24）等。

图 9-23 锅炉

图 9-24 化工容器

9.2.2 气体保护焊

气体保护焊是在焊接区内喷入保护气体，将熔池与空气隔开，达到保护熔化金属的电弧焊方法。常用的有氩弧焊和 CO_2 气体保护焊两种。

1. 氩弧焊

氩弧焊是用氩气作为保护气体的气体保护焊。按电极在焊接过程中是否熔化，分为熔化极氩弧焊和非熔化极（钨极）氩弧焊两种，如图 9-25 所示。

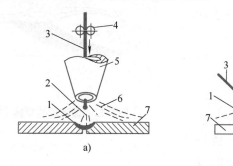

图 9-25 氩弧焊示意图

a）熔化极氩弧焊 b）非熔化极（钨极）氩弧焊

1—熔池 2—电弧 3—焊丝 4—送丝机构 5—喷嘴 6—氩气

7—焊件 8—钨极 9—焊缝

熔化极氩弧焊是以连续送进的焊丝作为电极，焊丝既是电极也是填充金属。而非熔化极氩弧焊是以高熔点的钍钨棒或铈钨棒作电极，焊接过程中钨极不熔化，只起导电和产生电弧的作用，填充金属由另外的焊丝提供，故又称钨极氩弧焊。

由于氩气是惰性气体，因而能有效地保护熔池，获得高质量的焊缝；此外，氩弧焊是一种明弧焊，便于观察，操作灵活，适用于全位置焊接。但氩气价格昂贵，焊接成本高，焊前清理要求严格。

目前，氩弧焊主要用于焊接易氧化的非铁金属以及高强度合金钢、不锈钢、耐热钢等。

2. CO_2气体保护焊

CO_2气体保护焊是用CO_2作为保护气体的电弧焊方法。图9-26所示为CO_2气体保护焊示意图。电焊机两极分别接在导电嘴和焊件上，焊丝由送丝机构经导电嘴送出，与焊件一同熔化形成熔池；CO_2气体以一定流量经喷嘴喷出，形成保护气流，防止空气侵入，从而保证焊缝质量。

CO_2气体保护焊的优点是焊接成本低，生产率高，焊接质量好，操作方便。缺点是飞溅较大，烟雾较多，弧光强烈，若操作不当，容易产生气孔等缺陷。

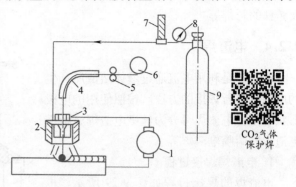

图9-26 CO_2气体保护焊示意图

1—电焊机 2—焊炬喷嘴 3—导电嘴 4—送丝软管
5—送丝机构 6—焊丝盘 7—流量计
8—减压器 9—CO_2气瓶

CO_2气体保护焊适用于低碳钢和强度级别不高的低合金钢材料，主要用于薄板焊接，目前广泛应用于造船、机车车辆、汽车制造、农业机械等行业。

9.2.3 气焊

气焊是利用气体火焰作热源的焊接方法，最常用的是氧乙炔焊。

气焊时，可燃气体乙炔和助燃气体氧气按一定比例混合后，从焊炬喷嘴喷出，点燃后形成高温火焰（温度可达3000℃），熔化焊件和焊丝，形成熔池，待熔池冷却凝固后形成焊缝，如图9-27所示。气焊的装置如图9-28所示，由氧气瓶、乙炔瓶、减压器、焊炬等组成。

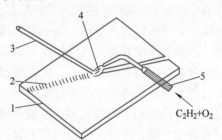

图9-27 气焊示意图

1—焊件 2—焊缝 3—焊丝
4—火焰 5—焊炬

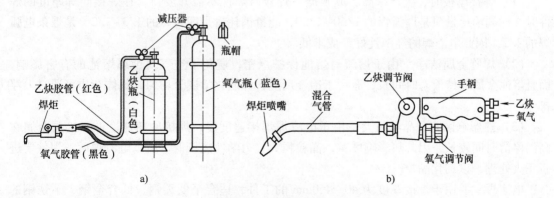

图9-28 气焊的装置图

a）氧乙炔焊装置 b）焊炬

气焊的优点是设备简单,不需要电源,适合各种空间位置的焊接。但气焊火焰温度低,生产率较低,焊接变形大,只适合焊接板厚为 0.5~3mm 的薄板、易熔的非铁金属及其合金及铸铁的补焊等。

9.2.4 电渣焊

电渣焊是利用电流通过液体熔渣所产生的电阻热进行焊接的方法。按照使用的电极形状不同,电渣焊可分为丝极电渣焊、板极电渣焊和熔嘴电渣焊等。

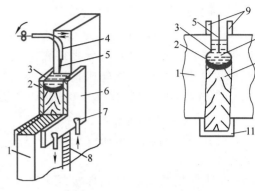

图 9-29 电渣焊示意图
1—焊件 2—金属熔池 3—熔渣 4—导丝管
5—焊丝 6—强制成形装置 7—冷却水管 8—焊缝
9—引出板 10—金属熔滴 11—引弧板

1. 电渣焊焊接过程

电渣焊的焊接过程如图 9-29 所示。电渣焊一般是在立焊位置进行的,焊前将边缘经过清理、侧面经过加工的焊件装配成相距 20~40mm 的接头。焊接时,焊件与焊丝分别接电源的两极,在接头底部焊有引弧板,顶部装有引出板。在接头两侧还装有强制成形装置(即冷却滑块,一般用铜板制成,并通水冷却),以利于熔池的冷却结晶。焊接时将焊剂装在引弧板、冷却滑块围成的盒装空间里。送丝机构送入焊丝,与引弧板接触后引燃电弧。电弧高温使焊剂熔化,形成液态熔渣池。当渣池液面升高并淹没焊丝末端后,电弧自行熄灭,电流通过熔渣,进入电渣焊过程。由于液态熔渣具有较大电阻,电流通过时产生的电阻热将使熔渣温度升高达 1700~2000℃,使与之接触的焊件边缘及焊丝末端熔化。熔化的金属在下沉过程中,与熔渣进行一系列冶金反应,最后沉积于渣池底部,形成金属熔池。随着焊丝不断送进与熔化,金属熔池不断升高并将渣池上推,冷却滑块也同步上移,渣池底部则逐渐冷却凝固形成焊缝,将两焊件连接起来。在电渣焊过程中,密度小的渣池浮在上面既作为热源,又隔离空气,从而保护熔池金属不受侵害。

2. 电渣焊的特点

(1)焊接厚板时,生产率高、成本低 焊接时焊件不需开坡口,在焊接同等厚度的焊件时,焊剂消耗量只是埋弧焊的 1/50~1/20、能量消耗量是埋弧焊的 1/3~1/2、是焊条电弧焊的 1/2,因此电渣焊的经济性好,成本低。

(2)焊缝金属洁净 由于熔渣对熔池保护严密,避免了空气对金属熔池的有害影响,而且熔池金属保持液态时间长,有利于冶金反应,焊缝化学成分均匀,气体杂质可通过上浮排除。

(3)热影响区宽,晶粒粗大 由于电渣焊焊接速度慢,焊接冷却速度低,接头金属在高温停留时间较长,因此热影响区宽,晶粒粗大,力学性能较低,所以电渣焊后,焊件要进行正火处理,以细化晶粒。

电渣焊主要用于焊接厚度为 40~450mm 的工件,适合于低碳钢、低合金钢、不锈钢的焊接。目前电渣焊是制造大型铸-焊、锻-焊复合结构的主要焊接方法,如水压机、水轮机等大型零件的焊接。

9.3 电阻焊与钎焊

9.3.1 电阻焊

电阻焊是在焊件组合后，通过电极施加压力，利用电流在焊接处产生的电阻热进行焊接的方法。

与其他焊接方法相比，电阻焊的优点是生产率高，焊接变形小，劳动条件好，容易实现自动化。但电阻焊设备复杂，耗电量大，适用的接头形式与焊件厚度受到一定的限制。电阻焊主要有点焊、缝焊和对焊三种，如图9-30所示。

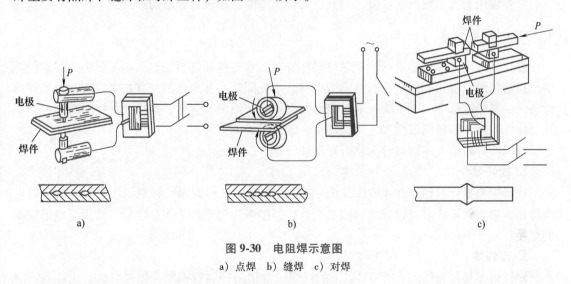

图 9-30　电阻焊示意图
a) 点焊　b) 缝焊　c) 对焊

1. 点焊

点焊是将焊件装配成搭接接头，并压紧在两个柱状电极之间，利用电阻热熔化母材金属，形成焊点的焊接方法，如图9-30a所示。

点焊时，先加压使两焊件紧密接触，然后通电加热。由于焊件接触处电阻较大，热量集中，使该处的温度迅速升高，进而金属熔化并形成一定尺寸的熔核。当切断电流、去除压力后，两焊件接触处的熔核凝固而形成组织致密的焊点。电极与焊件的接触处所产生的热量因被导热性好的铜（或铜合金）电极与冷却水传走，故电极和焊接接触处不会焊合。

点焊主要用于板厚为 0.5~4mm、不要求密封的薄板件焊接，如汽车、飞机、电子器件、仪表等。

2. 缝焊

缝焊过程与点焊相似，所不同的是以盘状滚动电极代替了柱状电极。焊接时，盘状电极压紧焊件，边焊边滚，配合断续送电，形成连续重叠的焊点，如图9-30b所示。缝焊的焊缝具有良好的密封性。

缝焊主要适用于厚度在 3mm 以下、有密封性要求的薄壁容器和管道等，如汽车油箱及管道等。

3. 对焊

对焊是将焊件装配成对接接头，利用电阻热将两工件端面对接起来的焊接方法，如图 9-30c 所示，分为电阻对焊和闪光对焊两种。

电阻对焊时，使焊件两端面紧密接触，利用电阻热将焊件接触面加热至塑性状态，然后迅速施加轴向压力完成焊接。电阻对焊只适合于焊接截面形状简单、直径小于 20mm 和强度要求不高的焊件。

闪光对焊时，将焊件装配成对接接头，接通电源，并使其端面逐渐移近达到局部接触，利用电阻热加热这些接触点（产生闪光），使端面金属熔化，直至端部在一定深度范围内达到预定温度时，迅速施加轴向力完成焊接。

对焊常用于汽车钢圈、锚链、刀具、自行车车圈、钢轨和管道的焊接。

9.3.2 钎焊

钎焊是采用比母材熔点低的金属材料作钎料，将焊件和钎料加热到高于钎料的熔点但低于母材熔化的温度，利用液态钎料润湿母材、填充间隙，并与母材相互扩散实现连接的焊接方法。在钎焊过程中，为了去除焊件表面的氧化膜和油污等杂质，保护母材接触面和钎料不被氧化，并增加钎料润湿性和毛细流动性，常使用钎剂。

钎焊按钎料熔点不同可分为软钎焊和硬钎焊。

1. 软钎焊

软钎焊是指钎料熔点在 450℃ 以下的钎焊。常用的钎料为锡铅钎料，用松香、氯化锌溶液等作钎剂。软钎焊具有较好的焊接工艺性，但接头强度低，工作温度低，常用于电子线路的焊接。

2. 硬钎焊

硬钎焊是指钎料熔点在 450℃ 以上的钎焊。常用的钎料有铜基和银基钎料，由硼砂、硼酸、氯化物、氟化物等组成钎剂。硬钎焊的接头强度高，工作温度也高，适用于机械零件、刀具的焊接。

与一般焊接方法相比，钎焊的加热温度较低，焊件的应力和变形较小，对材料的组织和性能影响很小，易于保证焊件尺寸。钎焊还能实现异种金属甚至金属与非金属之间的连接。钎焊的主要缺点是接头强度尤其是动载强度低，耐热性差，且焊前清理及组装要求较高。钎焊在电工、仪表、航空和机械制造业应用较为广泛。

9.4 常用金属材料的焊接

9.4.1 金属材料的焊接性

1. 焊接性的概念

焊接性是指金属材料在一定的焊接工艺条件下获得优质接头的难易程度。它包括两个方面的内容：一是工艺性能，即在一定工艺条件下，焊接接头产生工艺缺陷的倾向，尤其是出现裂纹的可能性；二是使用性能，即焊接接头在使用中的可靠性，包括力学性能及耐热、耐蚀等特殊性能。

所谓焊接性好，是指用最简单、最普遍的焊接工艺条件，便可以得到优质的焊接接头；而焊接性差，则要用特殊、复杂的工艺条件才能获得优质的焊接接头。

2. 金属焊接性的评定方法

金属焊接性的评定通常是检测金属材料焊接时产生裂纹倾向的程度。检测的方法是进行抗裂性试验，但比较麻烦。对于碳钢和普通低合金钢，可以用碳当量来粗略预测其焊接性的好坏。

钢中碳和合金元素对钢的焊接性都会产生影响，但其影响程度不同。碳的影响最大，其他合金元素的含量按其对焊接性影响程度不同换算成碳的相当含量，其总和称为碳当量，用符号 C_E 表示。国际焊接学会推荐的碳钢和普通低合金钢碳当量的计算公式为

$$CE = C + Mn/6 + (Ni + Cu)/15 + (Cr + Mo + V)/5$$

式中，化学元素符号都表示该元素在钢中的质量分数，各元素含量取其成分范围的上限。

大量实践经验证明，碳当量越大，焊接性越差。当 CE<0.4% 时，焊接性良好；CE = 0.4%~0.6% 时，焊接性较差，冷裂倾向明显，焊接时需要预热并采取其他工艺措施防止裂纹；CE>0.6% 时，焊接性差，冷裂倾向严重，焊接时需要较高的预热温度和严格的工艺措施。

常用金属材料不同焊接方法的焊接性比较见表9-2。

表 9-2　常用金属材料不同焊接方法的焊接性比较

方法\材料	焊条电弧焊	埋弧焊	氩弧焊	CO_2 保护焊	气焊	电渣焊	点焊、缝焊	对焊	钎焊
低碳钢	A	A	A	A	A	A	A	A	A
中碳钢	A	B	A	B	A	A	B	A	A
低合金钢	A	A	A	B	A	A	A	A	A
不锈钢	A	B	A	B	A	B	A	A	A
铸铁	B	C	B	C	B	B	—	D	B
铝合金	C	C	A	D	B	D	A	A	C

注：A~D 分别代表焊接性好、一般、较差、差。

9.4.2 碳钢的焊接

1. 低碳钢的焊接

低碳钢中碳的质量分数 w_C<0.25%，CE<0.4%，一般没有淬硬、冷裂倾向，所以低碳钢的焊接性良好。焊接前通常不需要预热，不用采取特殊的工艺措施，几乎所有的焊接方法都可以用来焊接低碳钢，并能获得优良的焊接接头。但厚度较大的结构，在0℃以下低温焊接时应考虑预热。

低碳钢工件采用焊条电弧焊时，一般选用 E4303（J422）和 E4315（J427）焊条；埋弧焊时，常选用 H08A 或 H08Mn 焊丝和 HJ431 焊剂；CO_2 保护气体保护焊时，选用 H08Mn2SiA 焊丝。

2. 中、高碳钢的焊接

中碳钢中 w_C = 0.25%~0.6%，CE>0.4%，其焊接特点是淬硬倾向和冷裂纹倾向较大，

焊缝金属热裂倾向较大。因此，焊前必须预热至 150~250℃。焊接中碳钢常采用焊条电弧焊，选用 E5015（J507）焊条。采用细焊条、小电流、开坡口、多层焊等工艺，尽量防止含碳量高的母材过多地熔入焊缝。焊后应缓慢冷却，防止冷裂纹的产生。

高碳钢中 $w_C>0.6\%$，CE>0.6%，其焊接特点与中碳钢基本相似，但焊接性更差，所以高碳钢一般不用来制作焊接结构，仅用焊接来修补工件。常采用焊条电弧焊或气焊进行修补，需焊前预热和焊后缓冷。

9.4.3 合金钢的焊接

1. 低合金结构钢的焊接

强度级别较低的低合金结构钢（屈服强度小于400MPa），合金元素含量少，CE<0.4%，焊接性能接近低碳钢，具有良好的焊接性，一般不需预热，焊接时不必采取特殊的工艺措施。但在低温下或板厚较大时，需预热到 100~150℃。

强度级别较高的低合金结构钢（屈服强度大于400MPa），随合金元素含量及强度的增高，热影响区的淬硬倾向增大，焊接性较差。此外，接头产生冷裂纹的倾向也相应增大，焊前需预热（150~250℃），并加大焊接电流，减小焊速，同时选用低氢焊条，焊后还要及时进行热处理或消氢处理（焊件加热至 200~350℃，保温 2~6h，使氢逸出），以预防冷裂纹的产生。

低合金结构钢常采用焊条电弧焊、埋弧焊和 CO_2 气体保护焊，按照相应的强度等级选用焊接材料。

2. 不锈钢的焊接

不锈钢具有良好的耐酸、耐热及耐蚀等性能，在生产中应用广泛。应用最为广泛的奥氏体不锈钢具有良好的焊接性，可采用焊条电弧焊、氩弧焊和埋弧焊进行焊接。焊接时，一般不需要采取特殊的工艺措施。需要指出的是，奥氏体不锈钢焊接时存在的主要问题是焊缝的热裂倾向及焊接接头的晶间腐蚀倾向。为防止产生焊接缺陷，应按母材金属类型选择不锈钢焊条，采用小电流、短弧、焊条不摆动、快速焊等工艺，尽量避免过热。对耐蚀性要求高的重要结构，焊后还要进行高温固溶处理，以提高其耐蚀性。

马氏体不锈钢和铁素体不锈钢的焊接性较差，应采取严格的工艺措施，如焊前预热、采用细焊条、小电流焊接、焊后去应力退火等。

9.4.4 铸铁的焊补

铸铁含碳量高，硫、磷杂质含量较多，因此焊接性差。铸铁焊接的主要问题有两个：一是容易产生白口组织，加工困难；二是容易产生冷裂纹，还易产生气孔。因此铸铁只能通过焊接修补铸件局部产生的缺陷或损坏的部位。

铸铁焊补通常采用气焊或焊条电弧焊，根据焊前是否预热，焊补工艺分为热焊和冷焊两种。

1. 热焊

热焊是焊前将焊件整体或局部加热到 600~700℃，焊后缓慢冷却的焊接方法。热焊可防止出现白口组织和裂纹，焊补质量较好，焊后可以进行机械加工。但热焊生产率低，成本较高，劳动条件差，一般用于焊补形状复杂、焊后需要加工的重要铸件，如汽车的气缸体、机床导轨等。

气焊焊补时，使用含硅高的铸铁焊丝作填充金属，同时用气焊熔剂 CJ201 或硼砂去除氧化皮。焊条电弧焊焊补时，使用铸铁芯石墨化铸铁焊条 Z248 或钢芯石墨化铸铁焊条 Z208，以补充碳硅的烧损，并造渣清除杂质。

2. 冷焊

冷焊是焊前不预热或低温预热（400℃以下）的焊补方法。冷焊生产率高，成本低，劳动条件好，可用于机床导轨、球墨铸铁件及一些非加工表面的焊补，但冷焊易出现白口组织，要靠焊条调整焊缝化学成分，以防止白口组织和裂纹的产生。

冷焊常采用焊条电弧焊，常用焊条有铜基铸铁焊条、镍基铸铁焊条及结构钢焊条。

9.4.5　非铁金属的焊接

1. 铝及铝合金的焊接

工业上用于焊接的主要是纯铝、铝锰合金、铝镁合金及一般的铸造铝合金。铝及铝合金焊接主要存在的问题是：

（1）易氧化　铝极易氧化成高熔点的氧化铝（熔点高达 2050℃），覆盖在熔池金属表面，阻碍金属的熔合，且由于其密度比铝大，会造成焊缝夹渣。

（2）易产生气孔　液态铝能吸收大量的氢，而固态铝又几乎不溶解氢，冷却时由于结晶速度快，大量的氢来不及逸出熔池而产生气孔。

（3）易产生裂纹　铝的线膨胀系数大，收缩率大，因此容易产生焊接应力和变形，严重时将导致开裂。

（4）易烧穿　铝及铝合金从固态熔化为液态时，没有明显的颜色变化，使操作者难以判断熔化程度，不易控制焊接时的温度，有可能出现焊件烧穿等缺陷。

铝及铝合金可采用氩弧焊、气焊、电阻焊和钎焊等方法焊接，其中氩弧焊最好，因其电弧集中，操作容易，保护效果好，且有阴极破碎作用，能自动去除氧化膜，焊接质量好。焊接质量要求不高时，可采用气焊，采用中性火焰，同时使用熔剂，可去除 Al_2O_3 薄膜，在熔池表面形成熔渣。注意：为防止熔剂腐蚀焊件，焊后应立即清洗掉熔剂。

无论采用哪种焊接方法，焊前均应去除表面氧化膜和油污，否则将严重影响焊接质量。

2. 铜及铜合金的焊接

铜及铜合金的焊接性较差，主要表现在以下几方面：

（1）难熔合、易变形　铜的导热系数很大，热量很容易传导出去，不易达到焊接所需要的温度，容易出现填充金属与母材金属难熔合、工件未焊透、焊缝成形差等缺陷。铜的线膨胀系数和凝固时的收缩率都较大，导热能力强，使热影响区范围变宽，因此工件的焊接应力大，易变形。

（2）易氧化　铜在液态时容易氧化生成 Cu_2O，分布在晶界处，使接头脆化，进而产生裂纹。

（3）易产生气孔　铜在液态时能溶解大量的氢，凝固时溶解度减小，氢来不及逸出而形成气孔。

铜和铜合金常采用氩弧焊、气焊、埋弧焊和钎焊等方法进行焊接。其中氩弧焊是焊接铜及铜合金应用最广的方法。厚度小于 3mm 的工件采用钨极氩弧焊，可不开坡口、不加焊丝；

厚度为 3~12mm 的工件采用填丝的钨极氩弧焊或熔化极氩弧焊；厚度大于 12mm 的工件一般采用熔化极氩弧焊。

气焊时应采用弱氧化焰，其他均采用中性焰。埋弧焊适用于厚板长焊缝的焊接，厚度在 20mm 以上的工件焊前应预热，单面焊时，背面应加成形垫板。

硬钎焊时采用铜基钎料、银基钎料，配合硼砂、硼酸混合物作为钎剂；软钎焊时可采用锡铅钎料，配合松香、焊锡膏等作为钎剂。

9.5　焊接件的结构工艺性

焊接件的结构工艺设计，除应考虑结构的使用性能外，还应考虑焊接工艺对结构的要求，以保证焊接质量优良、工艺简便、生产率高、生产成本低。焊接件结构设计主要包括焊接结构材料的选择、焊接方法的选择、焊接接头的设计和焊缝的布置等。

9.5.1　焊接结构材料的选择

焊接结构材料选择的原则是在满足使用性能要求的前提下，尽可能选用焊接性好的材料。因此应优先选用 CE<0.4%、焊接性好的低碳钢及低合金钢来制造焊接结构。而 CE>0.4% 的碳钢和合金钢焊接性较差，一般不宜选用。对于异种金属，因其焊接性能不同，在焊接时易产生较大的应力，产生裂纹的倾向增大，甚至难以用熔焊方法进行焊接，因此在设计焊接结构时，应尽可能选用同种金属。对于必须用异种金属进行拼焊的复合结构，需要保证焊缝与低强度金属等强度，工艺上应按焊接性较差的高强度金属设计。

表 9-2 列出了常用金属材料的焊接性，供选用时参考。

9.5.2　焊接方法的选择

焊接方法选择的主要依据是材料的焊接性，工件的结构形式、厚度，各种焊接方法的适用范围和生产率等。常用焊接方法比较见表 9-3，可供选择焊接方法时参考。

表 9-3　常用焊接方法比较

焊接方法	焊接热源	接头形式	焊接位置	钢板厚度/mm	可焊材料	生产率	应用范围
焊条电弧焊	电弧热	对接、搭接、T 形接、卷边接	全位置焊	3~20	碳钢、低合金钢、铸铁、铜及铜合金	中等偏高	要求在静载荷或冲击载荷下工作的零件、铸铁件的焊补
埋弧焊	电弧热	对接、搭接、T 形接	平焊	6~60	碳钢、低合金钢、铜及铜合金	高	在各种载荷下工作，成批生产，中厚板长直焊缝和较大直径的环形焊缝
氩弧焊	电弧热	对接、搭接、T 形接	全位置焊	0.5~25	铝、铜、镁、钛及钛合金，耐热钢，不锈钢	中等偏高	要求致密、耐蚀、耐热的焊件
CO₂ 气体保护焊	电弧热	对接、搭接、T 形接	全位置焊	0.8~25	碳钢、低合金钢、不锈钢	很高	要求致密、耐蚀、耐热的焊件，以及耐磨零件的堆焊、铸钢件的焊补

（续）

焊接方法	焊接热源	接头形式	焊接位置	钢板厚度 /mm	可焊材料	生产率	应用范围
气焊	火焰热	对接、卷边接	全位置焊	0.5~3	碳钢、低合金钢、耐热钢、铜、铝及铝合金	低	要求耐热、致密、受静载荷不大的薄板构件，焊补铸铁件及损坏的零件
电渣焊	电阻热	对接	立焊	40~450	碳钢、低合金钢、铸铁、不锈钢	很高	一般用来焊接大厚度铸件或锻件
等离子弧焊	压缩电弧热	对接	全位置焊	0.025~12	不锈钢、耐热钢、铜、镍、钛及钛合金	中等偏高	用一般焊接方法难以焊接的金属及合金
对焊	电阻热	对接	平焊	≤20	碳钢、低合金钢、不锈钢、铝及铝合金	很高	焊接杆状零件
点焊	电阻热	搭接	全位置焊	0.5~3	碳钢、低合金钢、不锈钢、铝及铝合金	很高	焊接薄板壳体件
缝焊	电阻热	搭接	平焊	<3	碳钢、低合金钢、不锈钢、铝及铝合金	很高	焊接薄壁容器和管道
钎焊	各种热源	各种接头	平焊	—	碳钢、低合金钢、不锈钢、铸铁、铝、铜及铜合金	高	用其他焊接方法难以焊接的焊件，以及对强度要求不高的焊件

9.5.3　焊接接头的设计

　　焊接接头的基本形式有对接接头、搭接接头、角接接头和 T 形接头 4 种，如图 9-31 所示。接头形式的选择应考虑焊件的结构形状、使用要求、焊件厚度、变形大小、焊条消耗量和坡口加工的难易程度等因素。

　　对接接头的应力分布均匀，接头质量容易保证，适用于重要的受力焊缝，如锅炉、压力容器等结构中的受力焊缝常采用对接接头；但对接接头对焊前准备和装配要求较高。

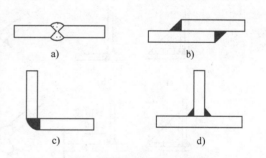

图 9-31　焊接接头的基本形式

a）对接接头　b）搭接接头
c）角接接头　d）T 形接头

　　搭接接头因被焊的两工件不在同一平面上，受力时将产生附加弯曲应力，降低了接头强度，同时，重叠部分既浪费材料，又增加了结构重量。但此接头不需开坡口，焊前准备和装配工作比对接接头简便，适用于受力不太大的平面连接，如厂房屋架、桥梁、起重机吊臂等桁架结构。

　　角接接头和 T 形接头的应力分布复杂，承载能力比对接接头低，当接头呈直角或一定角度时，必须采用这类接头形式。

9.5.4 焊缝的布置

焊接结构中焊缝位置是否合理，对焊接接头质量和生产率都有很大影响，因此，布置焊缝时应考虑以下原则。

（1）焊缝位置应便于焊接操作 焊条电弧焊时应考虑有足够的焊接操作空间，点焊和缝焊时应考虑电极能方便进入待焊位置，如图9-32、图9-33所示。

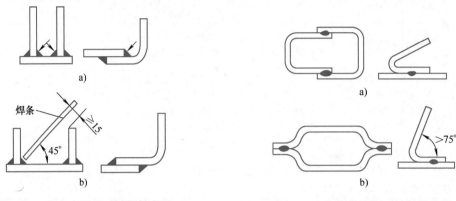

图9-32 焊条电弧焊时的焊缝布置
a）不合理 b）合理

图9-33 点焊或缝焊时的焊缝布置
a）不合理 b）合理

（2）焊缝布置应尽可能分散，避免密集和交叉 焊缝密集或交叉会使热影响区反复加热，从而导致接头处严重过热，力学性能下降，并且在焊接应力作用下，极易引起断裂，如图9-34所示。

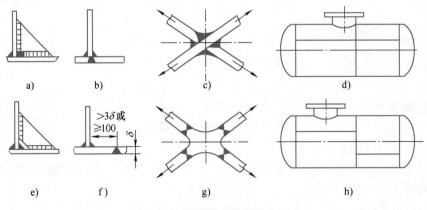

图9-34 焊缝分散布置的设计
a）、b）、c）、d）不合理 e）、f）、g）、h）合理

（3）焊缝应避开应力最大或应力集中的位置 焊接接头往往是焊接结构的薄弱环节，存在残余应力和焊接缺陷。因此焊缝应避开应力较大部位，尤其是应力集中部位。焊接压力容器时，一般不用平板封头、无折边封头，而应采用碟形封头或球形封头，如图9-35c所示。焊接钢梁时，焊缝不应在梁的中间，而应避开应力较大部位，如图9-35d所示。

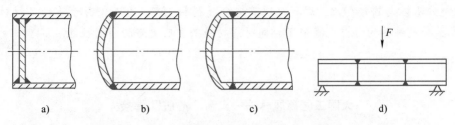

图 9-35　焊缝应避开应力集中和最大部位
a) 平板封头　b) 无折边封头　c) 碟形封头　d) 焊接钢梁

（4）焊缝布置应尽可能对称　焊缝对称布置可使焊接变形相互抵消。如图 9-36a、b 中焊缝布置偏在截面重心一侧，焊后会产生较大的弯曲变形；图 9-36c、d、e 中焊缝对称布置，焊后不会产生明显变形。

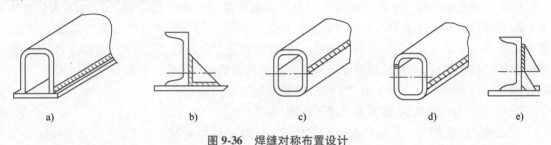

图 9-36　焊缝对称布置设计
a)、b) 变形大　c)、d)、e) 变形小

（5）尽量减少焊缝的数量和长度　减少焊缝数量和长度，可减少焊接加热，减少焊接应力和变形，同时减少焊接材料的消耗量，降低材料成本，提高生产率。图 9-37 所示为采用型材和冲压件减少焊缝数量的设计。

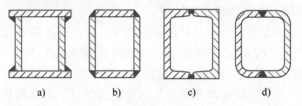

图 9-37　减少焊缝数量的设计
a)、b) 用四块钢板焊成　c) 用两根槽钢焊成　d) 用两块钢板弯曲后焊成

（6）焊缝应尽量避开机械加工表面　有些焊接结构需要进行机械加工，为保证加工表面精度不受影响，焊缝应避开这些加工表面，如图 9-38 所示。

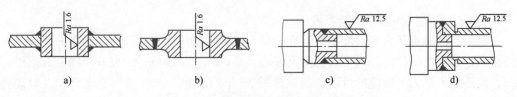

图 9-38　焊缝远离机械加工表面的设计
a)、c) 不合理　b)、d) 合理

【案例分析】与铆接相比，焊接可以节省金属材料 15% ~ 20%。由于节约了材料，也降低了成本，金属结构的自重也减轻了，同时焊接接头具有更好的密封性能。

拓展知识

大国工匠高凤林——火箭"心脏"焊接人

1. 极致：焊点宽 0.16mm，管壁厚 0.33mm

$38×10^8$m，是"嫦娥三号"从地球到月球的距离；0.16mm，是火箭发动机上一个焊点的宽度。0.1s，是完成焊接允许的时间误差。在中国航天领域，53 岁的高凤林的工作没有几个人能做得了，他给火箭焊"心脏"，是发动机焊接的第一人，是为长征火箭焊接发动机的国家高级技师。

现在，他又在挑战一个新的极限——为我国正在研制的新一代"长征五号"大运载火箭焊接发动机。焊接这个手艺看似简单，但在航天领域，每一个焊点的位置、角度、轻重，都需要经过缜密思考。"长征五号"火箭发动机的喷管上，有数百根几毫米的空心管线。管壁的厚度只有 0.33mm，高凤林需要通过 3 万多次精密的焊接操作，才能把它们编织在一起，焊缝细到接近头发丝，而长度相当于绕一个标准足球场两周。

2. 专注：为避免失误 练习十分钟不眨眼

高凤林说，在焊接时得紧盯着微小的焊缝，一眨眼就会有闪失。"如果这道工序需要十分钟不眨眼，那就十分钟不眨眼。"高凤林的专注来自于刚入行时的勤学苦练，航天制造要求零失误，这一切都需要从扎实的基本功开始。发动机被称为火箭的心脏，对于焊接工作来说，一点小小的瑕疵可能就会导致一场灾难。因此，焊接不仅需要高超的技术，更需要细致严谨。从姿势到呼吸，高凤林从学徒起就受到最严苛的训练。带上焊接面罩，这只是一个普通的操作动作，但是对高凤林来说，却是进入到一种状态。

3. 坚守：35 年焊接 130 多枚火箭发动机

每每有新型火箭型号诞生，对高凤林来说，就是一次次技术攻关。最难的一次，高凤林泡在车间整整一个月几乎没合眼。高师傅说，他的时间 80% 给工作，15% 给学习，留给家庭的只有 5%。只要有时间，他就会陪老人，接孩子。高凤林技艺高超，很多企业试图用高薪聘请他，甚至有人开出几倍工资加两套北京住房的诱人条件，但高凤林最后拒绝了。高凤林说，每每看到我们生产的发动机把卫星送到太空，就有一种成功后的自豪感，这种自豪感用金钱买不到。

正是这份自豪感，让高凤林一直以来都坚守在这里。35 年里 130 多枚长征系列运载火箭在他焊接的发动机的助推下，成功飞向太空。这个数字占到我国发射长征系列火箭总数的一半以上。

4. 匠心：用专注和坚守创造不可能

火箭的研制离不开众多的院士、教授、高工，但火箭从蓝图落到实物，靠的是一个个焊点的累积，靠的是一位位普通工人的咫尺匠心。高凤林总是最后一个离开车间，专注做一样东西，创造别人认为不可能的可能。高凤林用 35 年的坚守，诠释了一个航天匠人对理想信念的执着追求。

高凤林说，火箭发射成功后的自豪和满足引领他一路前行，成就了他对人生价值的追求，也见证了中国走向航天强国的辉煌历程。

本 章 小 结

1. 焊接是一种不可拆的连接方式，它不仅可以连接各种同类金属，还可以连接不同类金属，主要用于金属结构的制造，也可用于修补铸、锻件的缺陷和局部损坏的零件。

2. 焊条电弧焊设备简单，操作灵活，对空间不同位置、不同接头形式的工件都能进行焊接，是焊接生产中应用最广泛的焊接方法，主要用于单件小批量生产中焊接碳钢、低合金结构钢、不锈钢及铸铁的焊补。

3. 埋弧焊生产率高，劳动条件好，焊缝质量容易得到保证，适用于低碳钢、低合金钢、不锈钢等金属材料中厚板的长、直焊缝和较大直径的环形焊缝的焊接。

4. 气体保护焊利用具有一定保护性质的气体对金属熔池进行保护，常用的有氩弧焊和 CO_2 气体保护焊两种。氩弧焊主要用于焊接易氧化的非铁金属及高强度合金钢、不锈钢、耐热钢等。CO_2 气体保护焊适用于低碳钢和强度级别不高的低合金钢材料，主要用于薄板焊接。

5. 气焊具有设备简单、不需要电源、操作灵活方便、成本低、适用性好等特点，但气焊火焰温度低，生产率较低，焊接变形大，只适合焊接板厚为 0.5~3mm 的薄板、易熔的非铁金属及其合金，以及铸铁的补焊等。

6. 电渣焊主要用于焊接厚度为 40~450mm 的工件，目前电渣焊是制造大型铸-焊、锻-焊复合结构的主要焊接方法，如水压机、水轮机等大型零件的焊接。

7. 电阻焊生产率高，焊接变形小，劳动条件好，操作方便，易于实现自动化，适用于成批大量生产。点焊主要用于板厚为 0.5~4mm、不要求密封的薄板件焊接；缝焊主要适用于厚度在 3mm 以下、有密封性要求的薄壁容器和管道等，如汽车油箱及管道等；对焊常用于汽车钢圈、锚链、刀具、自行车车圈、钢轨和管道的焊接。

8. 碳钢和普通低合金钢可用碳当量来粗略预测其焊接性。碳当量越大，焊接性越差。当 CE<0.4% 时，焊接性良好；CE=0.4%~0.6% 时，焊接性较差；CE>0.6% 时焊接性差。

技 能 训 练 题

一、名词解释

1. 焊接　2. 焊条电弧焊　3. 埋弧焊　4. 气体保护焊　5. 气焊　6. 电渣焊　7. 电阻焊
8. 钎焊

二、填空题

1. 焊接的方法按其工艺特点可分为_____、_____和_____。

2. 焊条由_____和_____两部分组成。

3. 焊芯有两个作用：一是_____，二是_____。

4. 药皮的作用是_____。

5. E4303 中："E"表示焊条，_____表示熔敷金属的最小抗拉强度代号；_____

表示焊条的焊接位置。

6. 低碳钢的热影响区按加热温度的不同，分为＿＿＿＿＿＿＿、＿＿＿＿＿＿＿和＿＿＿＿＿＿＿等3个区域。

7. 气体保护焊根据保护气体的不同，分为＿＿＿＿＿＿＿焊和＿＿＿＿＿＿＿焊两种。

三、判断题

1. 埋弧焊适合于空间不同位置的焊接。 （　　）

2. 气焊和气体保护焊都适合在没有电源的野外焊接。 （　　）

3. 氩弧焊主要用于焊接易氧化的非铁金属及高强度合金钢、不锈钢、耐热钢等。

（　　）

4. 点焊和缝焊都适用于有密封性要求的薄壁容器和管道等。 （　　）

四、简答题

1. 焊接与其他加工方法相比有哪些优点？

2. 试比较焊条电弧焊、埋弧焊、气体保护焊和气焊的优缺点及适用范围。

3. 如何防止焊接变形？矫正焊接变形的方法有哪几种？

第 10 章

机械零件材料及毛坯的选择

 知识目标

1. 了解机械零件的失效形式和失效原因。
2. 掌握机械零件材料及毛坯选择的原则和步骤。

 能力目标

具有为典型机械零件选择材料的能力。

【案例引入】检修汽车时经常使用螺旋千斤顶将汽车车身顶起，以便操作人员进行检修。螺旋千斤顶如图 10-1 所示，该千斤顶的承载能力为 4t，工作时依靠手柄带动螺杆在螺母中转动，以便推动托杯顶起重物，螺母装在支座上。该螺旋千斤顶各部件应该如何选材，又该用何种方法进行相应的毛坯制备呢？

在产品的设计、制造以及维修过程中，都要面临材料及毛坯的选择问题。合理的选用材料及毛坯，可使产品获得良好的使用性能、工艺性能和经济性，最大限度地发挥材料的性能潜力，提高产品的使用寿命，降低生产成本。要做到合理选用材料，就必须全面分析零件的工作条件、受力性质、受力大小及失效形式，然后综合各种因素，提出能满足零件工作条件的性能要求，再选择合适的材料并进行相应的热处理，以保证其性能要求。

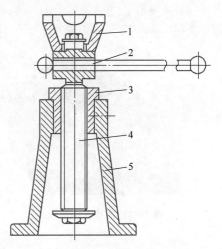

图 10-1　螺旋千斤顶
1—托杯　2—手柄　3—螺母
4—螺杆　5—支座

10.1　机械零件的失效

10.1.1　零件失效的概念

机械零件由于某种原因丧失工作能力或达不到设计要求的性能，称为失效。具体表现为：①完全破坏不能工作；②虽然能工作但达不到设计的规定功能；③零件损坏严重，继续工作不能保证安全性和可靠性。

零件的失效有达到预期寿命的正常失效，也有远低于预期寿命的早期失效。正常失效相对比较安全，而早期失效，尤其是没有明显预兆的早期失效，危害性极大，常常会造成不同程度的损失，甚至是灾难性的事故。

10.1.2 零件失效的形式

一般机械零件的失效可归纳为断裂失效、过量变形失效和表面损伤失效3种类型。

（1）断裂失效 断裂失效是指零件因断裂而无法正常工作的失效。断裂包括塑性断裂、脆性断裂、疲劳断裂、应力腐蚀断裂等。断裂是金属材料最严重的失效形式，特别是在没有明显塑性变形的情况下突然发生的脆性断裂，有时会造成灾难性的事故。图10-2所示为法兰连接螺栓的脆性断裂断口。

（2）过量变形失效 过量变形失效是指零件在使用过程中的变形量超过允许范围而造成的失效。过量变形包括弹性过量变形、塑性过量变形和蠕变。例如：高温下工作的螺栓发生松弛，就是蠕变造成的。

（3）表面损伤失效 表面损伤失效是指零件在工作中因机械或化学的作用使其表面损伤而造成的失效。表面损伤包括表面磨损、表面腐蚀和表面疲劳等，图10-3所示为齿轮表面由于接触疲劳产生麻点剥落而失效。

实际上零件的失效形式往往不是单一的，随外界条件的变化，失效形式可以从一种形式转变为另一种形式。如齿轮的失效，往往先有齿面的点蚀、剥落，后出现断齿的失效形式。

图10-2 法兰连接螺栓断口

图10-3 齿轮表面产生麻点剥落而失效

10.1.3 零件失效的原因

零件失效的原因很多，概括起来主要有结构设计、材料选择、加工工艺和安装使用4个方面。

（1）结构设计 零件的结构形状、尺寸设计不合理易引起失效。例如：结构上存在尖角、尖锐缺口或圆角过渡过小，产生应力集中而引起失效；对零件工作条件（受力性质及大小、工作温度及环境）及过载情况估计不足，设计时出现计算错误等均有可能使零件的性能满足不了使用要求而导致失效。

（2）材料选择 材料选择错误容易造成所选材料的性能不能满足使用要求。另外，材料本身的缺陷也是导致零件失效的一个重要原因，如材料中存在的偏析、夹杂、缩孔、严重的带状组织、流线分布不合理等都可能降低材料的力学性能，导致零件失效。

（3）加工工艺　零件在加工过程中，冷、热加工工序安排不当，工艺参数不正确及操作者失误而导致的缺陷，都有可能造成零件失效。如因冷加工不当造成的较大残余应力、过深的刀痕和磨削裂纹等；热处理不当造成的过热、脱碳、淬火裂纹和回火不足等；锻造不当造成的带状组织、过热和过烧等现象；表面处理过程中因酸洗或电镀不当而引起的氢脆或应力腐蚀等，所有这些缺陷都有可能成为应力集中源，最终导致零件过早失效。

（4）安装使用　零件在装配过程中不按装配工艺规程进行装配，安装、使用过程中不按产品使用说明书上的要求进行操作、维修和保养等，均可导致零件在使用中失效。如零件装配过程中因装配顺序不当引起的偏心、应力集中，安装固定不牢；设备不合理的服役条件等，均可引起零件过早失效。

失效的原因可能是单一的，也有可能是由多种因素共同作用的结果，但每一失效事件均有导致产品失效的主要原因，因此在进行失效分析时，应尽量收集与失效有关的全部资料及数据，以便找出失效的主要原因，提出防止失效的主要措施。

10.2　机械零件材料的选择

10.2.1　选择材料的一般原则

选择材料的一般原则是在满足使用性能的前提下，考虑工艺性能和经济性，并根据我国资源情况，优先选用国产材料。

（1）使用性能　使用性能是指材料为保证零件正常工作应具备的性能，包括力学性能、物理性能和化学性能。对于机械零件和工程构件，最重要的是力学性能。要准确地了解具体零件的力学性能，首先要能正确地分析零件的工作条件，包括受力状态（拉伸、压缩、扭转、弯曲等）、载荷性质（静载荷、动载荷等）、工作温度（高温、低温）、环境条件（接触酸、碱、盐、海水、粉尘、磨粒等）等。此外，有时还需要考虑导电性、导热性、磁性、膨胀等特殊要求。其次，根据上述分析，确定该零件的失效形式，然后再根据零件的形状、尺寸、载荷，确定性能指标的具体数值。

（2）工艺性能　工艺性能是指材料适应某种加工的难易程度。良好的工艺性能不仅可以保证零件的制造质量，而且有利于提高生产率、降低成本。

对于金属材料，常用的加工方法有铸造、锻压、焊接、切削加工等。从工艺性能出发，如果是铸件，则最好选择铸造性能好的合金。常用的铸造合金中，铸造铝合金和铸造铜合金的铸造性能最好，铸铁次之，铸钢最差。如果是锻件，则最好选择锻压性能好的合金。一般碳钢比合金钢的锻压性能好；低碳钢比高碳钢的锻压性能好；低合金钢比高合金钢的锻压性能好；铸铁则不能进行锻压加工。如果是焊接结构件，最适宜的金属材料是低碳钢或低合金高强度钢。切削加工性能主要取决于加工表面的质量、切屑排除难易程度和刀具磨损大小，钢铁材料的硬度控制在 170~230HBW 之间便于切削，通过热处理可改善钢铁材料的切削加工性能。机械零件最终的使用性能在很大程度上取决于热处理工艺，通常碳钢加热时易过热，造成晶粒粗大，淬火时易变形开裂，因此制造高强度、大截面、形状复杂的零件应选用合金钢。

（3）经济性　经济性是指在满足使用性能和工艺性能的前提下，所选用材料加工成零件后总成本最低。零件的总成本包括材料本身的价格以及与生产有关的一切费用（加工费+运输费+安装费等）。在金属材料中，碳钢和铸铁价格比较低廉，而且加工方便，因此在满足使用性能和工艺性能的前提下应优先选用。另外，应根据具体情况优先选用工艺成熟的材料，以降低加工费，提高成品率；所选材料的品种应尽量少而集中，以减少管理费用；同时，应尽量选用本地区或就近可以供应的材料，以降低运输成本。

10.2.2　典型零件材料的选择

1. 齿轮类零件材料的选择

齿轮是机械工业中应用最广泛的重要零件之一，主要用于传递动力，改变运动速度和运动方向。其直径从几毫米到几米，工作环境也不尽相同，但其工作条件和性能要求具有很多共性。齿轮类零件材料的选择要从齿轮的工作条件、失效形式及其对材料的性能要求等方面综合考虑。

（1）齿轮的工作条件和失效形式

1）因传递动力，齿轮根部受交变弯曲应力。

2）在换挡、起动或啮合不均匀时，齿轮要受到冲击载荷。

3）齿面承受滚动、滑动造成的强烈摩擦磨损和交变的接触应力。

通常情况下，根据齿轮的受力状况，其主要失效形式为齿面磨损、齿面疲劳剥落和齿根疲劳断裂。

（2）齿轮的力学性能要求

1）高的接触疲劳强度和弯曲疲劳强度，特别是齿根处要有足够的强度。

2）高的齿面硬度和耐磨性。

3）足够的心部强度和冲击韧性。

（3）常用齿轮材料　根据工作条件不同，选择齿轮材料的范围比较广泛。重要用途的齿轮大都选用锻钢制作，如中碳钢或中碳合金钢用来制作中、低速和承载不大的中小型传动齿轮；直径较大（>400~600mm）、形状复杂的齿轮毛坯，采用铸钢制作；一些轻载、低速、不受冲击、精度要求不高的齿轮，用铸铁制造，大多用于开式传动齿轮；在仪器、仪表工业中及某些在腐蚀介质中工作的轻载荷齿轮，常用耐蚀、耐磨损的非铁金属制造；受力不大、在无润滑条件下工作的小型齿轮，采用塑料制造。

（4）典型齿轮材料的选择

1）汽车、拖拉机齿轮。汽车、拖拉机等动力车辆的齿轮主要安装在变速器和差速器中，其工作条件比较恶劣，特别是主传动系统中的齿轮，受力较大，受冲击频繁，因此对耐磨性、疲劳强度、心部强度和韧性等要求较高，一般选用合金渗碳钢 20Cr 或 20CrMnTi 制造，特别是 20CrMnTi 在我国汽车齿轮生产中应用最广。

图 10-4 所示为 JH-150 型汽车变速齿轮简图，材料为 20CrMnTi，经渗碳、淬火+低温回火处理后，齿面硬度可达 58~62HRC，心部硬度为 30~45HRC。

该齿轮的加工工艺路线为：下料→锻造→正火→切削加工→渗碳、淬火及低温回火→喷丸→磨削加工。

正火可以均匀和细化组织，消除锻造应力，获得良好的切削加工性能；渗碳、淬火及低温回火的目的是提高齿面硬度和耐磨性，并使心部获得低碳马氏体组织，具有足够强韧性。为了进一步提高齿轮的使用寿命，渗碳、淬火、低温回火后，采用喷丸处理，以增大表面压应力，有利于提高齿面和齿根的疲劳强度，并清除氧化皮。

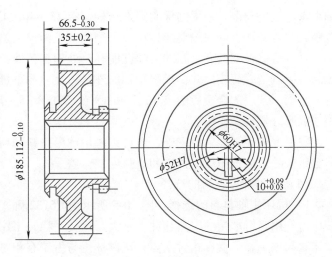

图 10-4　汽车变速齿轮

2）机床齿轮。机床齿轮在工作中运行平稳，承受的载荷不大，转速中等，无强烈冲击，工作条件较好，对表面硬度、心部强度和韧性要求不如汽车齿轮高，常选用中碳钢或中碳合金钢制造，我国常用钢是 45 钢或 40Cr，经正火或调质处理后再进行表面淬火+低温回火的热处理，使齿轮齿面的硬度达到 50~55HRC，心部硬度为 220~250HBW，完全可以满足其使用性能要求。

对机床上少数高速、重载、高精度、受冲击载荷较大的齿轮，如精密机床主轴的传动齿轮，大型铣床上的高速齿轮，可选 20Cr、20CrMnTi、20Mn2B 等合金渗碳钢，并进行渗碳、淬火及低温回火处理。

中碳钢或中碳合金钢制造的齿轮常采用的工艺路线为：下料→锻造→正火→粗加工→调质→半精加工→高频淬火+低温回火→精磨。

2. 轴类零件材料的选择

轴是机器上最重要的零件之一，主要用于支撑传动零件（如齿轮、凸轮等）、传递运动和动力。轴质量的好坏将直接影响设备的精度与使用寿命。

（1）轴类零件的工作条件和失效形式

1）在工作过程中，轴类零件要承受交变弯曲应力、扭转应力及拉压应力的作用。

2）轴和轴上零件相对运动表面（轴颈和花键部位）承受较大摩擦。

3）因机器开、停及瞬时过载等情况的出现，轴类零件还要承受一定的冲击载荷。

轴类零件的主要失效形式为疲劳断裂、过量变形和局部过度磨损。

（2）轴类零件的力学性能要求

1）良好的综合力学性能，即强度、硬度、塑性、韧性有良好的配合，以防止过载断裂和冲击断裂。

2）高的疲劳强度，对应力集中敏感性低，以防疲劳断裂。

3）足够的淬透性，热处理后表面要有高硬度、高耐磨性，以防磨损失效。

（3）常用轴类材料　轴类零件的选材既要考虑材料的强度，也要考虑冲击韧性和表面耐磨性。因此，轴一般用锻造或轧制的低、中碳钢或合金钢制造。

由于碳钢比合金钢便宜，并且有一定的综合力学性能，对应力集中敏感性小，所以一般轴类零件使用较多。常用的优质碳素结构钢有35、40、45、50钢等,其中45钢最常用。为改善其性能,这类钢一般要经过正火、调质或表面淬火热处理。

合金钢比碳钢具有更好的力学性能和热处理工艺性,但对应力集中敏感性较高,价格也较高,所以当载荷较大并要求限制轴的外形、尺寸和重量,或轴颈的耐磨性要求高时,可采用合金钢。常用的合金钢有40Cr、40CrNi、40MnB等。常用合金钢也必须采用相应的热处理才能充分发挥其作用。

除了上述碳钢和合金钢外,还可以采用球墨铸铁和高强度灰铸铁作为轴的材料,特别是曲轴越来越多地选用球墨铸铁和高强度灰铸铁。

(4)典型轴类材料的选择

1)机床主轴材料的选择。图10-5所示为C6132卧式车床主轴,该轴工作时受弯曲和扭转应力作用,但承受的应力和冲击不大,运转平稳,工作条件较好。轴的锥孔、外圆锥面在工作时与顶尖、卡盘有相对摩擦;花键部位与齿轮有相对运动,故要求这些部位有较高的硬度和耐磨性。主轴在滚动轴承中运转,轴颈处硬度要求220~250HBW。

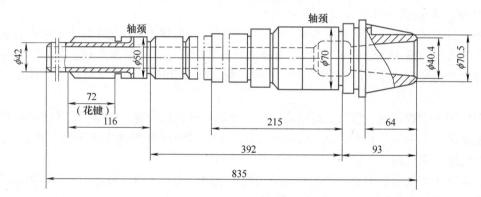

图 10-5 C6132 卧式车床主轴简图

由于机床主轴工作时的最大应力分布在表层,同时主轴在设计时,往往因刚度与结构的需要已加大了轴颈尺寸,提高了安全系数,且轴的形状较简单,因此该轴可选用45钢制造。为了使主轴具有良好的综合力学性能,零件整体需进行调质处理,硬度为220~250HBW;为了保证锥孔、外圆锥面具有较高的硬度和耐磨性,需进行局部淬火,硬度为45~50HRC;花键部位进行高频感应淬火,硬度为48~53HRC。

C6132卧式车床主轴的加工工艺路线为:下料→锻造→正火→粗加工→调质→半精加工(花键除外)→局部淬火+低温回火→粗磨外圆、外圆锥面及锥孔→铣花键→高频感应淬火+低温回火→精磨外圆、外圆锥面及锥孔。

2)曲轴材料的选择。曲轴是内燃机中形状复杂的重要零件之一,如图10-6所示。其作用是输出动力,并带动其他部件运动。工作中受到弯曲、扭转、拉压、冲击及交变应力作用。曲轴的主要失效形式是疲劳断裂和轴颈严重磨损。

生产中制造曲轴分为锻造曲轴和铸造曲轴。高速、大功率的内燃机曲轴采用锻造曲轴,一般为中碳合金钢,如35Mn2、40Cr、35CrMo等,经模锻、调

图 10-6 汽车发动机曲轴

质、切削加工后对轴颈部进行表面淬火。中、小型内燃机曲轴采用铸造曲轴，如 QT600-3、KTZ450-06 等。

球墨铸铁曲轴的加工工艺路线为：铸造→高温正火→高温回火→机械加工→轴颈表面淬火+自然回火。

高温正火是为了增加珠光体含量和细化珠光体；高温回火的目的是消除正火所产生的内应力；轴颈处表面淬火是为了提高其耐磨性。

3. 刃具材料的选择

刃具在工作时由于所加工的零件材料、切削速度、冲击力大小不同，其性能要求也略有不同，但都需要具有较高的硬度、耐磨性和韧性，同时还应考虑刃具在高速切削条件下应具有较高的热硬性。

（1）车刀材料的选择 车刀是最常用的切削刃具，切削加工时由于切削速度大，切削刃部分温度较高，因此车刀材料应具有较高的热硬性和韧性。目前用于车刀的主要材料是高速工具钢和硬质合金两大类，其中高速工具钢应用最为广泛。表 10-1 列出了根据车刀的不同工作条件而推荐的车刀材料。

表 10-1 车刀的工作条件和推荐的材料

工 作 条 件	推荐材料	硬 度
低速切削，易切材料，如灰铸铁、软质非铁金属、一般硬度的结构钢	Cr12、W	58~62HRC
较高切削速度，一般材料，形状较复杂，受冲击较大的刀具	W18Cr4V、W6Mo5Cr4V2	64~66HRC
较高切削速度，较难切削材料（如钛合金、高温合金），形状复杂，受一定冲击的刀具	W6Mo5Cr4V2Al	66~69HRC
高速切削，短切屑的钢铁材料、非铁金属材料、铸铁、铸造黄铜、胶木等	M10、M20、K20、K30	88~91HRA
高速切削，长切屑的钢铁材料即淬火钢	M10、P20、P40	90~93HRA

（2）丝锥和板牙材料的选择 丝锥和板牙分别是用于加工内、外螺纹的切削刃具，切削速度不高，其失效形式主要是磨损和扭断，因此一般要求丝锥与板牙具有较高的硬度和耐磨性，同时应具有足够的强度和韧性。

丝锥和板牙分手用和机用两种。对于手用丝锥和板牙，因切削速度较低，故热硬性要求不高，一般可用高级优质碳素工具钢 T10A、T12A 制造，并经淬火+低温回火使其硬度达到59~62HRC；对于尺寸稍大、精度要求较高的丝锥和板牙，则宜用低合金工具钢 9SiCr、CrWMn 制造，硬度一般为 60~63HRC。对于机用丝锥和板牙，因切削速度较高，应具有一定的热硬性，故应选用 W18Cr4V、W6Mo5Cr4V2 等高速工具钢制造，硬度一般为63~67HRC。

T12A、9SiCr 等制造的小尺寸手用丝锥的加工工艺路线为：下料→锻造→球化退火→粗加工→机械加工（大量生产时用滚压法加工螺纹）→淬火+低温回火→柄部高温快速回火（柄部硬度 35~45HRC）→发蓝处理→齿部精加工。

为降低生产成本，对于大批量生产的较大尺寸的丝锥，切削部分可采用高速工具钢，柄部用 45 钢，对焊制成。

4. 箱体类零件材料的选择

箱体类零件结构复杂，具有不规则的外形和内腔，且壁厚不均匀。这类零件包括各种机械设备的横梁、支架、底座、齿轮箱、轴承座、阀体、泵体等，一般要承受弯曲、扭转、拉压和冲击载荷。总体来说，箱体类零件受力不大，但要求有良好的刚度和密封性。

根据箱体类零件的结构特点和使用要求，通常以铸件作为毛坯，且以铸造性能良好、价格低廉，并具有良好的耐压、耐磨、减摩性的灰铸铁为主。对于质量要求不严格的一般内燃机的气缸盖、气缸体，可采用灰铸铁，如 HT150、HT200、HT300 等；对于受力复杂或受冲击载荷的零件，采用铸钢，如 ZG230-450、ZG270-500 等。

铸铁件应进行去应力退火或时效处理；铸钢件常采用完全退火或正火处理。

10.3 机械零件毛坯的选择

机械零件大多数是通过铸造、锻压、焊接等方法获得毛坯，再经切削加工制成。因此毛坯选择正确与否，不仅影响零件的加工质量和使用性能，而且对零件的制造工艺过程、生产周期和成本也有很大影响，正确选择毛坯类型和制造方法，是机械设计与制造中的重要任务。

10.3.1 选择毛坯的原则

选择毛坯的原则也是在满足零件使用性能要求的前提下，考虑其工艺性能和经济性。

1. 满足零件的使用性能要求

由于零件的受力状况、工作环境和周围介质等不同，零件的形状、尺寸以及对零件的性能要求也有所不同，即使同一零件所选择毛坯的生产方法也不相同。一般来说，铸件的力学性能低于同材质的锻件，因此受力复杂或在高速重载下工作的零件常选用锻件；由于灰铸铁的抗振、减振性能好，因此机床床身及动力机械的缸体常选用灰铸铁，并采用铸造方法生产毛坯。对于轧钢机机架，由于其受力较大而且比较复杂，为了防止变形，要求结构的刚度和强度较高，故常采用铸钢件；对于超过 100kg 的零件，常选用砂型铸造、自由锻方法生产毛坯。

2. 满足材料的工艺性能要求

机械零件的毛坯分为铸件、锻件、冲压件、焊接件和型材 5 大类。零件材料与毛坯的选择有着密切的关系，不同的零件材料将直接影响其毛坯生产方法的选择。常用材料所能适应的毛坯生产方法见表 10-2。

表 10-2　常用材料与毛坯生产方法的关系

材 料	砂型铸造	金属型铸造	压力铸造	熔模铸造	锻造	冲压	粉末冶金	焊接	挤压成形	冷拉成形
低碳钢	○			○	○	○	○	○	○	○
中碳钢	○			○	○	○				○
高碳钢	○			○	○	○		○		○
灰铸铁	○	○								

（续）

材　料	砂型铸造	金属型铸造	压力铸造	熔模铸造	锻造	冲压	粉末冶金	焊接	挤压成形	冷拉成形
铝合金	○	○	○		○	○	○	○	○	○
铜合金	○	○	○		○					
不锈钢	○			○	○	○				○
工具钢、模具钢	○			○	○		○			

注：○表示各种材料适宜或可以采用的毛坯生产方法。

3. 经济性原则

经济性原则是指在满足使用性能和工艺性能要求的前提下，从几个可供选择的方案中选择总成本较低的方案，尽量以最少的人力、物力、财力投入，高效生产出最多的产品，达到最佳的经济效益。

毛坯的生产成本与批量大小关系极大。当批量很大时，应采用高生产率的方法，如冲压、模锻、注塑成型及压力铸造等。这些生产方法虽然模具制造费用较高、设备复杂，但当生产批量大时，分摊在每件产品上的费用较少，产品成本就相应降低；当批量较小时，则应采用自由锻、砂型铸造等毛坯生产方法。

分析经济性时，不能单纯考虑毛坯的生产成本，还应比较毛坯的材料利用率、机械加工成本、产品的使用成本等，使产品具有更好的使用性能、较低的动力消耗和较低的维修管理费用，以提高产品的市场竞争力。

选择毛坯时有效地协调好上述三者之间的关系，才能选出最佳方案。因此在保证使用性能要求的前提下，力争做到质量好、成本低、生产周期短。

10.3.2　常用机械零件毛坯的选择

1. 轴杆类零件毛坯的选择

轴杆类零件的结构特征是其轴向尺寸远大于径向尺寸。常见的有实心轴、空心轴、曲轴、偏心轴、连杆、螺栓和各类管件。

轴杆类零件大都是各类机械中重要的受力和传动零件。它们的具体受力情况又因其在机械中的作用和结构不同而有很大差异，从而也影响其毛坯材料和制造方法的选择。一般直径变化不大的直轴可采用圆钢直接切削加工，而大多数轴杆类零件都采用锻件毛坯。大型的曲轴、连杆等由于锻造困难，常采用球墨铸铁件、铸钢件或焊接件。有些情况下这类零件也可采用锻-焊或铸-焊结合的方法加工毛坯。例如：汽车排气门零件采用将耐热钢的头部与普通碳钢的杆部焊成一体的方法生产毛坯，可节约比较贵重的耐热钢材料。

2. 盘套类零件毛坯的选择

盘套类零件的结构特征是轴向尺寸小于或接近径向尺寸。常见的有齿轮、带轮、飞轮、法兰、联轴器、套环、垫圈、轴承环等。根据零件在工作中的使用要求、工作条件及所用材料的不同，其毛坯的生产方法也各有不同。

齿轮是盘套类结构中最具代表性的零件。一般中小齿轮在选用中碳结构钢或合金渗碳钢制造时，其毛坯均可选用型材经锻造而成；结构复杂的大型齿轮（直径在 400mm 以上的齿轮）可采用铸钢件毛坯或球墨铸铁件毛坯，在单件小批生产条件下也可采用焊接件毛坯；形状简单、直径小于100mm的低精度、小载荷齿轮，在单件小批生产条件下，可选用圆钢为毛坯；形状简单、精度要求较高、受力较大、大批量生产的小型齿轮可选用模锻件毛坯，但在单件小批生产条件下则应选用自由锻件毛坯；低速、轻载的开式传动齿轮可选用灰铸铁件毛坯；高速、轻载、低噪声的普通小齿轮，在选用铜合金、铝合金、工程塑料时可选用棒料作为毛坯或选用挤压件、冲压件、压铸件毛坯。例如：大量生产仪表齿轮时，就采用冲压件齿坯。

带轮、飞轮、手轮等受力不大或以受压为主的零件，通常采用灰铸铁件毛坯；单件生产时，也常采用低碳钢焊接件毛坯。

法兰、套环、垫圈等零件，根据受力情况、零件形状及尺寸不同，可分别采用铸铁件、锻件或圆钢作为毛坯；厚度小、批量少时，也可用钢板直接下料作为毛坯。

3. 支架箱体类零件毛坯的选择

这类零件包括各种设备的机身、底座、支架、横梁、工作台、齿轮箱、轴承座、阀体、泵体等。其结构特点是形状不规则且比较复杂，工作条件也相差很大。一般的基础零件（如机身、底座等）以承受压应力为主，并要求有较好的刚度和减振性，一般多选用价格较低的铸铁件毛坯；对于受力较大且较复杂的零件，应采用铸钢件毛坯；单件小批量生产时，也可采用焊接件毛坯；对于形状复杂的大型零件，可采用铸-焊或锻-焊组合件毛坯。

【案例分析】

（1）托杯 托杯工作时直接支撑重物，承受压应力，宜选用灰铸铁HT200。由于托杯具有凹槽和内腔结构，形状较复杂，所以采用铸造方法成型。

（2）手柄 手柄工作时承受弯曲应力，受力不大且结构形状较简单，可直接选用碳素结构钢材料，如Q235。

（3）螺母 螺母工作时沿轴线方向承受压应力，螺纹承受弯曲应力和摩擦力，受力情况较复杂。但为了保护螺杆，降低摩擦阻力，宜选用耐磨的材料，如ZCuSn10P1，采用铸造方法成型。

（4）螺杆 螺杆工作时受力情况与螺母类似，但结构形状较简单、规则，宜选用中碳钢或中碳合金钢材料，如40Cr，采用锻造方法成形。

（5）支座 支座是千斤顶的基础零件，产生静载荷压应力，宜选用灰铸铁HT200。由于它具有锥度和内腔，结构形状较复杂，因此采用铸造成型。

拓展知识

大国工匠顾秋亮——在发丝间"跳舞"的蛟龙号钳工

蛟龙号载人潜水器是一艘中国自行设计、自主集成研制的载人潜水器。2012年，它在马里亚纳海沟创造了下潜7062米的作业类载人潜水器新的深潜世界纪录。蛟龙号载人潜水器能取得如此骄人的成绩，离不开一群背后默默付出的英雄们，其中一位是大国工匠——蛟龙号的钳工顾秋亮。

1972年，17岁的顾秋亮进入了中船重工702所，彼时的他还是一个顽皮的小伙子，在师傅的引导下，顾秋亮慢慢静下了心，他苦练基本功，一块10cm厚的方铁，他用几个月的时间将其锉成 5mm 厚的铁片，每个角面上都要厚薄均匀。两年时间，他锉完了十几块方铁，然后出师了。此后的岁月里，一把锉刀顾秋亮一握就是 40 多年，通过一遍遍地锉钢板，一遍遍地动脑筋琢磨，顾秋亮的技术达到了登峰造极的水平。他人工操作的精度达到了"丝"级，他做的工件全部免检。他被人们称为"顾两丝"，"两丝"是通常意义上的游标卡尺的精度，也就是 0.02mm，相当于一根成年人头发丝直径的 1/10。

40 多年如一日的工作，让顾秋亮的手掌纹路变得光滑无比，连指纹打卡都是一个问题。中国的深海载人潜水器有十几万个零部件，制造的最大难度是密封性，精密度要求达到"丝"级，而能够实现这个精密度的只有顾秋亮一人而已。蛟龙号的载人球安装难度在于球体和玻璃的接触面精度要控制在 0.02mm 以内，安装载人舱玻璃是组装载人潜水器最精密的工作，而顾秋亮则能够将潜水器密封面平面度控制在两丝之内。"蛟龙号"首席潜航员叶聪说过，只要看到顾师傅在船上，自己的心就踏实了，顾师傅的价值不低于设计师和科学家，设计图纸都需要顾师傅这样的"大国工匠"来实现，没有他们，蛟龙是下不了水的！

顾秋亮，一把锉刀一握就是 40 多年，从一个小伙子变成了退休的老爷子，如今的他虽然已经退休，但又被单位返聘，奉献自己最后的光和热，将自己几十年的经验传授给徒弟们。

本 章 小 结

1. 机械零件的失效可归纳为断裂失效、过量变形和表面损伤 3 种类型。失效的原因主要有结构设计、材料选择、加工工艺和安装使用 4 个方面。

2. 选择材料和毛坯的一般原则是在满足使用性能的前提下，考虑工艺性能和经济性。

3. 重要用途齿轮大都选用中碳钢、中碳合金钢、合金渗碳钢制造；轻载、低速、不受冲击、精度要求不高的齿轮，可选用铸铁制造。

4. 轴类零件可选用中碳钢、中碳合金钢、球墨铸铁和高强度灰铸铁等材料制造。

5. 用于车刀的主要材料是高速工具钢和硬质合金；手用丝锥和板牙可用高级优质碳素工具钢（T10A、T12A）、低合金工具钢（9SiCr、CrWMn）制造。

6. 质量要求不严格的箱体类零件（内燃机气缸盖、气缸体等）可用灰铸铁（HT150、HT200 等）制造；受力复杂或受冲击载荷的箱体类零件采用铸钢（ZG230-450、ZG270-500 等）制造。

技 能 训 练 题

一、填空题

1. 零件的失效可归纳为_____、_____和_____ 3 种类型。

2. 失效的原因主要有_____、_____、_____和安装使用 4 个方面。

3. 选择材料和毛坯的一般原则是在满足_____的前提下，考虑_____和_____。

4. 汽车、拖拉机中的变速齿轮受力较大，冲击频繁，对耐磨性、疲劳强度、心部强度和韧性等要求较高，选用_____钢制造。

5. 机床齿轮运行平稳，载荷不大，转速中等，无强烈冲击，工作条件较好，常选_____钢制造。

二、选择题

1. 受冲击载荷的齿轮选用（　　）制造。
  A. KTH300-06　　　　　B. GCr15　　　　　C. 20CrMnTi

2. C6132卧式车床主轴选用（　　）制造，中、小型内燃机曲轴选用（　　）制造。
  A. 45钢　　　　　　　　B. QT600-3　　　　　C. Q235

3. 高速切削刀具选用（　　）制造。
  A. T8A　　　　　　　　B. GCr15　　　　　C. W18Cr4V

4. 机床床身选用（　　）制造。
  A. T10A　　　　　　　　B. HT200　　　　　C. Q235

三、简答题

1. 什么是零件的失效？机械零件失效的具体表现有哪些？

2. 选择零件材料应遵循的原则是什么？

3. 某齿轮要求具有良好的综合力学性能，表面硬度50~55HRC，用45钢制造。加工工艺路线为：下料→锻造→热处理1→粗加工→热处理2→半精加工→热处理3→精磨。试回答工艺路线中各个热处理工序的名称、目的。

4. 指出在实习过程中，见过或使用过的3种零件或工具的材料及热处理方法。

附　录

附录 A　压痕直径与布氏硬度对照表

压痕直径 d/mm	HBW $D=10mm$ $F=30D^2$	压痕直径 d/mm	HBW $D=10mm$ $F=30D^2$	压痕直径 d/mm	HBW $D=10mm$ $F=30D^2$
2.40	653	3.12	383	3.84	249
2.42	643	3.14	378	3.86	246
2.44	632	3.16	373	3.88	244
2.46	621	3.18	368	3.90	241
2.48	611	3.20	363	3.92	239
2.50	601	3.22	359	3.94	236
2.52	592	3.24	354	3.96	234
2.54	582	3.26	350	3.98	231
2.56	573	3.28	345	4.00	229
2.58	564	3.30	341	4.02	226
2.60	555	3.32	337	4.04	224
2.62	547	3.34	333	4.06	222
2.64	538	3.36	329	4.08	219
2.66	530	3.38	325	4.10	217
2.68	522	3.40	321	4.12	215
2.70	514	3.42	317	4.14	213
2.72	507	3.44	313	4.16	211
2.74	499	3.46	309	4.18	209
2.76	492	3.48	306	4.20	207
2.78	485	3.50	302	4.22	204
2.80	477	3.52	298	4.24	202
2.82	471	3.54	295	4.26	200
2.84	464	3.56	292	4.28	198
2.86	457	3.58	288	4.30	197
2.88	451	3.60	285	4.32	195
2.90	444	3.62	282	4.34	193
2.92	438	3.64	278	4.36	191
2.94	432	3.66	275	4.38	189
2.96	426	3.68	272	4.40	187
2.98	420	3.70	269	4.42	185
3.00	415	3.72	266	4.44	184
3.02	409	3.74	263	4.46	182
3.04	404	3.76	260	4.48	180
3.06	398	3.78	257	4.50	179
3.08	393	3.80	255	4.52	177
3.10	388	3.82	252	4.54	175

（续）

压痕直径 d/mm	HBW $D=10mm\ F=30D^2$	压痕直径 d/mm	HBW $D=10mm\ F=30D^2$	压痕直径 d/mm	HBW $D=10mm\ F=30D^2$
4.56	174	5.06	139	5.56	113
4.58	172	5.08	138	5.58	112
4.60	170	5.10	137	5.60	111
4.62	169	5.12	135	5.62	110
4.64	167	5.14	134	5.64	110
4.66	166	5.16	133	5.66	109
4.68	164	5.18	132	5.68	108
4.70	163	5.20	131	5.70	107
4.72	161	5.22	130	5.72	106
4.74	160	5.24	129	5.74	105
4.76	158	5.26	128	5.76	105
4.78	157	5.28	127	5.78	104
4.80	156	5.30	126	5.80	103
4.82	154	5.32	125	5.82	102
4.84	153	5.34	124	5.84	101
4.86	152	5.36	123	5.86	101
4.88	150	5.38	122	5.88	99.9
4.90	149	5.40	121	5.90	99.2
4.92	148	5.42	120	5.92	98.4
4.94	146	5.44	118	5.94	97.7
4.96	145	5.46	118	5.96	96.9
4.98	144	5.48	117	5.98	96.2
5.00	143	5.50	116	6.00	95.5
5.02	141	5.52	115		
5.04	140	5.54	114		

附录B　钢铁材料硬度及强度换算表

硬度							抗拉强度/MPa
洛氏硬度		表面洛氏硬度			维氏硬度	布氏硬度	
HRC	HRA	HR15N	HR30N	HR45N	HV	HBW($F=30D^2$)	
(70.0)	86.6				1037		
(69.5)	86.3				1017		
(69.0)	86.1				997		
(68.5)	85.8				978		
(68.0)	85.5				909		
(67.5)	85.2				894		
67.0	85.0				879		
66.5	84.7				865		

（续）

硬 度							抗拉强度/ MPa
洛 氏 硬 度		表面洛氏硬度			维氏硬度	布氏硬度	
HRC	HRA	HR15N	HR30N	HR45N	HV	HBW ($F = 30D^2$)	
66. 0	84. 4				850		
65. 5	84. 1				836		
65. 0	83. 9	92. 2	81. 3	71. 7	822		
64. 5	83. 6	92. 1	81. 0	71. 2	809		
64. 0	83. 3	91. 9	80. 6	70. 6	795		
63. 5	83. 1	91. 8	80. 2	70. 1	782		
63. 0	82. 8	91. 7	79. 8	69. 5	770		
62. 5	82. 5	91. 5	79. 4	69. 0	757		
62. 0	82. 2	91. 4	79. 0	68. 4	745		
61. 5	82. 0	91. 2	78. 6	67. 9	733		
61. 0	81. 7	91. 0	78. 1	67. 3	721		
60. 5	81. 4	90. 8	77. 7	66. 8	710	650	
60. 0	81. 2	90. 6	77. 3	66. 2	698	647	
59. 5	80. 9	90. 4	76. 9	65. 6	687	643	
59. 0	80. 6	90. 2	76. 5	65. 1	676	639	
58. 5	80. 3	90. 0	76. 1	64. 5	666	634	
58. 0	80. 1	89. 8	75. 6	63. 9	655	628	
57. 5	79. 8	89. 6	75. 2	63. 4	645	622	
57. 0	79. 5	89. 4	74. 8	62. 8	635	616	
56. 5	79. 3	89. 1	74. 4	62. 2	625	608	
56. 0	79. 0	88. 9	73. 9	61. 7	615	601	
55. 5	78. 7	88. 6	73. 5	61. 1	606	593	
55. 0	78. 5	88. 4	73. 1	60. 5	596	585	
54. 5	78. 2	88. 1	72. 6	59. 9	587	577	
54. 0	77. 9	87. 9	72. 2	59. 4	578	569	
53. 5	77. 7	87. 6	71. 8	58. 8	569	561	
53. 0	77. 4	87. 4	71. 3	58. 2	561	552	
52. 5	77. 1	87. 1	70. 9	57. 6	552	544	
52. 0	76. 9	86. 8	70. 4	57. 1	544	535	
51. 5	76. 6	86. 6	70. 0	56. 5	535	527	
51. 0	76. 3	86. 3	69. 5	55. 9	527	518	
50. 5	76. 1	86. 0	69. 1	55. 3	520	510	
50. 0	75. 8	85. 7	68. 6	54. 7	512	502	1710
49. 5	75. 5	85. 5	68. 2	54. 2	504	494	1681

（续）

| 硬 度 | | | | | | | 抗拉强度/
MPa |
| 洛 氏 硬 度 | | 表面洛氏硬度 | | | 维氏硬度 | 布氏硬度 | |
HRC	HRA	HR15N	HR30N	HR45N	HV	HBW($F=30D^2$)	
49.0	75.3	85.2	67.7	53.6	497	486	1653
48.5	75.0	84.9	67.3	53.0	489	478	1626
48.0	74.7	84.6	66.8	52.4	482	470	1600
47.5	74.5	84.3	66.4	51.8	475	463	1575
47.0	74.2	84.0	65.9	51.2	468	455	1550
46.5	73.9	83.7	65.5	50.7	461	448	1526
46.0	73.7	83.5	65.0	50.1	454	441	1503
45.5	73.4	83.2	64.6	49.5	448	435	1481
45.0	73.2	82.9	64.1	48.9	441	428	1459
44.5	72.9	82.6	63.6	48.3	435	422	1438
44.0	72.6	82.3	63.2	47.7	428	415	1417
43.5	72.4	82.0	62.7	47.1	422	409	1397
43.0	72.1	81.7	62.3	46.5	416	403	1378
42.5	71.8	81.4	61.8	45.9	410	397	1359
42.0	71.6	81.1	61.3	45.4	404	392	1340
41.5	71.3	80.8	60.9	44.8	398	386	1322
41.0	71.1	80.5	60.4	44.2	393	381	1305
40.5	70.8	80.2	60.0	43.6	387	375	1288
40.0	70.5	79.9	59.5	43.0	381	370	1271
39.5	70.3	79.6	59.0	42.4	376	365	1254
39.0	70.0	79.3	58.6	41.8	371	360	1238
38.5	69.7	79.0	58.1	41.2	365	355	1222
38.0	69.5	78.7	57.6	40.6	360	350	1207
37.5	69.2	78.4	57.2	40.0	355	345	1192
37.0	69.0	78.1	56.7	39.4	350	341	1177
36.5	68.7	77.8	56.2	38.8	345	336	1162
36.0	68.4	77.5	55.8	38.2	340	332	1147
35.5	68.2	77.2	55.3	37.6	335	327	1133
35.0	67.9	77.0	54.8	37.0	331	323	1119
34.5	67.7	76.7	54.4	36.5	326	318	1105
34.0	67.4	76.4	53.9	35.9	321	314	1092
33.5	67.1	76.1	53.4	35.3	317	310	1078
33.0	66.9	75.8	53.0	34.7	313	306	1065
32.5	66.6	75.5	52.5	34.1	308	302	1052

（续）

| 硬　度 | | | | | | | 抗拉强度/MPa |
| 洛 氏 硬 度 | | 表面洛氏硬度 | | | 维氏硬度 | 布氏硬度 | |
HRC	HRA	HR15N	HR30N	HR45N	HV	HBW($F=30D^2$)	
32.0	66.4	75.2	52.0	33.5	304	298	1039
31.5	66.1	74.9	51.6	32.9	300	294	1027
31.0	65.8	74.7	51.1	32.3	296	291	1014
30.5	65.6	74.4	50.6	31.7	292	287	1002
30.0	65.3	74.1	50.2	31.1	288	283	989
29.5	65.1	73.8	49.7	30.5	284	280	977
29.0	64.8	73.5	49.2	29.9	280	276	965
28.5	64.6	73.3	48.7	29.3	276	273	954
28.0	64.3	73.0	48.3	28.7	273	269	942
27.5	64.0	72.7	47.8	28.1	269	266	930
27.0	63.8	72.4	47.3	27.5	266	263	919
26.5	63.5	72.2	46.9	26.9	262	260	908
26.0	63.3	71.9	46.4	26.3	259	257	897
25.5	63.0	71.6	45.9	25.7	256	254	886
25.0	62.8	71.4	45.5	25.1	253	251	875
24.5	62.5	71.1	45.0	24.5	250	248	864
24.0	62.2	70.8	44.5	23.9	247	245	854
23.5	62.0	70.6	44.0	23.3	244	242	843
23.0	61.7	70.3	43.6	22.7	241	240	833
22.5	61.5	70.0	43.1	22.1	238	237	823
22.0	61.2	69.8	42.6	21.5	235	234	813
21.5	61.0	68.5	42.2	21.0	233	232	803
21.0	60.7	69.3	41.7	20.4	230	229	793
20.5	60.4	69.0	41.2	19.8	228	227	784
20.0	60.2	68.8	40.7	19.2	226	225	774

注：表中括号中的数值已超出金属洛氏硬度试验方法所规定的范围，仅供参考。

附录 C　常用钢的临界点

| 钢　号 | 临界点/℃ | | | | | |
	Ac_1	Ac_3(Ac_{cm})	Ar_1	Ar_3	Ms	Mf
15	735	865	685	840	450	
30	732	815	677	796	380	
40	724	790	680	760	340	
45	724	780	682	751	345~350	
50	725	760	690	720	290~320	
55	727	774	690	755	290~320	

（续）

钢 号	临界点/℃					
	Ac_1	Ac_3（Ac_{cm}）	Ar_1	Ar_3	Ms	Mf
65	727	752	696	730	270	
30Mn	734	812	675	796	355~375	
65Mn	726	765	689	741	270	
20Cr	766	838	702	799	390	
30Cr	740	815	670	—	350~360	
40Cr	743	782	693	730	325~330	
20CrMnTi	740	825	650	730	360	
30CrMnTi	765	790	660	740	—	
35CrMo	755	800	695	750	271	
25MnTiBRE	708	870	—	—	—	
40MnB	730	780	650	700		
55Si2Mn	775	840	—	—	—	
60Si2Mn	755	810	700	770	305	
55CrMn	750	775	—	—	250	
50CrVA	752	788	688	746	270	
GCr15	745	900	700	—	240	
GCr15SiMn	740	872	708	—	200	
T7	730	770	700	—	220~230	
T8	730	—	700	—	220~230	−70
T10	730	800	700	—	200	−80
9Mn2V	736	765	652	125	—	—
9SiCr	770	870	730	—	170~180	—
CrWMn	750	940	710	—	200~210	—
Cr12MoV	810	1200	760		150~200	−80
5CrMnMo	710	770	680		220~230	—
3Cr2W8V	820	1100	790		380~420	−100
W18Cr4V	820	1330	760		180~220	—

附录D　国内外常用钢号对照表

钢类	中国	俄罗斯	美国	英国	日本	法国	德国
	GB	ГОСТ	ASTM	BS	JIS	NF	DIN
优质碳素结构钢	08	08	1008	040A10	S09CK	FM8	CK10
	10	10	1010	040A12	S10C	XC10	C10, CK10
	15	15	1015	090M15	S15C	XC12	C15, CK15
	20	20	1020	050A20	S20C	XC18	1C22, CK22
	25	25	1025	060A25	S25C	XC25	CK25
	30	30	1030	060A30	S30C	XC32	CK30

（续）

钢类	中国	俄罗斯	美国	英国	日本	法国	德国
	GB	**ГОСТ**	**ASTM**	**BS**	**JIS**	**NF**	**DIN**
优质碳素结构钢	35	35	1035	060A35	S35C	XC38TS	1C35，CK35
	40	40	1040	060A40	S40C	XC38H1	1C40，CK40
	45	45	1045	060A42	S45C	XC42	1C45，CK45
	50	50	1050	060A52	S50C	XC48TS	1C50，CK53
	55	55	1055	070M55	S55C	XC55	1C55，CK55
	60	60	1060	060A62	S58C	XC60	1C60，CK60
	15Mn	15Г	1016	080A15	SB46	XC12	14Mn4
	20Mn	20Г	1019，1022	070M20		XC18	19Mn5
	30Mn	30Г	1033	080A30	S30C	XC32	30Mn4
	40Mn	40Г	1039	080A40	S40C	40M5	40Mn4
	45Mn	45Г	1043，1046	080A47	S45C	45M5	46Mn5
	50Mn	50Г	1053，1551	080A52	S53C	XC48	2C50
合金结构钢	20Mn2	20Г2	1320，1321	150M19	SMn420	20M5	20Mn5
	30Mn2	30Г2	1330，1536	150M28	SMn433H	32M5	30Mn5
	35Mn2	35Г2	1335	150M36	SMn438（H）	35M5	36Mn5
	40Mn2	40Г2	1340	—	SMn443	40M5	—
	45Mn2	45Г2	1345	—	SMn443	45M5	46Mn7
	50Mn2	50Г2	H13450	—		55M5	50Mn7
	20MnV	—	—			—	20MnV6
	35SiMn	35СГ	—	En46	—	38MS5	37MnSi5
	42SiMn	42СГ	—			41S7	46MnSi4
	40B	—	TS14B35	170H41	—	—	—
	45B	—	50B46H			—	—
	40MnB	—	50B40	185H40	—	30MB5	—
	45MnB	—	50B44			—	—
	15Cr	15X	5115	523M15	SCr415	12C3	15Cr3
	20Cr	20X	5120	527A19	SCr420H	18C3	20Cr4
	30Cr	30X	5130	530A30	SCr430	—	28Cr4
	35Cr	35X	5135	530A32	SCr435（H）	32C4	34Cr4
	40Cr	40X	5140	520M40	SCr440	42C4	41Cr4
	45Cr	45X	5145，5147	534A99	SCr445	45C4	41Cr4
	38CrSi	38XC	—	—	—	—	—
	12CrMo	12XM	A182-F11，F12	620Cr·B	—	12CD4	13CrMo44
	15CrMo	15XM	A-387Cr·B	1653	STC42 STT42 STB42	12CD4	16CrMo44

（续）

钢类	中国	俄罗斯	美国	英国	日本	法国	德国
	GB	ГOCT	ASTM	BS	JIS	NF	DIN
合金结构钢	20CrMo	20XM	4118	708M20 CDS12 CDS110	STC42 STT42 STB42	18CD4	20CrMo44
	25CrMo	—	4125	En20A	—	25CD4	25CrMo4
	30CrMo	30XM	4130	1717COS110	SCM420	25CD4	25CrMo4
	42CrMo	38XM	4140, 4142	708M40	SCM440	42CD4	42CrMo4
	35CrMo	35XM	4135, 4137	708A37	SCM435	35CD4	34CrMo4
	12CrMoV	12XMф	—	—	—	—	—
	12Cr1MoV	12X1Mф	—	—	—	—	13CrMoV42
	25Cr2Mo1VA	25X2M1фA	—	—	—	—	24CrMoV55
	20CrV	20Xф	6120				22CrV4
	40CrV	40XфA	6140				42CrV6
	50CrVA	50XфA	6150	735A51	SUP10	50CV4	51CrV4
	15CrMn	15XГ, 18XГ	—	—	—	16MC5	16MnCr5
	20CrMn	20XГ	5152	527A60	SUP9	20MC5	20MnCr5
	30CrMnSiA	30XГCA	—	—	—	—	—
	40CrNi	40XH	3140	640M40	SNC236	—	40NiCr6
	20CrNi3	20XH3A	3316	—	—	20NC11	20NiCr14
	30CrNi3	30XH3A	3325, 3330	653M31	SNC631H SNC631	30NC12	28NiCr10
	20MnMoB	—	80B20				—
	38CrMoAl	38XMюA	—	905M39	SACM645	40CAD6.12	41CrAlMo7
	40CrNiMoA	40XHMA	4340	817M40	SNCM439	40NCD3	40NiCrMo6
弹簧钢	65	65	1064	080A67	SUP2	XC65	C67, CK67
	85	85	1085, 1084	080A86	SUP3	XC85	CK85
	65Mn	65Г	1566	080A67			65Mn4
	55Si2Mn	55C2Г	9255	250A53	SUP6	55S7	55Si7
	60Si2Mn	60C2ГA	9260 9260H	250A61	SUP7	60S7	60Si7
	50CrVA	50XфA	6150	735A51	SUP10	50CV4	50CrV4
滚动轴承钢	GCr9	ⅢX9	E51100	—	SUJ1	100C5	105Cr4
	GCr9SiMn	—	—		SUJ3		
	GCr15	ⅢX15	E52100	535A99	SUJ2	100C6	106Cr6
	GCr15SiMn	ⅢX15ГC	—	—	—	100CM6	100CrMn6

（续）

钢类	中国	俄罗斯	美国	英国	日本	法国	德国
	GB	ГОСТ	ASTM	BS	JIS	NF	DIN
易切削钢	Y12	A12	1211，1109	210M15	SUM12	10F	10S20
	Y15	—	1213，1119	220M07	SUM25	15F2	10S20
	Y20	A20	1117	En7	SUM32	20F2	22S20
	Y30	A30	1132	—	SUM42	30F2	35S20
	Y40Mn	A40Г	1144	225M44	SUM43	45MF2	40S20
耐磨钢	ZGM13	116Г13ю	—	—	SCMH11	Z120M12	X120Mn12
碳素工具钢	T7	y7	W1-7	060A67	SK7，SK6	$Y_1$70	C70W1
	T8	y8	W1A-8	060A78	SK6，SK5	$Y_1$80	C80W1
	T8Mn	y8Г	W1-8	06A81	SK5	Y75	C85W
	T10	y10	W1-1.0C	D1	SK3，SK4	$Y_1$105	C100W2
	T12	y12	W1-1.2C	D1	SK3	$Y_2$120	C125W
	T12A	y12A	W1-1.2C	—	—	XC120	C125W2
	T13	y13	—	—	SK1	$Y_2$140	C135W
合金工具钢	8MnSi	—	—	—	—	—	C75W3
	9SiCr	9XC	—	BH21	—	—	90CrSi5
	Cr2	X	L1	BL1	—	100C6	100Cr6
	Cr06	13X	W5	—	SKS8	130Cr3	140Cr3
	9Cr2	9X	L7	—	—	100C6	100Cr6
	W	B1	F1	BF1	SKS21	—	120W4
	Cr12	X12	D3	BD3	SKD1	Z200C12	X210Cr12
	Cr12MoV	X12M	D2	BD2	SKD11	Z200C12	X165CrMoV46
	9Mn2V	9Г2ф	02	B02	—	80M80	90MnV8
	9CrWMn	9XВГ	01	B01	SKS3	80M8	—
	CrWMn	XВГ	07	—	SKS31	105WC13	105WCr6
	3Cr2W8V	3X2B8ф	H21	BH21	SKD5	Z30WCV9	X30WCrV93
	5CrMnMo	5ХГМ	—	—	SKT5	—	40CrMnMo7
	5CrNiMo	5ХНМ	L6	BH224/5	SKT4	55NCDV7	55NiCrMoV6
	4Cr5MoSiV	4X5МфС	H11	BH11	SKD61	Z38CDV5	X38CrMoV51
	4CrW2Si	4XB2C	—	—	SKS41	40WCDS3512	35WCrV7
	5CrW2Si	5XB2C	S1	BSi	—	—	45WCrV7
高速工具钢	W18Cr4V	P18	T1	BT1	SKH2	Z80WCV 18-04-01	S18-0-1
	W6Mo5Cr4V2	P6M5	M2	BM2	SKH9	Z85WDCV 06-05-04-02	S6-5-2
	W18Cr4VCo5	P18K5ф2	T4	BT4	SKH3	Z80WKCV 18-05-04-01	S18-1-2-5
	W2Mo9Cr4VCo8	—	M42	BM42	SKH59	Z110WKCDV 09-08-04-02-01	S2-10-1-8

（续）

钢类	中国	俄罗斯	美国	英国	日本	法国	德国
	GB	ГОСТ	ASTM	BS	JIS	NF	DIN
不锈钢	12Cr18Ni9	12X18H9	302 S30200	302S25	SUS302	Z10CN18.09	X12CrNi188
	Y12Cr18Ni9	—	303 S30300	303S21	SUS303	Z10CNF18.09	X12CrNiS188
	06Cr19Ni10	08X18H10	304 S30400	304S15	SUS304	Z6CN18.09	X5CrNi189
	022Cr19Ni10	03X18H11	304L S30403	304S12	SUS304L	Z2CN18.09	X2CrNi189
	06Cr18Ni11Ti	08X18H10T	321 S32100	321S12 321S20	SUS321	Z6CNT18.10	X10CrNiTi189
	06Cr13Al	—	405 S40500	405S17	SUS405	Z6CA13	X7CrAI13
	10Cr17	12X17	430 S43000	430S15	SUS430	Z8C17	X8Cr17
	12Cr13	12X13	410 S41000	410S21	SUS410	Z12C13	X10Cr13
	20Cr13	20X13	420 S42000	420S37	SUS420J1	Z20C13	X20Cr13
	30Cr13	30X13	—	420S45	SUS420J2	Z33C13	X30Cr13
	68Cr17	—	440A S44002	—	SUS440A	—	—
	07Cr17Ni7Al	09X17H7Ю	631 S17700	—	SUS631	Z8CNA17.7	X7CrNiAl177
耐热钢	16Cr23Ni13	20X23H12	309 S30900	309S24	SUH309	Z15CN24.13	—
	20Cr25Ni20	20X25H20C2	310 S31000	310S24	SUH310	Z12CN25.20	CrNi2520
	06Cr25Ni20	—	310S S31008	310S31	SUS310S	—	—
	06Cr17Ni12Mo2	08X17H13M2T	316 S31600	316S16	SUS316	Z6CND17.12	X5CrNiMo1810
	06Cr18Ni11Nb	08X18H12E	347 S34700	347S17	SUS347	Z6CNNb18.10	X10CrNiNb189
	13Cr13Mo	—	—	—	SUS410J1	—	X15CrMo13
	14Cr17Ni2	14X17H2	431 S43100	431S29	SUS431	Z15CN16.02	X22CrNi17
	07Cr17Ni7Al	09X17H7Ю	631 S17700	—	SUS631	Z8CNA17.7	X7CrNiAl177

附录 E　实验指导书

E1　金属材料的力学性能实验

E1.1　拉伸实验

1. 实验目的

1）测定金属材料的强度（R_{eL}、R_m）和塑性指标（A、Z）。

2）观察试样在拉伸过程中出现的屈服现象和缩颈现象。

3）了解拉伸试验机的结构和使用方法。

2. 实验设备、工具和材料

1）WE 万能材料试验机、划线机各一台。

2）游标卡尺一把。

3）低碳钢和铸铁拉伸试样各若干个。

3. 实验步骤和注意事项

（1）实验步骤

1）检查试样表面是否有明显的刀痕、磨痕或机械损伤等。在划线机上测出试样标距长度 L_o，并做上标记；用游标卡尺测量其直径 d_o。

2）根据试样材料，估算拉断的最大拉伸力，选择指示度盘的测量范围，悬挂相应的摆砣并调节缓冲阀至相应位置。

3）将试样一端装夹在试验机的上夹头中，调节下夹头至适当位置，并夹紧试样另一端。

4）将测力盘指针调零，开动机器，缓慢地加载荷。当测力盘指针来回摆动或几乎不动时，为屈服现象，此时记录载荷 F_s，然后指针继续转动，当载荷达到某一数值时，指针开始回转，此时试样产生缩颈现象，记录载荷 F_m，直至拉断试样。

5）试样拉断后，停机，取下试样。将已拉断的试样接合，用游标卡尺测量拉断后标距长度 L_u 和断口处最小直径 d_u，并记录于表内。

（2）注意事项

1）试验前，了解试验机的结构、工作原理，检查各部分运行是否正常。

2）试样装夹要牢固，否则影响试验效果。

4. 实验数据记录

将实验结果填于表 E1-1 中。

表 E1-1　拉伸实验结果记录

试验材料	原始标距和直径/mm		拉断后标距和直径/mm		拉伸载荷/N		试验结果			
	L_o	d_o	L_u	d_u	F_m	F_s	R_{eL}/MPa	R_m/MPa	A(%)	Z(%)
低碳钢										
铸　铁										

E1.2 硬度实验

1. 实验目的

1）熟悉布氏硬度计、洛氏硬度计的操作方法。

2）根据材料的性能特点，能够正确选择测定硬度的方法。

2. 实验设备及材料

1）HB-3000 型布氏硬度计。

2）HR-150 型洛氏硬度计。

3）读数显微镜。

4）试样：退火状态的 20 钢、45 钢、T8 钢；淬火状态的 45 钢、T8 钢、T12 钢。

3. 布氏硬度实验的操作步骤及读数显微镜的使用方法

（1）布氏硬度实验的操作步骤

1）依据试样特性，确定载荷和压头直径。

2）将试样平稳地放在工作台上，顺时针转动手轮，使试样与压头接触，直至手轮与螺母产生相对滑动为止。

3）确定试验力保持时间，把圆盘上的时间定位器转到与持续时间相符的位置上。

4）接通电源，启动加载按钮。当载荷全部加上时，红色指示灯亮；持续一段时间后自动卸载，红色指示灯灭，卸载完毕。

5）逆时针转动手轮降下工作台，取下试样并用读数放大镜测出压痕直径 d，查附录 A 即得 HBW 值。

（2）读数显微镜的使用方法

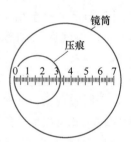

图 E1-1　用读数显微镜测压痕直径

1）将打上压痕的试样置于水平工作台上。

2）把读数显微镜置于试样上，让透光孔对向光亮处。

3）通过旋转螺母，使标线（垂直线）沿 X 轴左右移动。

4）标线与压痕的两侧分别相切，此时标线走过的距离即为压痕直径，如图 E1-1 所示。

5）把工件旋转 90°，再测量一次，取两次结果的平均值，即得到压痕的最终直径。

6）记下读数后，把显微镜归零，放到指定位置。

4. 洛氏硬度实验的操作步骤

1）依据试样预期硬度确定相适应的压头和载荷，并装入试验机。

2）将符合要求的试样放置在试样台上，顺时针转动手轮，使试样与压头缓慢接触，直至表盘（图 E1-2 所示）小指针由黑点移动至红点为止，此时即已加初始载荷。随后将表盘大指针调整至 C 或 B 点（测定 HRA 和 HRC 时大指针调整至黑色的 C，测定 HRBW 时大指针调整至红色 B）。

图 E1-2　洛氏硬度计的指示表盘

3）平稳地向前搬动加载手柄加主载荷，持续约 10s 后，搬回加载手柄卸除主载荷，由表盘读出硬度值，HRA 和 HRC 读黑数字，HRB 读红数字。

4）逆时针转动手轮，取出试样，测定完毕。

5. 实验注意事项

1）试样两端要平行，表面要平整，无氧化皮和油污。

2）圆柱形试样应放在有 V 形槽的工作台上操作，以防试样滚动。

3）加载时应细心操作，以免损坏压头。

4）测完硬度值，卸除载荷后，必须使压头完全离开试样后再取下试样。

5）金刚石压头属于贵重物件，质硬而脆，使用时要小心谨慎，严禁与试样或其他物件碰撞。

6）应根据硬度计的使用范围，按规定合理选用不同的载荷和压头，以获得准确的硬度值。

6. 实验数据记录

1）将退火状态的 20 钢、45 钢、T8 钢的布氏硬度值填于表 E1-2 中。

表 E1-2　布氏硬度实验结果记录

实 验 条 件			
钢球直径 D/mm	载荷 F/N	持续时间/s	F/D^2

实 验 结 果			
项目	试样		
	20 钢	45 钢	T8 钢
压痕直径			
HBW 值			

2）将淬火状态的 45 钢、T8 钢、T12 钢的洛氏硬度值填于表 E1-3 中。

表 E1-3　洛氏硬度实验结果记录

试样	热处理状态	压　头	主载荷/N	硬度 HRC
45 钢				
T8 钢				
T12 钢				

E1.3　冲击实验

1. 实验目的

1）了解摆锤式一次冲击试验机的结构。

2）测量低碳钢的冲击吸收能量 KU 或 KV 值。

2. 实验设备和材料

1）摆锤式一次冲击试验机一台。

2）低碳钢或中碳钢试样若干个。

3. 实验步骤和注意事项

（1）实验步骤

1）实验前，先检查试样的形状、尺寸是否符合要求。

2）进行空击试验，校正指针零点。

3）摆锤用支撑铁托牢，将冲击试样放在试验机的支座上，并用样规校正，使试样缺口背对摆锤。

4）将操纵手柄扳至预备位置，扬起摆锤到规定高度，同时将指针拨至最大刻度位置（即刻度的左极限位置）。

5）扳动手柄（或按动电钮）进行冲击。

6）冲断试样后，立即制动摆锤，待摆锤停止摆动后，记录下指针在刻度盘上的数值，即为该试样的冲击吸收能量值。

（2）注意事项　进行冲击实验过程中一定要注意安全，试验机两侧严禁站人，以免被摆锤或冲断的试样打伤。

4. 实验数据记录

将实验结果填于表 E1-4 中。

表 E1-4　冲击实验结果记录

试　　样		温度/℃	摆锤量程/J	冲击吸收能量/J		
试 样 材 料	缺 口 类 型			1	2	平　　均

E2　铁碳合金平衡组织观察

1. 实验目的

1）观察铁碳合金在室温下平衡状态的显微组织。

2）分析典型铁碳合金的显微组织特征，加深理解化学成分、组织和力学性能的关系。

2. 实验设备及试样

1）XJB-1 型台式金相显微镜。

2）金相试样与金相图谱。

3. 试验内容

用金相显微镜观察表 E2-1 所列碳钢和白口铸铁的显微组织。

表 E2-1　试样材料及其使用的浸蚀剂

序号	试样材料	状态	浸蚀剂	室温下的显微组织
1	工业纯铁	退火	4%硝酸酒精溶液	铁素体+三次渗碳体
2	20 钢	退火	4%硝酸酒精溶液	铁素体+珠光体
3	45 钢	退火	4%硝酸酒精溶液	铁素体+珠光体
4	60 钢	退火	4%硝酸酒精溶液	铁素体+珠光体
5	T8 钢	退火	4%硝酸酒精溶液	珠光体
6	T12 钢	退火	4%硝酸酒精溶液	珠光体+二次渗碳体（白）

（续）

序号	试样材料	状态	浸蚀剂	室温下的显微组织
7	T12 钢	退火	4%碱性苦味酸水溶液	珠光体+二次渗碳体（黑）
8	亚共晶白口铸铁	铸态	4%硝酸酒精溶液	珠光体+低温莱氏体+二次渗碳体
9	共晶白口铸铁	铸态	4%硝酸酒精溶液	低温莱氏体
10	过共晶白口铸铁	铸态	4%硝酸酒精溶液	低温莱氏体+一次渗碳体

4. 实验步骤与注意事项

（1）实验步骤

1）在金相显微镜下对表 E2-1 所列碳钢和白口铸铁的显微组织进行观察。

2）对照金相图谱或图片，确定每个试样的材料名称和牌号，找出其组织形态特征。

3）绘出所观察试样的显微组织示意图。

（2）注意事项

1）不得用手触摸试样表面或将试样表面重叠起来，以免影响显微组织的观察。

2）画组织示意图时，应认真思考组织形态的特点，画出典型区域的组织，不要将磨痕或杂质画在图上。

5. 实验结果记录

在圆框内用铅笔画出所观察试样的显微组织示意图，用箭头指出组织组成物的名称，并注明材料名称、放大倍数和浸蚀剂。

材料名称 ＿＿＿＿＿
组织组成 ＿＿＿＿＿
浸 蚀 剂 ＿＿＿＿＿
放大倍数 ＿＿＿＿＿

材料名称 ＿＿＿＿＿
组织组成 ＿＿＿＿＿
浸 蚀 剂 ＿＿＿＿＿
放大倍数 ＿＿＿＿＿

材料名称 ＿＿＿＿＿
组织组成 ＿＿＿＿＿
浸 蚀 剂 ＿＿＿＿＿
放大倍数 ＿＿＿＿＿

材料名称 ＿＿＿＿＿
组织组成 ＿＿＿＿＿
浸 蚀 剂 ＿＿＿＿＿
放大倍数 ＿＿＿＿＿

材料名称 ＿＿＿＿＿
组织组成 ＿＿＿＿＿
浸 蚀 剂 ＿＿＿＿＿
放大倍数 ＿＿＿＿＿

材料名称 ＿＿＿＿＿
组织组成 ＿＿＿＿＿
浸 蚀 剂 ＿＿＿＿＿
放大倍数 ＿＿＿＿＿

材料名称 ＿＿＿＿＿
组织组成 ＿＿＿＿＿
浸 蚀 剂 ＿＿＿＿＿
放大倍数 ＿＿＿＿＿

材料名称 ＿＿＿＿＿
组织组成 ＿＿＿＿＿
浸 蚀 剂 ＿＿＿＿＿
放大倍数 ＿＿＿＿＿

材料名称 _____ ⭕ 材料名称 _____ ⭕

组织组成 _____ 组织组成 _____

浸蚀剂 _____ 浸蚀剂 _____

放大倍数 _____ 放大倍数 _____

E3 铸铁的显微组织观察

1. 实验目的

1）观察灰铸铁、可锻铸铁、球墨铸铁和蠕墨铸铁的显微组织。

2）加深理解石墨形态对铸铁力学性能的影响。

2. 实验设备及试样

1）XJB-1 型台式金相显微镜。

2）金相试样与金相图谱。

3. 试验内容

用金相显微镜观察表 E3-1 所列铸铁的显微组织。

4. 实验步骤与注意事项

（1）实验步骤

1）在金相显微镜下对表 E3-1 所列铸铁的显微组织进行观察。

2）对照金相图谱或图片，确定每个试样的材料名称，找出其组织形态特征，并进行对比分析。

3）绘出所观察试样的显微组织示意图。

（2）注意事项

1）不得用手触摸试样表面或将试样表面重叠起来，以免影响显微组织的观察。

2）画组织示意图时，应认真思考组织形态的特点，画出典型区域的组织，不要将磨痕或杂质画在图上。

表 E3-1 试样材料及其使用的浸蚀剂

序号	试样材料	状态	浸蚀剂	室温下的显微组织
1	F 基体灰铸铁	铸态	4%硝酸酒精溶液	铁素体+片状石墨
2	F+P 基体灰铸铁	铸态	4%硝酸酒精溶液	铁素体+珠光体+片状石墨
3	F 基体可锻铸铁	铸态	4%硝酸酒精溶液	铁素体+团絮状石墨
4	P 基体可锻铸铁	铸态	4%硝酸酒精溶液	珠光体+团絮状石墨
5	F 基体球墨铸铁	铸态	4%硝酸酒精溶液	铁素体+球状石墨
6	F+P 基体球墨铸铁	铸态	4%硝酸酒精溶液	铁素体+珠光体+球状石墨
7	P 基体球墨铸铁	铸态	4%硝酸酒精溶液	珠光体+球状石墨
8	F 基体蠕墨铸铁	铸态	4%硝酸酒精溶液	铁素体+蠕虫状石墨
9	F+P 基体蠕墨铸铁	铸态	4%硝酸酒精溶液	铁素体+珠光体+蠕虫状石墨

5. 实验结果记录

在圆框内用铅笔画出所观察试样的显微组织示意图，用箭头指出组织组成物的名称，并注明材料名称、放大倍数和浸蚀剂。

材料名称 _____

组织组成 _____

浸 蚀 剂 _____

放大倍数 _____

材料名称 _____

组织组成 _____

浸 蚀 剂 _____

放大倍数 _____

材料名称 _____

组织组成 _____

浸 蚀 剂 _____

放大倍数 _____

材料名称 _____

组织组成 _____

浸 蚀 剂 _____

放大倍数 _____

材料名称 _____

组织组成 _____

浸 蚀 剂 _____

放大倍数 _____

材料名称 _____

组织组成 _____

浸 蚀 剂 _____

放大倍数 _____

材料名称 _____

组织组成 _____

浸 蚀 剂 _____

放大倍数 _____

材料名称 _____

组织组成 _____

浸 蚀 剂 _____

放大倍数 _____

材料名称 _____

组织组成 _____

浸 蚀 剂 _____

放大倍数 _____

材料名称 _____

组织组成 _____

浸 蚀 剂 _____

放大倍数 _____

参 考 文 献

[1]　梁戈，时惠英，王志虎. 机械工程材料与热加工工艺［M］. 2 版. 北京：机械工业出版社，2015.

[2]　李蕾. 金属材料与热加工基础［M］. 北京：机械工业出版社，2018.

[3]　王英杰. 金属材料及热处理［M］. 2 版. 北京：机械工业出版社，2012.

[4]　李龙根. 工程材料与加工［M］. 北京：机械工业出版社，2009.

[5]　刘会霞. 金属工艺学［M］. 北京：机械工业出版社，2001.

[6]　张至丰. 机械工程材料及成形工艺基础［M］. 北京：机械工业出版社，2007.

[7]　司卫华，王学武. 金属材料与热处理［M］. 北京：化学工业出版社，2009.

[8]　杜伟. 工程材料及热加工基础［M］. 北京：化学工业出版社，2010.

[9]　张文灼. 工程材料基础［M］. 北京：机械工业出版社，2010.

[10]　卢志文，赵亚忠. 工程材料及成形工艺［M］. 2 版. 北京：机械工业出版社，2019.

[11]　梁耀能. 工程材料及加工工程［M］. 北京：机械工业出版社，2001.

[12]　司乃钧，舒庆. 热成形技术基础［M］. 北京：高等教育出版社，2009.

[13]　隗东伟. 机械工程材料及热加工基础［M］. 北京：化学工业出版社，2008.

[14]　宋金虎. 金属工艺学［M］. 北京：清华大学出版社，北京交通大学出版社，2009.

[15]　刘劲松. 金属工艺基础与实践［M］. 北京：清华大学出版社，2007.

[16]　余岩. 工程材料与加工基础［M］. 2 版. 北京：北京理工大学出版社，2012.

[17]　丁德全. 金属工艺学［M］. 北京：机械工业出版社，2004.

[18]　王孝达. 金属工艺学［M］. 2 版. 北京：高等教育出版社，2011.

[19]　丁建生. 金属学与热处理［M］. 北京：机械工业出版社，2004.